AF523000

JASMIN SCHREIBER

Schreibers Naturarium

Weitere Titel der Autorin:

Marianengraben
Der Mauersegler
Endling

Jasmin Schreiber, 1988 in Frankfurt/Main geboren, ist Biologin, Schriftstellerin und Wissenschaftsjournalistin. Wenn sie nicht gerade Expeditionen zu Farn und Gliederfüßern macht, schreibt sie sich auf die Bestsellerliste und erzählt Geschichten aus Wissenschaft und Natur im Podcast BUGTALES.FM. Auf Instagram und X findet man sie unter @LAVIEVAGABONDE, ihre Natur-Kolumne gibt es per Mail auf SCHREIBERSNATURARIUM.DE.

JASMIN SCHREIBER

SCHREIBERS NATURARIUM

eichborn

Die Bastei Lübbe AG verfolgt eine nachhaltige Buchproduktion. Wir verwenden Papiere aus nachhaltiger Forstwirtschaft und verzichten darauf, Bücher einzeln in Folie zu verpacken. Wir stellen unsere Bücher in Deutschland und Europa (EU) her und arbeiten mit den Druckereien kontinuierlich an einer positiven Ökobilanz.

Eichborn Verlag

Originalausgabe

Textredaktion: Doreen Fröhlich, Chemnitz
Umschlaggestaltung: Massimo Peter-Bille unter Verwendung von Illustrationen von Jasmin Schreiber
Einbandmotiv: © Jasmin Schreiber
Satz: two-up, Düsseldorf
Gesetzt aus der Cochin
Druck und Verarbeitung: Livonia Print, Riga

Printed in Latvia
ISBN 978-3-8479-0136-5

3 5 7 6 4

Sie finden uns im Internet unter eichborn.de

Für meine Oma Nini, die größte Igelfreundin,
die die Welt je gesehen hat.

Und für meinen Opa Reiner,
den ersten Wissenschaftler meines Lebens.

Inhalt

HALLO

Natur ist überall. Neben uns, um und unter uns, über uns, auf und in uns. Mit diesem Wort bezeichnen wir das, was nicht menschengemacht ist, stellen damit die Begriffe *künstlich* und *natürlich* einander gegenüber und erklären sie so zu scharf abgrenzbaren Gegensätzen.

Denken wir an Natur, sehen wir auf unserer inneren Kinoleinwand sofort Bäume, Wiesen, Wälder, aber auch Felder. Doch ist ein Feld Natur? Warum, weil Pflanzen darauf wachsen oder Mäuse im Erdreich rumwühlen? Aber es ist künstlich angelegt worden, von Menschen gemacht. Manchmal schicken mir Freundinnen oder Freunde Fotos von Rapsfeldern und schreiben dazu: »Natur pur!« Doch eigentlich müsste ich ihnen antworten: »Hm, meinst du? Ich glaube eher nicht.«

Mache ich natürlich nicht, weil ich nicht auf WhatsApp blockiert werden möchte. Trotzdem merken wir hier vielleicht: Ganz so scharf abgrenzbar sind *künstlich* und *natürlich* wohl doch nicht. Denn auch in Kulturlandschaften, in Großstädten, auf Autobahnen – Natur finden wir überall. In Form von Büschen und Gräsern zwischen den Leitplanken, als Bärtierchen, die sich im Moospolster am Geräteschuppen tummeln, oder in Form der Spatzen zwischen den Stühlen im Außenbereich eines Cafés. Und ja, auch wir Menschen sind ein natürlicher Lebensraum. Du glaubst ja gar nicht, was du sehen würdest, würde ich dir deine Hautoberfläche unter meinem Mikroskop zeigen. Und ich rede jetzt nicht nur von Bakterien, sondern von deutlich größeren blinden Passagieren.

Oft haben wir das Gefühl, dass wir in Städten oder Parks

gar nichts Aufregendes entdecken können, dass wir immer raus in die Berge oder ans Meer müssen, in andere Länder, an all diese Orte, die uns Influencer und Fotografinnen auf Instagram zeigen. Eine Natur, in der es vor Füchsen, Adlern und anderen spannenden Tieren nur so wimmelt! Also zumindest laut Instagram. Oder auch laut der Hochglanz-Naturdokus, die Streaming-Anbieter viel im Angebot haben. Es ist eine atemberaubende Welt, die wir in diesen kinowürdigen Dokumentationen vorgesetzt bekommen. Sie ist faszinierend, verlockend, süchtig machend – und nicht real.

Also, natürlich existiert das, was wir dort sehen. Die Tiere und Pflanzen und Pilze und Mikroben sind keine Computeranimationen. Und dennoch bilden diese Szenen nicht die Welt ab, in der wir leben, sondern eine kleine, perfekt zusammengeschnittene Parallelwelt, näher an Fantasie als an der Wirklichkeit.

Heutzutage fesseln uns Close-ups und Zeitlupenaufnahmen an den Bildschirm, festgehalten mit gewaltigen Zoomobjektiven. Das bedeutet, dass das Geräusch, wenn der Löwe sein Maul in die Gazelle schlägt, das Knistern, wenn die Larve aus dem Kokon steigt, das Platschen des ins Wasser springenden Pinguins oft nicht echt ist, weil die Kameraleute viel zu weit weg sind. Bedeutet: Das wird alles nachträglich hinzugefügt, zum Beispiel aus anderen Aufnahmen. Manchmal werden die Geräusche auch durch Sounddesign künstlich erzeugt. Nicht immer, aber sehr oft.

Vorausgesetzt natürlich, wir hören diese Geräusche überhaupt. Es kann auch sein, dass unsere Ohren gerade einer Orchesterpartitur folgen, die uns vorgibt, was wir zu fühlen haben. Denn die in diesen Werken wirklich immer sehr präsente Filmmusik untermalt die Bilder nicht nur, sie steuert das ganze Erleben mit und bringt uns unbewusst dazu, Szenen auf eine bestimmte Art und Weise zu bewerten: Wer ist in dieser Räuber-Beute-Interaktion der »Held«, mit wem fiebern wir mit, wer ist der »Böse«, wer ist der »Gute« – dieser kleine Schelm, der gerade noch rechtzeitig entkommt, sodass wir erleichtert aufatmen? (Auch diese Wertungen sind menschengemacht, in der Natur gibt es kein Gut und Böse.)

Statt authentischen Geräuschen des Dschungels oder der Wiese lauschen wir Geigen, dem Klavier und der Erzählstimme. Das sieht alles toll aus und klingt fantastisch, klar. Dennoch vermisse ich manchmal ein wenig die Dokus aus meiner Kindheit. Wo eben nicht immer alles klappte, wo die Filmenden mit ihren Objektiven ranzoomten, wie ein Gepard eine Gazelle jagte und man noch leise die aufgeregten Stimmen des Kamerateams hören konnte; Dokus, bei denen ein krisselig gefilmter Erzähler in der Dämmerung vor einem Gewässer steht, von Mücken belästigt wird und, sich auf den Arm und Nacken schlagend, auf ein Nilpferd wartet, das nur mal eben eine Sekunde mit den Augen rausguckt und dann wieder abtaucht, das war´s.

Das bedeutet nicht, dass ich diese neuen Dokus schlecht finde oder dass es mich ärgert, wenn du diese Dokus schaust und genießt – nein, gar nicht, ich schalte selbst gern zur Entspannung rein. Es sind schöne, bildgewaltige Zeitvertreibe, die jedoch gemessen an dem, was man in der echten Natur beobachten kann, Fantasy sind. Diese »Wildnis«, die wir in jenen Dokus sehen, gibt es nicht. Die leeren Strände, Wälder und Steppen sind nicht so, wie sie dort scheinen. Drum herum befinden sich überall menschliche Siedlungen, Zufahrtswege der Kamerateams, tonnenweise technisches Equipment, Straßen, Telefonmasten. Wieso wir sie nicht sehen? Weil sie rausgeschnitten werden, weil sie diesen rauschhaften Eindruck eines Übermaßes an Natur stören würden.

Diese Dokus suggerieren, dass es auf unserer Welt noch viele solcher bezaubernder Orte gebe, diese unberührte, frische Wildnis – doch das ist falsch. Und beim Schauen vollständig animierter »Dokus« wie *Prehistoric Planet* (eine Apple-Produktion über Dinosaurier) dachte ich mir: Das ist eigentlich das, was viele Leute beim modernen Dokumentarfilm wollen. Eine Natur, die nicht dadurch stört, Natur zu sein – also voller Zufall und Unberechenbarkeiten –, sondern frei arrangiert werden kann, gerade so, wie es eben passt. Eine Wildnis, die am Rechner und im Schnittprogramm erzeugt werden kann.

Farbgesättigte Instagram-Bilder und eindrucksvolle Dokus wecken den Wunsch in uns, jene imaginierte »Wildnis« zu schützen, und vernachlässigen dabei einen sehr wichtigen Punkt: dass wir eigentlich vor allem jene Orte bewahren und fördern müssen, in denen Mensch und Natur aufeinanderprallen – was nun einmal tatsächlich für die meisten Orte zutrifft. Biodiversitätsschutz beispielsweise nur auf Schutzgebiete zu beschränken ist einerseits bequem, andererseits auch fatal. Denn wir müssen vielmehr lernen, wie wir in Siedlungen leben und diese durch Transportmittel miteinander verbinden, wie wir Rohstoffe fördern und verwenden können – und zwar mit der Natur um uns herum und ohne sie zu zerstören.

Und genau um diese Natur geht es hier in diesem Buch. Wir treffen Tauben, Ameisen und Eichhörnchen; wir gehen zwar auch in den Wald, ans Meer und in die Berge, aber auch in den Park und zum Friedhof, wir knien uns auf den Bordstein und schauen mal, was zwischen den Platten los ist. Es geht um die Natur, die einfach überall ist. Um das Moos, das in der Gehwegritze sein Dasein fristet, um die Tauben auf dem Dach der U-Bahn-Station. Alles vielleicht nicht sehr instagrammable, aber doch da und vor allem: echt.

Dieses Buch ist kein Naturführer im eigentlichen Sinne.

Es ist ein Naturlesebuch, das uns durch die zwölf Monate und vier Jahreszeiten eines Kalenderjahres führt. Wir gehen spazieren und bücken uns mal hier und mal dort, treten da drüben näher ran oder graben auch mal was um. Alles in der Hoffnung, dass du Lust bekommst, nach der Lektüre die Asseln und Spinnen um dich herum mit anderen Augen zu sehen und dich vielleicht in das ein oder andere Moos zu verlieben. Denn eins ist ja klar: Was wir lieben, schützen wir.

Also lass uns jetzt so richtig in die Natur reinverknallen!

JANUAR

Am Anfang war die Nacht. Also beispielsweise in der *Unendlichen Geschichte*, als Bastian Balthasar Bux beginnt, aus dem schwarzen Nichts eine neue Welt zu gestalten. Und vermutlich war auch ganz zu Anfang von allem das Universum dunkel, zumindest stelle ich mir das gerne vor – sofern man beim Universum überhaupt von Anfang und Ende sprechen kann.

Aber da wir gerade im Januar, also dem Anfang des Jahres, sind, denke ich mir: Fangen wir doch mal hier an, in der Nacht.

Die längste Nacht des Jahres ist nicht einmal zwei Wochen her. In Bussen und Bahnen schauen uns müde und blasse Gesichter an, den Menschen sitzt das Gefühl im Nacken, dass es immerzu dunkel bliebe und gar nicht mehr richtig hell würde. Kaum ist die blasse Wintersonne aufgegangen und begrüßt uns durch das Bürofenster oder in der Werkstatttür, verschwindet sie auch schon wieder, bevor wir uns aufs Rad, in die Bahn oder ins Auto setzen und uns auf den Heimweg begeben.

Um uns herum wirkt alles tot, vor allem in der Stadt. Grauer Beton und braune Wiesen wechseln sich ab, Bäume strecken ihre Äste skelettgleich in den verhangenen Himmel, und unter unseren Schuhsohlen knirscht der ausgestreute Splitt, der uns vorm Ausrutschen schützen soll. Tiere begegnen uns in dieser Zeit häufig nur in Form von Hunden, die ihre Halterinnen und Halter hinter sich durch die Gegend zerren, während diesen Sprühregen oder Schnee ins Gesicht weht; Pflanzen treffen wir meist drinnen an, zu Hause als liebevoll gepflegte Hauspflanze oder im Büro als kross gebackene Bewohnerin einer Fensterbank, unter der die Heizung fröhlich gluckert.

Januar ist nicht unbedingt der beliebteste Monat bei uns Menschen, er ist irgendwie melancholisch, dunkel und grau. Er steht zwar am Anfang eines neuen Jahres mit all seinen Möglichkeiten, doch will es noch nicht so richtig in die Gänge kommen. Als Kind habe ich es unglaublich gehasst, dass ausgerechnet das mein Geburtsmonat war. Doch wie sagt man so schön? Totgesagte leben länger. Denn auch wenn die Natur wirkt, als sei sie tot: Sie ist es nicht. Sie schlummert, sammelt Kräfte und wartet.

Skorpione am Himmel

Der Winter zeichnet sich durch kurze Tage und lange Nächte aus, doch sind Winternächte nicht nur gefühlt endlos lang, sondern häufig auch sternklar.

Um den Sternenhimmel zu betrachten, gehst du am besten raus und legst dich mit dem Rücken auf den Boden, als Unterlage eignen sich beispielsweise auf der Unterseite isolierte Picknickdecken. Dabei richtest du den Kopf nach Norden und die Füße nach Süden aus, ein Blick auf eine Karten-App deiner Wahl kann dir als Kompass dienen.

Das bekannteste Sternbild, das sich im Winter über uns ausbreitet, ist der Orion.

In der griechischen Mythologie ist Orion ein riesiger Jäger, der von seinen Jagdhunden Sirius und Procyon begleitet wird. Diese Weggefährten sehen wir auch am Nachthimmel, denn sie umgeben das Sternbild.

Mehrere Sagen ranken sich um diese Konstellation: Eine besagt, dass der Jäger Orion alle Tiere auf der Erde töten wollte – Frechheit, wie ich finde. Das dachten sich auch einige Göttinnen, weshalb entweder Gaia, Artemis oder Hera (die Quellen sind sich hier uneins) einen gewaltigen Skorpion erschuf, der Orion jagte, ihn mit seinem Stachel ins Herz stieß und so zur Strecke brachte. Niemand vermochte den Jäger zu retten, woraufhin er und der Skorpion als Sternbilder an den Himmel versetzt wurden, wo sie einander auf ewig jagen sollten: Orion sieht man im Winter, den Skorpion im Sommer, doch fast nie beide gleichzeitig; so verfolgen sie sich so lange, bis irgendwann die Sterne, die sie formen, verglühen.

Das Sternbild des Orion hat eine Besonderheit, und zwar

hebt sich dahinter ein blass zu erkennender Nebelgürtel ab, der ein ausgedehntes Sternentstehungsgebiet enthält. Und ja, wir sind jetzt ziemlich weit weg von der Erde, andererseits liegen wir ja gerade im Garten oder Park, spüren Eiskristalle in unseren Wimpern, die kalte Luft an unserer Wange und das Knirschen des gefrorenen Grases in unserem Rücken. Natur um uns herum kann gleichzeitig so nah und doch auch mal ein paar Millionen Lichtjahre entfernt sein.

Die Nebel, die den Orion umgeben, sind interstellare Wolken, die aus leuchtenden Gasen bestehen und Durchmesser bis zu mehreren hundert Lichtjahren erreichen können. Zum Verhältnis: Erde und Sonne sind durchschnittlich 149 Millionen Kilometer voneinander entfernt. Würde man diese Strecke mit einem Flugzeug zurücklegen, das im Mittel achthundert Stundenkilometer schnell fliegt, bräuchte man etwa einundzwanzig Jahre für diese Reise. Weit weg, oder? Nun, umgerechnet wären das lediglich 0,000016 Lichtjahre. Wenn also so ein Sternennebel einen Durchmesser von mehreren hundert Lichtjahren erreichen kann, ist das wirklich *verdammt* groß.

Der Orionnebel ist eine dieser Sternenkinderstuben, die wir beim Blick in den Nachthimmel mit bloßem Auge erkennen können – also wenn wir das Glück haben, an einem Ort zu sein, an dem uns die Lichtverschmutzung keinen Strich durch die Rechnung macht. Dieser Nebel besteht hauptsächlich aus Staub und Wasserstoff – Letzteres ist der Stoff, aus dem die Sterne gemacht sind. Es dauert einige Millionen Jahre, bis sich aus so einer Gaswolke ein Stern gebildet hat.

Dabei ziehen sich die Gasteilchen gegenseitig immer stärker an und bilden kleine »Klümpchen«, die nach und nach anwachsen. Durch diesen Prozess entsteht auch immer mehr Hitze, und irgendwann ist die Temperatur in diesen Kugeln so hoch, dass die Wasserstoffatome beginnen, miteinander zu verschmelzen. Dabei wird enorm viel Energie freigesetzt, sodass der junge Stern zu leuchten beginnt, was dazu führt, dass wir ihn im Park auf dem Rücken liegend überhaupt sehen können. Meistens erzeugt so eine Wolke mehrere Sterne auf einmal, wobei es manchmal passiert, dass sie sich gegenseitig anziehen und umkreisen, wodurch sogar Mehrfachsterne gebildet werden können.

Im Orionnebel kann man viele Jungsterne entdecken, gerade einmal 30.000 Jahre sind sie alt. Für Sterne ist das fast schon Neugeborenenstatus, können sie doch mehrere Milliarden Jahre alt werden, wie beispielsweise unsere Sonne.

Als Kind hat mich der Weltraum sehr fasziniert, und er tut das bis heute. Mit Begeisterung lese ich über Jupiter und Saturn, auf denen es während heftiger Stürme Diamanten hagelt. Oder von dem dreiundsechzig Lichtjahre entfernten erdähnlichen Exoplaneten, der aber dann doch »etwas« anders als unser blauer Planet ist: Denn dort beträgt die Durchschnittstemperatur rund 1.000 Grad Celsius, und statt Wasser fällt bei Regenschauern Glas, allerdings nicht von oben nach unten, sondern horizontal, also seitwärts. Und das auch noch mit Geschwindigkeiten von rund 7.000 Stundenkilometern. Bekannt ist dieser gemütliche Planet unter dem eingängigen Namen HD 189733b.

Ich könnte mich den ganzen Tag durch Weltraumfakten wühlen und würde es nie langweilig finden, jedoch gibt es auch auf unserer Erde so viel Spannendes zu entdecken. Also kehren wir wieder zurück auf den Planeten, der mehr Bäume als die Milchstraße Sterne hat (man geht von dreihundert

Billionen Bäumen vs. hundert bis vierhundert Milliarden Sternen aus). Und von den Moosen fang ich gar nicht erst an.

Moose

… oder doch. Stehen wir jetzt nach dem Sternegucken wieder auf und klopfen uns ab, senken wir unseren Blick von den weit oben glühenden Himmelskörpern wieder nach unten zu unseren Füßen auf den winterlich kühlen Boden. Während die meisten Pflanzen sich höflich bis zum Frühjahr verabschiedet haben, schlägt jetzt die große Stunde für eine ganz bestimmte Artengruppe – die Moose. Und besonders, weil wir uns jetzt im kahlen Januar befinden, möchte ich dieses Buch mit der Pflanzenwelt beginnen.

Moose sind ein wichtiger Teil unserer Umwelt, doch leider werden sie oft ignoriert oder sogar bekämpft: Sie werden herausgerissen, mit Sandstrahlern von Mauern heruntergesprüht, mit Messern aus Fugen gekratzt oder mit Gift übergossen. Dabei leisten sie einen wichtigen Beitrag zur Artenvielfalt, und das auch noch das ganze Jahr lang.

Moose findet man wirklich überall: Sie überziehen Totholz und Felsen, sie wachsen an Hauswänden oder am Waldboden, auf Ästen, Mauern und an Bächen, am Grunde des Sees und zwischen Gehwegplatten.

Moose bilden rund ein Viertel unserer heimischen Pflanzenarten und sind echte Überlebenskünstler. Zwar drücken sie sich bei uns in Mitteleuropa fast schon unscheinbar zwischen all den anderen großen Pflanzen herum, doch dominieren sie immer mehr das Landschaftsbild, je weiter wir uns nach Norden begeben. Moose kommen in vielen Farben und Formen daher. Sie begegnen uns in saftigem Grün, in Gelbbraun, in Rot; sie bilden Polster oder kleine Rasen, Decken, Filze oder andere Kolonieformen; ihre Blätter sind spitz, gerade, gefiedert, rund, blütenförmig. Dabei gehören sie zu den einfachsten und ursprünglichsten Landpflanzen und werden wegen ihres simplen Aufbaus auch zu den sogenannten »niederen Pflanzen« gezählt. Das klingt fies, bedeutet jedoch nur, dass sie recht einfach aufgebaut sind. Ein Moos besteht nur aus fünfzehn Zelltypen, wobei »höhere Pflanzen« wie Bäume durchaus aus über sechzig verschiedenen Zelltypen zusammengesetzt werden können. Heute würde man das vermutlich anders einordnen, ist diese Unterteilung doch eher historisch gewachsen und nicht durchgehend botanisch begründbar.

Besonders gern habe ich die Lebermoose, die an mehreren Stellen in meinem Dachgarten wachsen – was hatte ich mich gefreut, als ich die erste kleine Kolonie unter meiner Clematis entdeckte! Auf den ersten Blick sehen die gar nicht wie ein Moos aus, sondern eher wie etwas Algenartiges. Das Brunnenlebermoos (*Marchantia polymorpha*), das du hier auf der Zeichnung siehst – übrigens das Moos des Jahres 2013 –, hat einen ziemlich interessanten Aufbau:

Dieser »Stängel« trägt oben die Geschlechtsorgane des Mooses, die sind nicht immer zu sehen, weil sie eben auch verwelken und sich dann irgendwann wieder neu bilden. So, wie es die Blüten höherer Pflanzen auch machen. Auf jedem breiten »Blatt« des Mooses, dem Thallus, sitzen die kleinen Brutbecher. Wenn du jetzt eine Lupe nimmst und mal genau hinschaust, siehst du kleine, in Wasser eingelegte Körnchen.

Das sind Brutkörper, also fertige Mooskinder. Durch auf die Becher einprasselnden Regen oder andere mechanische Einwirkungen werden die Keime aus den Brutbechern herausgeschwemmt oder -geschleudert und können sich so an einem anderen Ort festsetzen, wo sie ein neues Leben beginnen. Für den richtigen Halt hat das Brunnenlebermoos, wie andere Moose auch, keine Wurzeln, sondern Rhizoide. Das sind Haftorgane, mit denen sich diese Pflanzen am Boden festhalten, um nicht davongeweht zu werden.

Das Brunnenlebermoos können wir fast überall finden, es ist resistent gegen verschmutzte Luft, viele Toxine und Schwermetalle, was bedeutet: Auch in der Stadt am Straßenrand fühlt es sich wohl, obwohl es die ganze Zeit Abgase ins »Gesicht« bekommt. Wichtig ist nur, dass es dauerhaft schön feucht ist.

Übrigens: Die heute existierenden Hornlebermoose scheint es schon seit dem Silur (vor dreihundertachtzig Millionen Jahren) zu geben, zumindest deuten fossile Funde, die Sporen dieser Moosgruppe sein könnten, darauf hin. Das bedeutet, dass sie damit den Rekord für die ältesten heute noch vorkommenden Landpflanzen halten, sollte dieser Verdacht zweifelsfrei bestätigt werden. Ganz sicher nachgewiesen sind sie zumindest schon seit der Kreidezeit, die vor hundertfünfundvierzig Millionen Jahren begann und bis vor sechsundsechzig Millionen Jahren anhielt. So oder so: Moose sind schon verdammt lange unter uns.

Nicht wählerisch

Da Moose sehr klein sind und langsam wachsen, müssen sie sich Nischen suchen, an denen andere Pflanzen nicht so gut leben können. Zu rasch würden sie sonst durch schnellwüchsige und größere Pflanzen verdrängt werden. Diese Anpassungsfähigkeit an unwirtliche Lebensräume ist der Grund, wieso wir sie im Rinnstein, zwischen Gehwegplatten, auf Baumstämmen oder auf Dächern finden. Anders als unsere Gänseblümchen oder Bäume haben die meisten Moose keine effizienten inneren Leitungsstrukturen für Wasser. Stattdessen leiten sie es kapillar außen an den Stängeln durch kleine, reliefartige Strukturen entlang nach oben, weshalb sie auf eine feuchte Umgebung angewiesen sind.

Um gegen Verdunstung geschützt zu sein und das aufgenommene Wasser besser behalten zu können, legen sich manche Moose eine dicke Haut (Cuticula) zu oder entwickeln einen Mechanismus, ihre Blättchen einzurollen und die Wasserabgabe so zu reduzieren. Weiterhin nutzen sie Methoden, mit denen sie die Sonneneinstrahlung minimieren oder das Licht wegreflektieren können. Wenn man in der Evolution mithalten will, muss man sich zu helfen wissen!

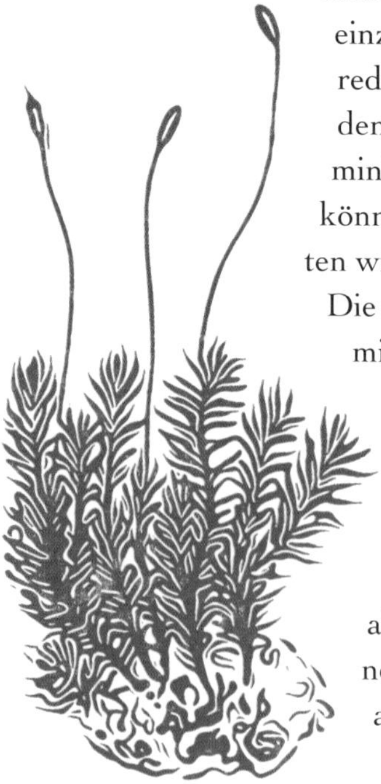

Die meisten Moose kommen sehr schlecht mit Trockenheit zurecht, vor allem solche, die am Wasser leben; doch gibt es auch viele Moose, die lange Austrocknung überstehen und, sobald sie mit Wasser benetzt werden, sofort wieder aktiv werden. Das trifft vor allem auf Arten zu, die sich an trockenen Standorten ansiedeln, beispielsweise auf Felsen oder Gehwegen. Viele Arten

sind auch dazu in der Lage, bei niedrigen Temperaturen effizient Photosynthese zu betreiben (vielen Pflanzen fällt das schwer beziehungsweise ist es für sie unmöglich) oder mit extrem wenig Nährstoffen auszukommen. Letzteres ist beispielsweise eine wichtige Fähigkeit von Torfmoosen.

Es gibt viele Orte, an denen Moose gehäuft vorkommen, beispielsweise in Mooren, im Regenwald oder auch in den hiesigen Breitengraden in Bergwäldern. Sie speichern Feuchtigkeit, wovon die dort lebenden Organismen profitieren, außerdem bilden sie einen geschützten Lebensraum für Kleinstlebewesen wie Bärtierchen oder Wimperntiere. Und wenn Samen von Blütenpflanzen auf ein schönes, feuchtes Moosbett fallen, keimen sie umso schneller und sicherer.

Die Tierwelt im Januar

Doch nicht nur Pflanzen sind im frostigen Januar aktiv, auch Tieren können wir begegnen, wenn wir aufmerksam sind – großen wie kleinen. Denkt man gar nicht, oder? Dabei wuselt es immer noch, nur nicht so offensichtlich. Und wenn wir sowieso gerade schon draußen sind und uns nach Moosen bücken, fangen wir doch mit den Winzlingen an.

Winzlinge

Auch wenn man sehr kleine Lebewesen nicht unbedingt auf den ersten Blick entdeckt: Sie sind unter uns, auch im Winter. Deshalb suchen wir jetzt mal ein bisschen, bis wir eine Böschung mit Totholz, einen Laub-Reisig-Haufen, eine Mauer mit großen Lücken zwischen den Steinen oder abgestorbene Baumstämme im Wald finden. Und haben wir sie gefunden, schalten wir um in den Investigationsmodus. Idealerweise haben wir eine Lupe dabei, damit wir uns die Tierchen auch anschauen können.

Sehr kleine Tiere sind selbst bei frostigen Temperaturen aktiv. Wenn es zwei oder drei Grad über null hat, sehen wir sie auf Nahrungssuche. Wir können Asseln zwischen Blättern entdecken, vielleicht finden wir Schneckenhäuser in Mauerritzen, oder wir machen die Bekanntschaft eines Kugelspringers, der im Totholz herumhüpft. Falls du nicht weißt, was ein Kugelspringer ist – so sieht er aus:

Diese kleinen Kerlchen gehören zu den Springschwänzen, die meist nur wenige Millimeter lang sind und in der Streuschicht von Wäldern leben, wo sie sich zwischen Laub und Totholz tummeln. Ihren Namen haben sie daher, dass sie große Fans der Fortbewegungsart »Hüpfen« sind.

Wenngleich sie winzig sind, sind sie doch sehr wichtig für unsere Natur, denn sie sind sogenannte »Saprobionten«. Mit diesem Wort bezeichnet man Organismen, die sich von anderen toten Lebewesen ernähren – das bedeutet einerseits Kadaver, andererseits aber auch einfach beispielsweise Laub. Man kann die Saprobionten auch mit dem Terminus »Müllabfuhr« umschreiben, denn gemeinsam mit anderen Tieren, Mikroorganismen, Bakterien und Pilzen sorgen sie dafür, dass sich auf der Erdoberfläche nicht meterhoch die Leichen und toten Pflanzen stapeln. Stattdessen ist unser durchs Weltall rasender Gesteinsbrocken namens Erde genau damit bedeckt: mit Erde beziehungsweise Boden. Später schauen wir uns noch an, wie Boden entsteht, jetzt interessiert uns nur, was wir im Winter darin finden können.

Asseln

Eben erwähnte ich ja Asseln, und die gehören wirklich zu meinen Lieblingstieren, schon von klein auf. Auch heute halte ich mehrere Arten in Terrarien.

Ein weit verbreitetes Missverständnis ist, dass Asseln gern mit Insekten verwechselt werden. Sie sind klein und haben einen Panzer, ja. Sie haben auch viele Beine, doch hier ist der erste Knackpunkt: Insekten haben sechs Beine, Spinnen acht und Asseln – vierzehn. Und das ist so, weil sie zu den Krebsen gehören. Es gibt sehr kleine Asseln, die können auch mal nur einen halben Millimeter groß sein, aber auch Exemplare, die rund fünfzig Zentimeter groß werden können. Diese leben aber tatsächlich unter Wasser, was ich ein bisschen schade finde. Ich würde ehrlich gesagt gerne mit einer fünfzig Zentimeter großen Assel zusammenleben.

Asseln schnabulieren am liebsten Pflanzen, bevorzugt von der Sorte »abgestorben«. Sie gehören zu den Erstzersetzern, sind also ganz vorn dabei, wenn das Buffet eröffnet wird. In meinen Terrarien kann ich mich live davon überzeugen und eine glühende Vorliebe für weißfaules Holz feststellen, Asseln essen aber ehrlich gesagt wirklich alles, also auch Algen, Häufchen, Kadaver. Sie fressen sogar ihren eigenen Kot, weil die Nahrung, wenn sie einmal durch den Darm gewandert ist, immer noch ziemlich nährstoffreich ist – und verschenkt wird hier nüscht. Für eine bessere Verdauung nehmen sie auch noch Sand und andere für ihren Panzer wichtige mineralische Bestandteile auf, sodass ihr Kot ähnlich wie der von Regenwürmern eine Mischung aus Ton und Humus ist – eine Wohltat für die Bodenqualität.

Viele Böden hier in Deutschland sind einigermaßen reich an Feuchtigkeit und damit auch an Bodenleben, allerdings gibt es auch sehr trockene Gegenden, in denen die Assel besonders wichtig ist. In amerikanischen Wüsten beispielsweise ist sie oft der einzige Zersetzer der Streuschicht und damit also der einzige Aufräumtrupp, der sich um herabgefallene Blätter und herumliegende tote kleine Tiere kümmert.

Wenn eine Assel zur Welt kommt, dauert es je nach Art ein bis drei Lebensjahre, bis sie fruchtbar ist. In der Regel sind Asseln getrenntgeschlechtlich. Wenn sich zwei Asseln sexy finden, eine rauschende Liebesnacht miteinander verbringen und das Weibchen aus der ganzen Sache befruchtet hervorgeht, häutet es sich danach und nimmt eine etwas andere Form als vorher an. Es bildet sich ein Brutraum zwischen den Hüften und unten an den Laufbeinen. Dort legt die weibliche Assel ihre Eier ab – bei Kellerasseln sind das zehn bis sechzig Eier, bei verschiedenen Rollasselarten können es schon eher fünfzehn bis hundertfünfzig sein. Was ich besonders kreativ und erstaunlich finde: In diesem Brutraum wird vom Weibchen eine Flüssigkeit abgesondert, sodass die Eier sozusagen in einem tragbaren Aquarium schwimmen. Nach vierzig bis fünfzig Tagen schlüpfen die Jungasseln und werden noch ein bisschen unterm Bauch herumgetragen, bis sie dann groß genug sind, auszuziehen.

Krebstypisch wachsen Asseln durch Häutungen. Wenn sie in meinem Dachgarten ihre alte Haut abstreifen, sehe ich sie oft an Blättern sitzen, wobei sie dann etwas zweifarbig aussehen: Sie haben eine hellere und eine dunklere Hälfte. Bei der Häutung löst sich die Haut nämlich vom Körper, weshalb sie milchig-weiß schimmert. Streift die Assel nun das hintere Ende ab und trägt vorne noch die hellere alte Haut, sieht es immer ein bisschen so aus, als hätte sie einen Pullover an.

Da Asseln definitiv keine verschwenderischen Lebewesen sind und wirklich alles verwerten, fressen sie auch ihre abgestreifte alte Haut danach meistens auf, sofern kein Konkurrent vorbeikommt und sie stibitzt.

Dachse

Doch nicht nur kleine Tiere sind im Januar in der Natur unterwegs. Die größeren Tiere sind nicht verschwunden, viele von ihnen halten nur Winterruhe oder -schlaf, so wie der Europäische Dachs (*Meles meles*). Er ist ein kurzbeiniges, sehr stilvolles Raubtier aus der Familie der Marder. Stilvoll sage ich, weil seine schwarz-weiße Gesichtsmaske und die kleinen Öhrchen einfach der perfekte Signature Look sind.

Neben seiner eleganten Fellmusterung ist er auch für seine kräftigen Vorderbeine bekannt, deren sehr große Klauen

ideal für eine ganz bestimmte Tätigkeit gemacht sind: für das Graben. Einerseits bauen Dachse Höhlen, in denen sie ihre Jungtiere großziehen und die ihnen auch als Winterquartier dienen, andererseits helfen ihnen diese kleinen Baggerschaufeln dabei, nach Futtermöglichkeiten wie Regenwürmern, Schnecken, Wurzeln oder Mäusen zu graben. Dachse sind ernährungstechnisch recht breit aufgestellt, doch während viele Marder Fleisch bevorzugen, sind unsere schwarz-weiß gestreiften Freunde auch mit Beeren oder Gemüse zu begeistern.

Am liebsten suchen sich Dachse hügelige und abwechslungsreiche Habitate mit vielen Gebüschen. Sie sind also vor allem in Laubwäldern anzutreffen, sofern eine anständige

Strauchschicht sie vor neugierigen Blicken verbergen kann. Dort konnte ich 2021 auch das erste Mal einen Dachs in freier Wildbahn sehen, als ich einen einäugigen Alpaka-Hengst namens Roy durch einen kleinen Waldabschnitt führte. Der Dachs überquerte gerade den steinigen Weg, hielt kurz inne und schaute verdutzt in unsere Richtung, dann tippelte er weiter, und zack, war er wieder verschwunden, vermutlich in einen der vielen Eingänge seines Baus.

Dachsbauten sind sehr faszinierend, weil sie Jahrzehnte alt und unglaublich weitläufig werden können, mit mehreren Stockwerken und allem Drum und Dran. Manchmal leben sie in ihnen sogar mit Füchsen zusammen. Das hat meist praktische Gründe, denn wenn ein Dachsbau schon sehr alt und weit verzweigt ist, spricht für den Fuchs nichts dagegen, eine verlassene Wohnkammer zu beziehen, sofern sie weit genug von den Dachsen entfernt ist. Manchmal nisten sich auch noch Kaninchen mit ein, was dann noch absurder wirkt: Schließlich stehen sie auf dem Speiseplan von Füchsen. Im Bau und in unmittelbarer Nähe wird jedoch der sogenannte »Burgfrieden« (ja, das ist ein Fachbegriff in dem Fall) gehalten, was bedeutet: leben und, na ja, am Leben lassen. Man vermutet, dass der Fuchs das Kaninchen in Ruhe lässt, weil er um seinen Bau herum keine Jagdspuren (Blut, Fell usw.) verursachen will, um keine Feinde auf seine Behausung aufmerksam zu machen.

Dachse graben gern in die Tiefe, weshalb der Wohnkessel oft erst fünf Meter unter der Erdoberfläche gefunden wird. Belüftet wird diese Kammer durch zahlreiche Gänge, außerdem gibt es eine breite Auswahl an Ein- und Ausgängen, mit denen der Dachs sein Refugium schnell betreten, es aber genauso schnell verlassen könnte, sollte Not am Dachs sein.

Die Bauten können von Generation zu Generation weitervererbt werden, wobei die Nachkommen in der Regel immer mehr Gänge und Wohnkammern hinzufügen. Besonders spannend finde ich hier einen Dachsbau in der Mecklenburgischen Schweiz. Er wird schon seit Jahrtausenden bewohnt, erstmals entdeckt haben ihn Forschende vor rund fünfzig Jahren. Damals in den 1970ern konnten darin nicht nur Dachse, sondern auch über sechzig Wirbeltierarten nachgewiesen werden, und das mit einer sehr hohen Individuenzahl: So wurden zum Beispiel allein über 150.000 Amphibienexemplare dort gefunden!

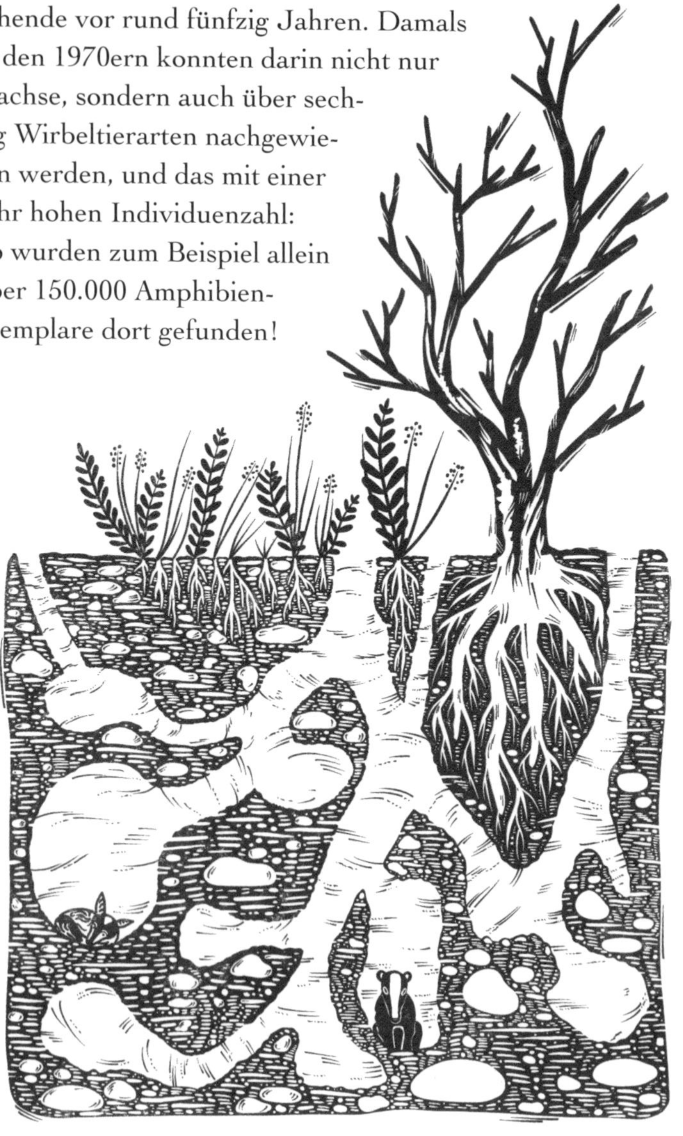

2018 hatte man den Bau wieder untersucht, diesmal mit dem Ziel, durch die C14-Methode das Alter der Knochen zu bestimmen.

Diese Untersuchungsmethode bezeichnet man auch als »Radiokarbonmethode«, mit ihr kann man das Alter organischer Stoffe bestimmen. Das Prinzip beruht darauf, dass in allen organischen Materialien das Kohlenstoff-Isotop C14 enthalten ist. Da es recht instabil ist, zerfällt es mit der Zeit in stabilere Isotope und setzt dabei Kohlenstoffdioxid frei. Dieser Zerfall folgt einem festen Zeitplan. Um herauszufinden, wie alt ein organisches Material ist, schaut man nach, wie viel C14 noch übrig ist und wie viele dieser stabileren Isotope. Da wir wissen, wie schnell C14 zerfällt, können wir bestimmen, wie viele Jahre das gedauert hat, und damit wissen wir eben das ungefähre Alter.

Dieses Verfahren hat man auch an den Knochenresten im Dachsbau angewandt, und die bis dahin ältesten analysierten Stückchen wurden auf ein Alter von sage und schreibe 13.000 Jahren datiert. Diese Exemplare gehörten zu Zieseln und Lemmingen, die wir heutzutage nicht mehr bei uns finden, doch ihre Nachfahren leben noch im nördlichen Skandinavien. Die gefundenen Schlangenknochen im Bau wurden auf rund 5.000 Jahre geschätzt. Spannend daran ist, dass man dadurch nicht nur feststellen konnte, wie unglaublich lang dieser Dachsbau in der Mecklenburgischen Schweiz schon bewohnt ist. Sondern anhand der Knochenfunde, aber auch der Zusammensetzung der Gesteinsschichten und des Bodens können wir ziemlich gut nachvollziehen, welche Auswirkungen die Klimaschwankungen nach der Eiszeit auf das Ökosystem gehabt hatten und wie sich vielleicht die Zusammensetzung der Arten im Laufe der Zeitalter verändert hatte. Also: danke, Dachs!

FEBRUAR

Im Februar hat uns der Winter noch fest in der Hand, dennoch tut sich in der Natur nach und nach immer mehr.

Die Biber erleben gerade den Höhepunkt ihrer Paarungszeit. Diese mittlerweile leider sehr selten vorkommenden Tiere leben in monogamen Familienverbänden, die aus dem Elternpaar und zwei Generationen an Jungtieren bestehen. Sie sind recht territorial, die Reviergrenze markieren sie mit einem Sekret, für das man sich den »interessanten« Namen »Bibergeil« ausgedacht hat. Ja, so hab ich auch geguckt.

Wusstest du übrigens, dass Biber als Kinder wasserscheu sind? Wenn sie heranwachsen, beschließt die Mutter irgendwann: *So, Zeit für Schwimmunterricht* ... Und damit meint sie, dass sie die ängstlichen Kleinen einfach packt und ins Wasser wirft. Als ich das gelesen habe, hat es mich irgendwie abgeholt, weil die Kinder in meinem Umfeld und ich auch ungefähr so Schwimmen gelernt haben. Hach, es waren eben andere Zeiten.

Biber sind recht scheu und deshalb nicht leicht zu beobachten, wenn man denn mal einen Bau findet. Bessere Beobachtungstiere sind hier deshalb die Vögel.

Viele unserer Vogelarten gehören zu den Zugvögeln und verbringen die kalten Wintermonate lieber in muckeligen, wärmeren Gebieten im Süden. Trotzdem müssen wir auch im Winter nicht auf unsere gefiederten Freunde verzichten, weil wir viele Arten haben, die man als Standvögel bezeichnet. Das bedeutet: Sie bleiben das ganze Jahr in ihrem Habitat. Dann ist es aber auch so, dass wir Gäste aus dem Norden haben. »Südlichere, wärmere Gebiete« ist also eine Sache der Perspektive: Während sich Mauersegler und Co. auf den Weg zur Südhalbkugel machen, weil es ihnen hier im Winter zu ungemütlich wird, sind Deutschland oder Österreich/Schweiz für Vögel aus Finnland oder Schweden durchaus »der Süden«.

Vogelbeobachtung

Um Vögel im Winter zu beobachten, braucht man vor allem vier Sachen: warme Klamotten, ein Bestimmungsbuch oder eine App, idealerweise noch ein Fernglas – und Geduld. Hilfreich ist ein Buch, das mit Fotos oder sehr guten Zeichnungen bebildert ist, beispielsweise so etwas wie *Was fliegt denn da?* von Detlef Singer, erschienen im Kosmos-Verlag. Dort findet man die häufigsten Arten, die man schnell abgleichen kann, ohne durch seltenere Exemplare abgelenkt oder verwirrt zu werden. Ebenfalls ein guter Buchtipp: *Birding für Ahnungslose* von Véro Mischitz, ebenfalls bei Kosmos erschienen. Da kriegt man einen sehr guten und witzig illustrierten Crashkurs in Sachen Vogelbeobachtung.

Was mir auch immer hilft: Notizen machen. Für meine Ausflüge in die Natur habe ich mir ein kleines DIN-A6-Notizbuch gekauft, in das ich mit Bleistift (weil wasserfest, falls es regnet) meine Beobachtungen eintrage. Also welche Arten ich wann und wo gesehen habe. Das hilft mir später, wenn ich mit der Kamera losziehen will. In meinem Buch schaue ich dann noch mal nach, wo sich der Reiher am liebsten zu welcher Zeit aufhält, sodass meine Chancen steigen, ihn vor meine Linse zu kriegen.

Wenn man alles Benötigte beisammenhat und in dicker, winddichter Kleidung steckt, kann es losgehen.

Vogelbeobachtung ist auch in der Stadt ein dankenswertes Hobby, weil diese Tiere wirklich überall zu finden sind. Man muss also nicht in den Wald fahren, sondern kann sich beispielsweise auf dem Arbeitsweg damit beschäftigen, wen man wie antrifft; man kann beim Gassigehen Vögel beobachten, in der Pause beim Blick aus dem Bürofenster, im städtischen Park, direkt vor der eigenen Haustür. Der Aufwand ist gering, man muss nicht weit reisen oder viel Geld ausgeben! Gerade im hektischen Arbeitsalltag ist das für mich eine Möglichkeit, mal vom Schreibtisch aufzustehen, eine Pause zu machen und meine Zeit wenigstens kurz mit etwas zu verbringen, das keinen Bildschirm erfordert und keinem übergeordneten »Zweck« dient. Außer vielleicht dem, mich zu entspannen, zu entschleunigen und einen Moment Frieden zu finden. Na ja, oder eher Aufregung, wenn ich endlich den Buntspecht sehe, den ich schon seit einer Stunde durch x Straßenzüge verfolge. Kommt natürlich drauf an. Das alles macht Vogelbeobachtung jedenfalls zu so einem guten Hobby.

Vögel anlocken

Wenn du einen Garten oder Balkon hast, kannst du deine Beobachtungsobjekte natürlich auch anlocken. Auf dem Balkon bieten sich Futterhäuser und Tränken aus Kunststoff, Metall oder Keramik an. Ja, Holz sieht schöner aus und wird oft als nachhaltiger empfunden. Letzterer Punkt hängt aber stark davon ab, wo das Holz herkommt, wie es behandelt wurde und wie langlebig es ist. Denn während mein (hochwertiges!) Kunststoffhäuschen schon seit zwölf Jahren hält, habe ich in der Zeit vier oder fünf Holzhäuschen verschlissen. Wichtig ist also, dass man etwas Hochwertiges kauft oder selber baut, dass das Holz nicht mit giftigen Stoffen behandelt ist und nachhaltig hergestellt wurde und dass die Trinkschale oder die Wanne, in der sich das Futter befindet, aus einem Material ist, das man gut reinigen kann (mit einer Wasser-Essig-Mischung).

Wenn du das Glück hast, einen eigenen oder Gemeinschaftsgarten zu haben, sorgt ein gut strukturiertes Habitat mit vielen Kleinlebensräumen dafür, dass sich Vögel wohlfühlen. Pflanze einheimische Sträucher, Bäume oder Stauden an. Einerseits freuen sich die Vögel, die sich von deren Beeren oder Samen ernähren, andererseits lockt man damit Bestäuber an, was die Insektenfresser unter den Vögeln mit Nahrung versorgt. Auch Totholz und Reisighaufen sind hier der Hit! Wenn du dich im Frühjahr über Vogelnester freuen möchtest, solltest du eine breite Vielfalt an Nistgelegenheiten und Lebensräumen anbieten. Bäume, Hecken, Teich, Unterholz, Kompostecken, all so was sind Strukturelemente.

Und noch etwas: Willst du wirklich einen Garten anlegen, der Tieren ein Zuhause bietet, muss Schluss mit Pestiziden sein. Wenn du »lästige« (dicke Anführungszeichen!) Insekten oder Schnecken vergiftest, wenn du Samen und Früchte einnebelst, vergiftest du auch die Tiere, die sich davon ernähren. Die Giftstoffe reichern sich im Fettgewebe der Vögel an und zerstören das Nervensystem der Tiere oder machen sie unfruchtbar.

Snacks für gefiederte Freunde

Möchtest du Vögel füttern, bieten sich gerade die Wintermonate dafür an. Am Thema Ganzjahresfütterung scheiden sich ein wenig die Geister, im Vereinigten Königreich hat man damit sehr gute Erfahrungen gemacht, und es ist dort recht etabliert, hier in Deutschland wird meist empfohlen, nur im Winter zuzufüttern. Aber keine Sorge, die Behauptungen, dass Vögel sich dran gewöhnen und nicht »abgehärtet« werden würden oder ihren Jungen falsches Futter gäben, sind Unsinn. Wichtig ist nur, dass du, egal wann du fütterst, hochwertiges Futter anbietest. Das Zeug aus dem Supermarkt ist in der Regel nicht ideal, oft ist es voll mit Amaranth, was Allergien auslösen kann.

Man kann Vögel grob in zwei Typen aufteilen: in Körnerfresser, die recht harte Schnäbel haben und damit Samen und Nüsse knacken können, und Weichfutterfresser. Wenn's unkompliziert sein soll, biete ich gerne Mehlwürmer (lebendig oder getrocknet) oder Obst an, gerade Weichfutterfresser gehen total auf Äpfelchen ab. Außerdem lege ich Samenmischungen für Wildvögel aus dem Fachhandel aus, und auch der gute alte Sonnenblumenkern kann einiges. So hat man ein breites gemischtes Angebot für verschiedene Fresstypen am Start. Im Winter gibt's Wintermischungen, die sind fetthaltiger und auch sehr proteinreich, liefern also das, was Vögel in der kalten Jahreszeit nicht immer ausreichend in den Städten finden.

Wenn du Meisenknödel füttern möchtest, hol sie bitte aus den Netzen raus (ich kaufe sie immer gleich im Eimer ohne Netz) und fülle sie in einen Spender um. In den Netzen können sich die dünnen Vogelbeinchen oder die Köpfe und Schnäbel verheddern, was zu Beinbrüchen oder auch Strangulationen führen kann. Wiederbefüllbare Knödelspender bieten hier Sicherheit und lassen sich auch schnell rei-

nigen. Ebenfalls praktisch: Oft haben sie eine Auffangschale unten, sodass nicht die ganzen Krümel auf dem Balkon oder der Terrasse landen.

Im Winter freuen sich Vögel auch über eisfreie Wasserstellen, und jetzt im Februar ist die ideale Zeit, Vogelnistkästen anzubringen und zu reparieren.

Vogelplätzchen selber machen

Wenn du Lust hast, selbst etwas herzustellen, jetzt oder später im Jahr als »Weihnachtsplätzchen«, habe ich hier ein Rezept für dich:

1. Du nimmst eine Silikonform zum Backen. Besonders hübsch sind natürlich Sterne oder andere Motive.
2. In einem Topf erwärmst du 200 Gramm Kokosfett (soll nur flüssig werden, nicht kochen!).
3. Mit dem weichen Kokosfett vermengst du eine Futtermischung: Sonnenblumenkerne oder gehackte Nüsse für die Körnerfresser, Haferflocken, Rosinen, Weizenkleie oder Hirse für die Weichfutterfresser.
4. Du legst eine Schnur hinein, die du später als Aufhängung nutzt. Als Material eignet sich (ungefärbter) Bast ziemlich gut, weil es stabil und später, wenn es auf dem Boden landet, biologisch abbaubar ist.
5. Jetzt gießt du die Mischung in die Förmchen und lässt sie komplett erkalten, am besten über Nacht.
6. Nun musst du die Plätzchen nur noch aus der Form lösen und in einem Strauch oder Baum aufhängen!

Vogelarten im Winter

So, jetzt schauen wir aber mal nach, welchen Vögeln wir in der kalten Jahreszeit überhaupt begegnen können.

Tauben

Hier treffen wir vor allem auf Ringeltauben (*Columba palumbus*), Felsentauben (*Columba livia*) sowie die daraus hervorgegangenen Stadt- und Türkentauben (*Streptopelia decaocto*).

Die Taube löst bei den meisten Menschen eher verhaltene Reaktionen aus und hat zu Unrecht einen sehr schlechten Ruf. Als offiziell von Tauben persönlich beauftragte PR-Agentin möchte ich hier zu ihrer Ehrenrettung ein paar Vorurteile entkräften:

Tauben sind schmutzig und übertragen Krankheiten!
Schon in den 1970er Jahren hat die Forschung festgestellt, dass Tauben nicht mehr Krankheiten übertragen als jede Meise oder jedes Rotkehlchen. Auch danach wurden diese Ergebnisse mehrfach bestätigt.

Aber Salmonellen …?
Ja, in einem sehr geringen Prozentsatz der Haustauben wurden Salmonellen gefunden, allerdings eine taubenspezifische Form. Stadttauben tragen tatsächlich auch manchmal Salmonellenstämme in sich, die uns Menschen krank machen können – doch ist eine Übertragung so selten, dass es um ein Vielfaches wahrscheinlicher ist, sich beim Berühren von rohem Fleisch aus dem Supermarkt oder beim Herausnehmen eines ungewaschenen Hühnereis aus der Packung mit Salmonellen zu infizieren.

Tauben kacken überall hin!
Stimmt, so wie alle Vögel. Um die Taubenpopulation in Siedlungsgebieten gering zu halten, gibt es in vielen Städten Organisationen, die sich um verletzte Tauben kümmern, sie pflegen und Nistplätze anbieten, in denen sie die Tauben-eier jedoch durch Attrappen aus Plastik austauschen und die echten Eier entsorgen, sodass die Vermehrung der kleinen Racker verringert wird. Wenn du dich dafür interessierst, such im Internet mal nach Stadttaubenprojekten bei dir in der Nähe.

Tauben sind dumm!
Ts. Selber dumm! Und auch falsch, denn Tauben besitzen bemerkenswerte kognitive Fähigkeiten. Sie wurden sogar darauf trainiert, zwischen kubistischen und impressionistischen Gemälden zu unterscheiden. In der Vergangenheit nutzte das Projekt *Sea Hunt*, eine Such- und Rettungsinitiative der US-Küstenwache, die sehr gut ausgeprägte Sehschärfe von Tauben dazu, Opfer von Schiffsunglücken auf hoher See auszumachen. Die Trefferquote der Vögel übertraf die von uns Menschen. Tauben haben auch eine Reihe anderer spannender Fähigkeiten gezeigt, darunter jene, Formen und Texturen wahrzunehmen und zu erkennen. Sie können mit Kategorien arbeiten und Assoziationen herstellen. Erstaunlicherweise haben diese Vögel sogar die Fähigkeit zur orthografischen Verarbeitung, einer Schlüsselkomponente des Lesens, und sie zeigen grundlegende numerische Fähigkeiten, die denen von Primaten ähneln. So! Nämlich.

Unsere Stadttauben stammen vermutlich von verwilderten Brieftauben ab, deren Ursprung wiederum die Felsentaube war. Sie ernähren sich am liebsten von Körnern und Samen, passen sich aber der Stadt aufgrund des eher dürftigen Angebots dieser Nahrungsoptionen an und fressen alles Mögliche, das sie vor den Schnabel bekommen. Oft fliegen Stadttauben an den Stadtrand oder aufs Land, um sich da den Wanst mit natürlichen Alternativen vollzuschlagen und dann zurückzukommen.

Außerdem futtern sie gerne in Schwärmen, und überhaupt sind diese Tiere sehr sozial und fühlen sich inmitten von Artgenossen am wohlsten. Sie bilden Brut-, Nahrungs- und Rastschwärme, wobei die Besetzung hier gerne mal wechselt. Das heißt: Wenn die Tauben Bert und Inge in einem Brutschwarm zusammenleben, bedeutet das noch lange nicht, dass sie auch gern miteinander essen oder ein Nickerchen machen.

Tauben sind Vögel wie andere auch, doch leider werden sie im Vergleich zu Meise und Zaunkönig von vielen Menschen wegen all der kursierenden Gerüchte über ihre Schädlichkeit als ekelerregend empfunden. Oft sieht man sie mit verkrüppelten Füßen oder Ähnlichem, was die Menschen umso mehr abstößt, doch das hat meistens nichts mit Krankheiten zu tun. Sie verletzen sich im Straßenverkehr, werden extra gefangen und gequält, die Leute werfen mit Steinen nach ihnen oder lassen ihre Hunde die Tauben »erschrecken«, wobei sie sich ebenfalls wehtun können – oder der Hund erwischt eben doch mal eine. Sie müssen sich, wie alle Vögel, gegen freilaufende Katzen behaupten, sie kämpfen miteinander um das wenige Futter, das sie finden, sie spießen ihre Füßchen oder Flügel an Stacheldraht und anderen Vergrämungstaktiken auf.

Tauben haben keinen guten Stand, *and it shows*. Dabei sind sie genauso fühlende Wesen, die Angst und Schmerz kennen, wie alle anderen Tiere auch. Und vielleicht hören wir Menschen endlich mal auf, sie wie Dreck zu behandeln. Nur so eine Idee.

Und wenn ich gerade dabei bin (ja, ich spreche gleich noch über andere Vögel, keine Sorge): Falls du heiraten solltest und auf die Idee kommst, dass weiße Tauben eine romantische Ergänzung wären: Tu. Es. Nicht.

Das Business mit weißen Zuchttauben ist so aufgebaut, dass der Tod der Tiere erwartet und finanziell mit einberechnet wird. Laut Tierschutzgesetz ist es verboten, Tiere einfach auszusetzen, aber nichts anderes passiert hier. Die weißen Tauben leben normalerweise in Taubenschlägen, sind die Außenwelt also gar nicht gewohnt. Oft werden dann für die Hochzeit monogam lebende Taubenpärchen auseinandergerissen: Ein Partner bleibt im Verschlag, die andere Taube muss ausrücken. So hofft man, dass die Wahrscheinlichkeit steigt, dass der einsame und verängstigte Partner den Heimweg findet; man will quasi die »Motivation« erhöhen. Nur sind das eben Tauben, die unsere Welt außerhalb ihres Heimatschlages gar nicht kennen. Sie werden (auch aufgrund ihrer Farbe) leicht Beute von Greifvögeln oder Katzen, werden im Straßenverkehr getötet, verlieren die Orientierung und verhungern, verdursten oder erfrieren qualvoll in irgendeinem Eckchen. Interessantes Konzept bei einer Veranstaltung, die die Liebe feiert. Und bitte, sag jetzt nicht, »Aber der Züchter sagt, dass er es ganz anders macht!«. Ja, das würde ich halt auch sagen, wenn meine Kunden Bedenken haben und ich irgendwas antworten muss, damit ich den Verkauf doch noch abschließe.

Jetzt möchte ich dir aber noch etwas über die Geschichte der Tauben erzählen.

Im alten Ägypten wurde die Taube als heiliger Vogel verehrt, der als Bote der Götter galt und beispielsweise die

Nachricht über einen neuen Pharao verbreitete. Ihr auffälliges Aussehen und ihre anmutigen Bewegungen galten als Symbol für göttliches Eingreifen, und sie wurde in Kunst und Literatur häufig als Überbringerin der Hoffnung und Erleuchtung dargestellt.

Auch im alten Rom wurde die Taube als Botenvogel verwendet, der Nachrichten zwischen den weit entfernten Teilen des weitläufigen Reiches überbrachte. Ihre Fähigkeit, sich in ungewohntem Terrain zurechtzufinden, gab ihr einen unschätzbaren Wert, und sie wurde wegen ihrer Schnelligkeit und Zuverlässigkeit hoch geschätzt.

In der Neuzeit spielt die Taube ebenfalls eine wichtige Rolle in der Kommunikation und im Transportwesen. Während des Ersten und des Zweiten Weltkriegs wurden Tauben zur Übermittlung von Nachrichten zwischen Militäreinheiten eingesetzt, und viele von ihnen wurden für ihre Tapferkeit und Aufopferung mit Medaillen ausgezeichnet. Ein Beispiel dafür ist die Taube Commando, eine Angehörige der Britischen Armee (ja, ich weiß, wie das klingt). Während des Zweiten Weltkriegs führte Commando über neunzig Missionen durch und erhielt 1945 die Dickin-Medaille (das tierische Pendant zum Victoria-Kreuz) für drei besonders bemerkenswerte und gefährliche Einsätze.

Man macht sich für all diese Einsätze den speziellen Orientierungssinn der Tauben zunutze. Eine Theorie dazu besagt, dass sich Brieftauben bei der Navigation auf ein »Karte und Kompass«-Modell verlassen, wobei sie sich mit Hilfe des Kompasses orientieren und mit Hilfe einer inneren Karte ihren Standort im Verhältnis zu ihrem Zuhause bestimmen können. Der Kompassmechanismus scheint sich auf die Sonne zu stützen, der Kartenmechanismus ist noch umstritten. Einige Forschende glauben, dass der Kartenmechanismus mit der Fähigkeit der Vögel zusammenhängt, das Magnetfeld der Erde zu erkennen, obwohl andere Studien diese Theorie in Frage stellen. Andere Forschungen deuten darauf hin, dass die Brieftauben die olfaktorische Navigation nutzen (also über ihre Nase) und sich auf die räumliche Verteilung von atmosphärischen Gerüchen verlassen, um ihren Weg nach Hause zu finden. Einige Untersuchungen lassen vermuten, dass Brieftauben visuelle Orientierungspunkte zur Navigation nutzen, indem sie vertrauten Straßen und anderen vom Menschen geschaffenen Merkmalen folgen, und dass sie sogar niederfrequenten Infraschall einsetzen, um ihren Weg zu finden.

Letztlich scheinen sich Brieftauben bei ihrer Navigation auf eine Kombination verschiedener Hinweise und Methoden zu verlassen, und verschiedene Taubenrassen verwenden diese Hinweise ganz unterschiedlich. Man kann also sagen: Wir wissen noch nicht sicher, wieso Brieftauben so eine unfassbar gute Orientierung haben. Aber sie sind sehr fähig und sehr schlau, und uns täte hier mal ein bisschen Demut gegenüber diesen »schmutzigen« und »dummen« Tieren gut.

So. Aber genug der Brandrede für Tauben. Schauen wir uns an, wer uns im Winter noch Gesellschaft leistet.

Birds in black

Die Amsel (*Turdus merula*), ein Mitglied der Familie der Drosseln, ist im Februar ein gewohnter Anblick in Gärten, Parks und Städten. Ihr voller, melodischer Gesang versüßt uns normalerweise unsere lauen Sommerabende, aber auch im Winter müssen wir nicht auf ihn verzichten.

Einst war die Amsel ein dem Menschen gegenüber scheuer Waldvogel, doch sie hat sich an das Leben in unserer unmittelbaren Nähe angepasst und baut ihre Nester in Büschen, Bäumen und sogar in Spalieren, auf Dachbalken und Balkonen.

Während das Männchen ein schwarzes Gefieder aufträgt und einen leuchtend gelben Schnabel und ebenfalls gelbe Augenringe hat, ist das Weibchen eher braun und unscheinbar gefärbt.

Es ist nicht ungewöhnlich, dass Amseln Farbvariationen aufweisen, wobei einige Individuen hier und da mal weiße Federn oder sogar ein komplett weißes Gefieder haben. Letztere haben es schwer, einerseits wegen der besseren Sichtbarkeit durch Feinde, andererseits kommt man in der Paarungszeit beim anderen Geschlecht auch nicht unbedingt gut mit dem Outfit an. Dennoch ist es faszinierend, zu sehen, wenn plötzlich eine weiße Amsel über den Rasen hüpft. Dieses Phänomen bezeichnet man als »Leuzismus«, und einmal bin ich in Frankfurt am Main wirklich einer schwarz-weißen Amsel begegnet.

Amseln sind recht gesellig und auch im Winter häufig in größeren Gruppen anzutreffen, und wenn sie brüten, sind sie sehr territorial. Das durfte ich schon am eigenen Leib erfahren, weil auf meinen Balkonen oder auch jetzt im Dachgarten immer mal Amseln brüten. 2016 hatte sich ein Amselpärchen ein Nest auf meinem damaligen Hamburger Balkon im Salatkübel gebaut, und als ich ihn gießen wollte und fast zu spät die brütende Mutter entdeckte, kam sofort der Vater auf mich nieder und verhedderte sich schreiend und kackend (japp, genau, war klasse) in meinen Haaren. Nach einer ausgedehnten Haarwäsche (ich) und skeptischen Beobachtungszeit (er) haben wir Frieden geschlossen, und als eines Tages nur noch die Mutter da und der Vater vielleicht einer Katze zum Opfer gefallen war, übernahm ich den Part des anderen Elternteils und fütterte sowohl die recht erschöpfte Mutter als auch ihre Küken unterstützend mit Insekten mit. Zu dem Zeitpunkt hatte ich übrigens drei Vogelnester auf dem Balkon (die Amsel und noch zwei Meisen), und meine Hündin Chloé bekam – sehr zu ihrem Ärgernis – einige Wochen Balkonverbot.

Weitere Vögel

Neben der Amsel finden wir auch noch andere Singvögel im Winter: Die Mönchsgrasmücke verschwindet nicht, auch Zaunkönig und Stieglitze hüpfen durchs kahle Geäst. Rotkehlchen sind noch da, außerdem Finken wie Buchfink, Grünfink und Bergfink, die Goldammer bleibt, und der Spatz ebenfalls. Auch die ersten Kurzstreckenzieher kommen zurück in die Brutgebiete, vor allem die Stare fallen dabei sehr auf: Schwatzend und pfeifend hocken sie in Efeuhecken.

Auch Meisen bleiben uns erhalten: Blaumeise, Kohlmeise, Sumpfmeise, Haubenmeise und Schwanzmeise sind Standvogelarten, genauso wie der Buntspecht und der Kleiber, die Dohle, Krähen, Eichelhäher oder die Elster.

Tatsächlich gibt es im Februar unter den Rabenvögeln auch schon die ersten Brüter: Im Süden Deutschlands oder in Österreich sitzen die Kolkraben bereits auf den ersten Gelegen. Und falls du nach einem Greifvogel Ausschau halten willst, kannst du mal gucken, ob du den Sperber in der Nähe von Siedlungen auf Nahrungssuche entdeckst. Vor allem an Futterhäusern wildert er gerne, oder wie er sagen würde: am Buffet. Hüstel.

Andere Greifvögel sind auch schon in romantischer Mission unterwegs und wollen jetzt flirten, weil für sie die Paarungszeit anbricht. Wanderfalken halten Ausschau nach dem idealen Partner, aber auch bei den Eulen kommen jetzt Frühlingsgefühle auf.

Während Schleiereulen sich jedoch eher rarmachen, hat man in Parks oder auf Friedhöfen recht gute Chancen, einen Waldkauz zu beobachten, während er nach Tauben, Mäusen oder Spatzen Ausschau hält. Eulen fressen ihre Beute, indem sie sie mit dem Kopf zuerst am Stück herunterschlucken. Unverdauliches wie Fell, Federn oder kleine Knochen würgen sie als Gewölle wieder hoch. Wenn man also solche Gebilde am Fuß eines Baumes findet, weiß man: Oha, hier wohnt eine Eule.

Bekommt man keinen Waldkauz zu Gesicht, hört man gelegentlich immerhin seinen ziemlich einprägsamen Ruf, der direkt Horrorfilmatmosphäre heraufbeschwört – also bei uns Menschen. Für Waldkauzweibchen ist dieser Balzruf des Männchens jedoch durchaus sexy, es hat im Winter schon

eine Höhle in einem toten Baumstamm gesucht und wartet nun auf Mister Right.

Hat sich ein Pärchen gefunden und die Paarung ist geglückt, legt das Weibchen im März drei oder vier Eier ins frisch gebaute Nest. Diese bebrütet es dann und lässt sich dabei vom Männchen mit Mäusen und Spatzen füttern, hier herrscht also Arbeitsteilung. Sind die Jungkäuzchen geschlüpft, werden sie nach vier Wochen agil und hüpfen als kleine Flauschbälle durch die Zweige des Brutbaumes. Das sieht unfassbar niedlich aus, dennoch rate ich dir, nicht zu nah ranzugehen, weil Waldkäuze ihre Jungen wirklich aggressiv verteidigen – und da sie Greifvögel sind, haben sie sehr scharfe Krallen, was relativ ungünstig sein kann, wenn man an den eigenen Augen hängt (hehe). Also: Bitte respektvollen Beobachtungsabstand einnehmen und sich mit einem Fernglas behelfen.

Wasservögel

Auch auf unseren Seen und Flüssen sehen wir noch Vögel. Bei mir in Hamburg paddeln im Winter Enten auf der Tarpenbek entlang, Reiher und Schwäne kann ich hier ebenfalls bei der Nahrungssuche treffen.

Wenn man diese Vögel beobachtet, stellt man sich vielleicht zwei Fragen. Erstens: Wieso frieren die nicht im Wasser? Und zweitens: Wieso brechen sie nicht im Eis ein, wenn sie mit ihren warmen Füßen darauf stehen?

Die Antwort finden wir im Blutkreislauf der Wasservögel, beziehungsweise: im Gegenstromprinzip. Wie bei uns fließt bei Ente und Co. warmes, sauerstoffreiches Blut vom Herzen über die Arterien in die Beinchen. Parallel zu den Arterien laufen die Venen, deren Aufgabe es ist, das »benutzte« und sauerstoffarme Blut wieder zum Herzen zurückzutransportieren. Nun ist dieses Blut im Fall der Enten natürlich auch noch kalt, weil es ja in den Füßen sehr niedrigen Temperaturen ausgesetzt war. Da Arterie und Vene jedoch so eng beieinanderliegen, nimmt das venöse Blut die Wärme auf, die die Arterie nebenan abstrahlt. Das ist die perfekte Wärmerückgewinnung! Deshalb sind die Beine an sich nicht so kalt.

Aber die Füße sind es. Während die Ente die Beine im Gefieder einziehen kann, sind die Füße immer exponiert. Dadurch, dass Enten ihre Füße nicht so aufheizen, sparen sie Energie. Wären die jetzt warm, würde die Ente sehr viel Körperwärme an die Umgebung verlieren. Außerdem würde das Eis, auf dem sie steht, schmelzen, was auch nicht sehr alltagstauglich wäre – und schlimmstenfalls friert die Ente darauf fest.

Während das Blut im restlichen Entenkörper bis zu vierzig Grad Celsius warm werden kann, kann es in den Füßen auf ein bis zwei Grad abkühlen. Die Füße sind also gut durchblutet, aber eben mit kaltem Blut.

Aber nicht nur die Beine sind für den Wintereinsatz optimiert, auch der restliche Körper ist gut auf die kalte Jahreszeit vorbereitet. Die äußeren Federn sind wetterfest und schützen vor Wind und Nässe. Mit einem Sekret aus der Bürzeldrüse fettet der Vogel sein Gefieder immer wieder ein, um den Wetterschutz aufrechtzuerhalten. Darunter befinden sich die wärmenden Daunenfedern, die dafür sorgen, dass die Temperatur immer auf dem enteneigenen Pegel von vierzig Grad gehalten werden kann. Dieses System ist so ausgeklügelt, dass Vögel in Polargebieten ihren Körper auf ihrer Betriebstemperatur halten können, obwohl es um sie herum bis zu minus vierzig Grad Celsius kalt ist. Unglaublich, oder? Wenn ich im Winter neben so einer Ente in meiner Hochleistungsoutdoorwinterjacke stehe, fühle ich mich immer ein bisschen unzulänglich und pathetisch, aber was soll ich machen? Ich bin eben nur ein Mensch.

Die Alsterschwäne

Ich schreibe diese Zeilen ja gerade in Hamburg, und diese Stadt ist für ihre Alsterschwäne bekannt, die hier seit Jahrhunderten ein Wahrzeichen sind. Seit 1664 stehen sie in der Hansestadt auch unter besonderem Schutz, dürfen also seitdem nicht mehr bejagt werden.

Ich wohne nahe des Eppendorfer Mühlenteichs, wo sich das Winterquartier der Alsterschwäne befindet. Der in Hamburg und auch über die Stadtgrenzen hinaus bekannte »Schwanenvater« Olaf Nieß sammelt im Winter rund hundertzwanzig Höckerschwäne (*Cygnus olor*) ein und fährt sie mit einem kleinen Boot nach und nach ins Winterquartier. Dort wird ein Bereich für sie eisfrei gehalten, und sie bekommen einen kleinen Grundstock an Körnern, jedoch müssen sie sich darüber hinaus selbst versorgen und in umliegenden Wiesen und Waldabschnitten nach Essen suchen.

Bei den Alsterschwänen ist es so, dass ein Teil flugunfähig ist und ein Teil nicht. Die Schwäne, die fliegen können, verabschieden sich auch mal zeitweise aus dem Winterquartier und suchen sich andere Ecken, kommen dann aber häufig wieder zurück. Früher hatte man standardmäßig die Federn an den Flügeln der Alsterschwäne so beschnitten, dass sie flugunfähig wurden und als Wahrzeichen vor Ort blieben.

Irgendwann hat man jedoch erkannt, dass das Tierquälerei ist (soll ja schließlich jeder Schwan selber entscheiden, wann und wie er wohin fliegen möchte), deshalb macht man das heute nicht mehr. Lediglich Schwäne, die immer wieder auf viel befahrenen Straßen landen, dort angefahren werden und sich und andere dadurch gefährden, kriegen die Flügel gestutzt. Aber auch Wildschwäne und verletzte Schwäne aus anderen Bundesländern, wo sie nicht dauerhaft versorgt werden können, landen bei uns, es ist also ein ziemlich wilder Mix. Sind die Nicht-Hamburger aufgrund eines Unfalls oder nach einer Beißattacke durch Hunde flugunfähig geworden und können im Winter kein Winterquartier anfliegen und deshalb nicht mehr ausgewildert werden, können sie hier in Hamburg davon profitieren, dass man sich um sie kümmert.

Die Pflanzenwelt

Im Februar schiebt der Huflattich (*Tussilago farfara*) seine geschuppten Sprossen aus dem Erdboden und blüht bis April. Erst wenn die gelben Blüten vergangen sind, kommen die Laubblätter zum Vorschein, wegen derer die Pflanze auch einen eher seltsamen volkstümlichen Namen hat. Denn aufgrund der filzigen Behaarung an der Blattunterseite bezeichnet man sie im Volksmund auch als des »Wanderers Klopapier« … Man kann sich ja denken, wieso. Hüstel.

Früher setzte man Huflattich wegen seiner schleimlösenden Wirkung häufig gegen Atemwegserkrankungen ein, mittlerweile nimmt man jedoch aufgrund des Krebsrisikos davon Abstand und verwendet, wenn, dann nur noch speziell gezüchtete Exemplare, bei denen die krebserregenden Stoffe verringert sind. Natürlich gibt es immer noch Menschen, die Kräuter sammeln und sich eine natürliche Hausapotheke anlegen. Ich persönlich würde diese Pflanze jedoch stehenlassen und auf Alternativen zurückgreifen.

Auch die gewöhnliche Pestwurz (*Petasites hybridus*) wird im Februar aktiv, wobei auch hier erst die Blüten aus der Erde kommen, die später von Bienen und Hummeln bestäubt werden. Verblühen sie, folgen die Laubblätter.

Die Pestwurz hat mit bis zu sechzig Zentimetern Durchmesser die größten Blätter der heimischen Pflanzenwelt und wurde im Mittelalter bei der Behandlung von Pestkranken eingesetzt, auch später fand sie noch Verwendung in der modernen Medizin. Heutzutage hat man hier aber auch Abstand genommen, da sie lebertoxisch ist und, wie der Huflattich, krebserregend wirkt.

In der Natur sehen wir die großen Blätter oft sehr durchlöchert. Das liegt daran, dass sie für kleine Tiere wie Insekten oder Schnecken eine ziemliche Delikatesse sind.

Besonders freue ich mich im Februar immer auf die Haselnuss. Gut, Menschen mit Pollenallergie werden das wohl »etwas« anders sehen. Wenn du jetzt spazieren gehst, werden dir bestimmt die grün-braunen »Haselkätzchen« auffallen, die von den braunen Zweigen herabhängen. Was du da siehst, sind die männlichen Blüten der Haselnuss, die am selben Zweig wie die weiblichen Blüten wachsen – die sind ganz klein und rötlich. Besitzt eine Pflanze männliche und weibliche Blütenstände, ist also zwittrig, bezeichnet man sie in der Fachsprache als »monözisch«.

Da sie so früh und vor dem Blattaustrieb wachsen, sind sie für die ersten Bienen und Hummeln des Jahres sehr wichtige Pollenlieferanten. Und davon haben sie massig: Ein einziges Haselkätzchen besitzt rund zwei Millionen Pollenkörnchen. Diese werden vom Wind durch die Gegend getragen – bis zu viertausend Kilometer weit! –, sehr zum Unmut aller Allergikerinnen und Allergiker, landen auf weiblichen Blüten und befruchten diese.

Blüht der Haselstrauch, ist der Frühling nicht weit. Damit gehört die Haselnuss zu den phänologischen Zeigerpflanzen, was bedeutet, dass sie uns den Jahreszeitwechsel in der Natur ankündigt. Aufgrund des Klimawandels blüht die Haselnuss aber, genau wie andere Frühblüher, immer eher. In letzter Zeit häufig schon Ende Januar, was rund zwanzig Tage früher als noch in den 1950er Jahren ist.

Ein weiterer typischer Frühlingsbote sind die Krokusarten, wobei sich in unseren Parks und Gärten meist der Frühlingskrokus (*Crocus vernus*) tummelt – gern auch als verkreuzter Hybrid mit anderen Krokusarten.

In Deutschland finden wir sie manchmal auch in freier Natur, jedoch sind das Reste früherer Anpflanzungen, denn eigentlich kommen sie bei uns nicht natürlich vor.

Krokusse sind nur in Asien, Nordafrika und in den südlichen Teilen Europas heimisch, vor allem in Italien, dem Balkan und in Griechenland. Nur in den Alpen kann man echte europäische Wildbestände finden, und zwar vom weißen Krokus (*Crocus albiflorus*), wobei diese wohl auch in vorgeschichtlichen Zeiten von Menschen dort hingebracht wurden.

Übrigens kann man später im März beobachten, dass viele Krokusareale verwüstet sind. Das kommt daher, dass sie Ende Februar und im Laufe des März oft der Austragungsort wilder Amselkämpfe sind. Die Männchen liefern sich körperliche Auseinandersetzungen, während sie ihr Revier mit Drohgebärden, hektischen Verfolgungsjagden zu Fuß, kleinen Angriffen und epischen Luftkämpfen markieren. Obwohl die Kämpfe sehr schlimm aussehen können, gibt es selten ernsthafte Verletzungen. Nur die Krokusse kommen dabei oft nicht gut weg, denn gerade gelbe Arten ähneln dem Schnabel eines konkurrierenden Männchens so sehr, dass sich so ein hormonell aufgepumptes Kerlchen von ihnen provoziert fühlt und sich an ihnen abreagiert.

Es gibt übrigens einen (Herbst-)Krokus, der wirtschaftliche Bedeutung hat: der Safran (*Crocus sativus*), den man zum Färben und Würzen verwendet (»Safran macht den Kuchen gehl …«). Wenngleich wir ihn in der deutschen Küche nicht mehr wirklich verwenden, ist er aus einer Paella oder einem Risotto nach Mailänder Art nicht wegzudenken. Schon vor über fünftausend Jahren wurde er von den Sumerern angebaut, wobei eine wilde Ursprungsart vermutlich den Weg aus Griechenland über Handelsrouten ins Zweistromland gefunden hat.

Die Safranherstellung ist sehr aufwendig, weshalb er vor allem früher, aber auch noch heute teuer ist. Sobald die Blüte aufgegangen ist, pflückt man sie, friemelt die roten Blütennarben per Hand raus und trocknet diese. Für ein Kilogramm Safran muss man über hunderttausend Blüten pflücken, was wirklich eine enorme Zahl ist, weshalb sich in der Antike nur die reichsten Menschen dieses edle Gewürz leisten konnten. Durch diese Erlesenheit avancierte der Safran damals zum absoluten In-Geschenk für Könige und Päpste, und reiche Menschen, die was auf sich hielten, färbten sich damit die Säume der Kleider. Schnell blühte auch ein richtiger Schwarzmarkt auf: Man streckte ihn, man fälschte ihn (zum Beispiel, indem man Ringelblumennarben verwendete), man raubte ihn. Auf diese Vergehen standen in der Antike extreme Strafen, lebendig begraben zu werden etwa. Bei Safran verstand man keinen Spaß. Heute ist er zwar erschwinglicher, zählt aber noch immer zu den erlesenen Gewürzen.

Und nicht nur der Handel mit diesem Gewürz war heikel, die Benutzung war es nicht minder. Wie so oft gilt auch hier: Die Dosis macht das Gift. Zu viel Safran kann schädlich sein. Ähnlich wie andere Gewürze auch (Muskatnuss beispielsweise) kann man ihn überdosieren – Safran kann ab zehn Gramm tödlich wirken. Doch schon ab anderthalb Gramm treten Vergiftungssymptome auf: Erbrechen, Bauchschmerzen, Schwindel und Ohnmacht, Blutungen aus der Gebärmutter, Lähmung. Seine toxische Wirkung haben sich früher verzweifelte Frauen zunutze gemacht und ihn in einer nichttödlichen Dosierung eingenommen, um einen Schwangerschaftsabbruch herbeizuführen. Doch das ging nicht immer gut, so manche der Frauen zahlte dafür mit ihrem Leben.

MÄRZ

Die Morgen im März sind noch kühl und neblig, der Tau auf dem Gras glitzert auf Halmen, Moosen und kleinen Zweigen. Die Bäume strecken sich still in die Luft, ihre kahlen Äste heben sich deutlich vom grauen Himmel ab. Die ersten Vorboten des Frühlings sind die Buschwindröschen, die sich durch die kalte Erde nach oben schieben, wo sie ihre weißen zarten Blütenblätter zur Schau stellen. Ihnen folgen jetzt immer mehr Schneeglöckchen und Krokusse, die mit ihren leuchtenden Farbtönen einen willkommenen Farbtupfer in der sonst noch so winterlich geprägten Landschaft setzen.

Je länger die Tage werden, desto mehr Vogelgesang hören wir draußen. Meisen und Spatzen hüpfen von Ast zu Ast und erfüllen die Luft mit ihren fröhlichen Rufen. Die Männchen beginnen mit aufwendigen Balzritualen, blähen ihre Federn auf und singen sich die Seele aus dem Leib, um eine Partnerin anzulocken. Die Weibchen beobachten das Geschehen aufmerksam, wackeln mit dem Schwanz und legen den Kopf schief, während sie ihre Möglichkeiten abwägen.

Wenn die Temperaturen steigen, kommen auch wir Menschen endlich wieder mehr aus unseren Häusern, entledigen uns der dicken Mäntel und Mützen und genießen die Wärme der Sonne. Man sieht Leute auf Parkbänken sitzen und mit ihren Nachbarn plaudern. In den Gärten, die monatelang geruht haben, werkeln übermotivierte Menschen mit Schaufeln und Spaten herum.

Kurz: Im März nimmt die Natur zum ersten Mal im Jahr richtig Anlauf. Der Vorfrühling endet, und der Frühling beginnt, und damit auch das große Comeback der Natur. Im

März kehren viele Zugvögel nach Deutschland zurück, darunter Drosseln, Bergfinken, Kraniche, Kiebitze, Zilpzalp aka Weidenlaubsänger, Weißstörche, Graureiher und Mäusebussarde. Auch kleinere Vögel wie Buchfinken, Stare und Zaunkönige sind in diesem Monat wieder in Deutschland zu finden. Zu den Wasservögeln, die sich im März beobachten lassen, zählen unter anderem Schnatterenten, Stockenten und Rohrdommeln. Für Vogelfans wird es also wieder sehr interessant.

Auch die Amphibien werden immer aktiver, beispielsweise legt der Grasfrosch jetzt seine Eier in Gewässern ab. Einige Frösche überwintern in Teichen, während andere in Bächen oder in Erdhöhlen an Land Zuflucht suchen. Jene Frösche, die den Winter in Gewässern verbracht haben, haben einen klaren Wettbewerbsvorteil. Allerdings können Teiche während besonders harter und kalter Winter auch zur Gefahr für die Tiere werden. Und eine sehr bekannte Amphibie startet jetzt ihre große Wanderung.

Die Erdkröte

Ich bin den ganzen Tag durch den Stadtwald bei mir in der Nähe spaziert, habe die Geräusche der Natur auf mich wirken lassen und die friedliche und ruhige Atmosphäre genossen. Die Sonne beginnt nun, über den noch kahlen Baumwipfeln unterzugehen, sodass ich mich langsam auf den Heimweg machen muss.

Ich schlendere den kleinen Pfad unter den Bäumen entlang und beobachte eine Gruppe von Amseln, die von Ast zu Ast springen und ihre melodischen Lieder singen. Ich packe die Kamera aus und schieße ein paar Bilder. Endlich wird es nach dem stillen Winter wieder lebendiger!

Jetzt nähere ich mich einem kleinen See, auf dem zwei Stockenten nach Futter tauchen. Abseits der Vögel ist das Wasser ruhig und reflektiert den zunehmend dramatisch aussehenden Sonnenuntergang. Schon oft war ich an diesem See gewesen und hatte es immer geliebt, hier Enten, Spinnen und Baumpilze zu besuchen. Ich mache also meine Fotos, umrunde gerade einen Baumstumpf, als ich innehalte. Eine plumpe und etwas unbeholfen wirkende Gestalt sitzt direkt vor mir und glotzt mich mit ihren kleinen Glubschaugen misstrauisch an. Beinahe wäre ich auf sie getreten, kann ihren Missmut also sehr gut verstehen. Es ist eine Kröte.

Die Erdkröte (*Bufo bufo*) ist eine vergleichsweise anspruchslose Amphibie und deshalb in Deutschland flächendeckend anzutreffen. Leider entspricht sie nicht unbedingt den Schönheitsstandards von uns Menschen, und vor allem bis weit ins Mittelalter hinein galt sie deshalb als das hässlichste Tier der Schöpfung (zu finden im Dritten Buch Mose, was für eine Frechheit). Aufgrund ihres Aussehens hatte sie auch schnell den Ruf weg, irgendwie mit Hexen zu tun zu haben. In mittelalterlichen Hexenprozessen wurde sie als Zutat der sogenannten »Hexensalbe« aufgelistet, mit der sich die »Schuldigen« bestrichen, um zu ihren Treffen zu fliegen. Wer kennt es nicht. Weiterhin wurden die Tiere als Heilmittel angesehen, die damals lebenden Menschen zerhackten sie, trockneten sie, pulverisierten sie oder gaben gleich das ganze Tier auf eine von einer Krankheit heimgesuchte Körperstelle, auf Warzen, Giftbisse und Tumore, auf gichtgeplagte Hände und das gebrochene Bein. Ich sag mal vorsichtig: Das hat jetzt nicht so richtig gut geklappt.

Auch in Märchen treffen wir die Kröte oft als Begleiterin von Hexen oder Teufeln, als verwandelten armen Prinzen oder als Hüterin eines sagenumwobenen Schatzes.

Aber eigentlich ist die Kröte nur: eine Kröte. Ganz banal, aber gleichzeitig auch sehr liebenswert. Erdkröten sind gemütliche Gesellen und die größten in Europa vorkommenden Kröten, also sozusagen die Royals unter den Hüpfern. Sie sind sehr genügsam, brauchen einfach ein stehendes Gewässer, wobei ihnen die Wasserqualität schon relativ egal ist. Dort packen sie ihre glibberigen Laichschnüre rein, die bis zu achttausend Eier beinhalten können.

Doch zuerst einmal müssen die Erdkröten zu ihren Laichgewässern kommen, und das ist der Punkt, wo es relevant für uns Menschen wird. Mancherorts begeben sie sich schon Ende Januar auf Wanderschaft, die aber auch etwas dauern kann, da sie sich gern über mehrere Etappen zieht. Sollte es nämlich wieder zum Frosteinbruch kommen, graben sie sich da, wo sie sind, wieder ein. Dort warten sie dann auf wärmeres Wetter, um ihre Wanderschaft fortzusetzen. Im März erreicht die Wanderung den Höhepunkt.

Da diese Reise synchron verläuft, kommt es zum Massenauftreten der Kröten, weshalb sie durch den Straßenverkehr gefährdet sind. Denn oft liegen zwischen den Winterquartieren und den Laichgewässern Autobahnen oder Siedlungen, die die Kröten überqueren müssen. Diese Zerhäckselung ihrer Lebensräume durch Menschen gefährdet die Bestände, da die Tiere im Straßenverkehr enorme Verluste erleiden. In Deutschland sind sie zwar noch nicht gefährdet, in Österreich jedoch kurz davor, und in der Roten Liste in der Schweiz werden sie schon als gefährdet eingestuft.

Eine häufig anzutreffende Schutzmaßnahme sind Straßensperrungen oder Krötenzäune an den Straßen, die auf den Wanderrouten der Erdkröten liegen. An diesen Plastiknetzen sammeln sie sich und laufen sie ab, bis sie in eingegrabene Sammeleimer fallen. Diese werden von Freiwilligen dann über die Straße getragen, wo die Erdkröten ihren Weg fortsetzen können.

Mittlerweile legt man auch künstliche Laichgewässer an den Winterquartieren an, damit die Kröten für ihre Eiablage gar nicht erst über die Straßen hopsen müssen, wobei es durchaus ein Kampf werden kann, die Tiere dazu zu bringen, diese Ersatzgewässer zu akzeptieren. Erdkröten sind nämlich sehr standorttreu, weshalb man sie mit verschiedenen Maßnahmen überreden muss, sich dieses neue Gewässer doch wenigstens mal anzuschauen.

Ist die Wanderung geglückt und sind die Kröten an den Laichgewässern angekommen, beziehen die Männchen vor den Gewässern Posten und patrouillieren dort. Kommt ein Weibchen an, klammern sie sich an ihm fest – das ist tatsächlich ein Reflex. Das kann auch schon während der Wanderung geschehen, wodurch das Weibchen den feinen Herrn dann bis zum Gewässer tragen darf. Was für ein Gentleman!

Stößt ein anderer Interessent dazu, tritt das klammernde Männchen den Konkurrenten weg und gibt alles, um ihn auf Distanz zu halten. Es herrscht oft ein ziemliches Gerangel um die Weibchen, da es bei Erdkröten in der Regel einen Männchenüberschuss gibt, man muss also schauen, wo man bleibt. Bei all der Hektik kann es auch passieren, dass sich ein Männchen versehentlich an ein anderes Männchen klammert. Mit einem bestimmten Ruf macht dann das »Opfer« klar, dass es *kein* Weibchen ist. Dieses »Ük, ük«, das man noch häufiger als den eigentlichen Balzruf hört, ist also Krötisch für »Bruder, ich bin ein Typ, lass mich in Ruhe!«.

Hat die Paarung geklappt, entstehen die eben erwähnten Laichschnüre mit den Tausenden Eiern, die vom Männchen beim Austritt aus dem Weibchen befruchtet werden. Diese werden von den Kröten unter der Wasseroberfläche um

Strukturen wie Pflanzen, Äste oder Wurzeln gewickelt, und ein paar Tage später schlüpfen die lustigen Kaulquappen daraus, die mich schon in meiner Kindheit in Entzücken versetzten.

Die Kaulquappen der Erdkröte sind einfarbig schwarz und sind anfangs nicht mehr als »abgeflachte Kügelchen und Schwänzchen« mit einer Gesamtlänge von bis zu vier Zentimetern. Diese Krötenlarven ernähren sich von Algen, Detritus (also zerfallendem organischen Material) und verstorbenen Artgenossen. Zuerst sind die kleinen Kröten in spe noch Kiemenatmer, doch wenn die Kaulquappen heranreifen, entwickeln sie nach und nach Lungen und Beine. Die Kiemen werden dabei schrittweise absorbiert, und der Schwanz geht auch immer mehr verloren. Außerdem nimmt die Larve eine rundere Körperform an und bildet eine dickere, robustere Haut aus, die für ein Leben außerhalb des Wassers geeignet ist.

Am Ende des Larvenstadiums durchläuft die Kröte die dramatischste Verwandlung mit der letzten Häutung. Dabei entwickelt sie die charakteristischen Merkmale der erwachsenen Erdkröte, wie beispielsweise die unebene Haut, die kräftigen Beine und die Schwimmhäute zwischen ihren Zehen.

Sobald die Metamorphose abgeschlossen ist, kann das fertige Tier das Wasser verlassen und ins Leben als erwachsene Landbewohnerin starten. Der Speiseplan der Kröte sieht nun kleine Insekten, Würmer, Schnecken, Spinnen und andere Gliederfüßer vor. Am Anfang ist sie nicht größer als einen Zentimeter, also kleiner als im ers-

ten Kaulquappenstadium. Die Kröte wird jedoch durch die proteinreiche Kost weiter wachsen und sich immer wieder häuten, bis sie schließlich im Alter von drei bis fünf Jahren die Geschlechtsreife erreicht und sich fortpflanzt.

Wenn du eine Kröte findest, fass sie bitte nicht an. Nicht nur, dass das für die Kröte nicht angenehm ist, sie gibt über ihre Haut auch ein Gift ab, das sie vor Fressfeinden und krankmachenden Mikroorganismen schützt. Für manche Tiere kann das Gift, das ähnlich wie das des Fingerhuts wirkt, tödlich sein. Beim NABU habe ich mal von einem Vorfall hier im Tierpark Hagenbeck gehört, bei dem Kröten ins Gehege der Seelöwen wanderten. Die Seelöwen haben sie gefressen und sind dann leider am Gift verendet. Uns blüht das bei Kontakt zwar zum Glück nicht, doch wenn wir das Sekret unbedacht mit den Händen in die Augen oder auf andere Schleimhäute schmieren, kann das verdammt unangenehm werden.

Den Frühblühern gehört der März

Frühblüher, oder auch Frühlingsgeophyten, sind Pflanzen, die uns nach dem Winter sehr früh mit ihren farbenfrohen Blüten erfreuen und von denen ich ja schon einige erwähnt habe. Im Frühjahr profitieren sie von der direkten Lichteinstrahlung und Wärme über dem Boden.

Die Baumkronen sind noch kahl und lassen daher viel Licht durch. Der Anteil des Sonnenlichts, der bis zur Krautschicht vorm Kronenschluss der Bäume gelangt, ist erheblich: Rund fünfzig Prozent kommen unten an. Das dunkle Laubstreu vom Herbst nimmt diese Sonnenenergie gut auf, was den Wärmeeffekt verstärkt. Je nach Wetterbedingungen kann über dem Boden eine Temperatur von bis zu vierzig Grad Celsius erreicht werden, was die Stoffwechselvorgänge der Pflanzen beschleunigt und ihr frühes Wachstum und die Blüte unterstützt.

Um im Kampf um Licht gegen größere Pflanzen wie Sträucher, Büsche und Bäume bestehen zu können, haben Buschwindröschen, Schneeglöckchen, Krokus und andere Frühlingsblumen eine clevere Strategie entwickelt: Sie blühen vor allen anderen.

Zudem wenden diese Pflanzen einen Trick an, um unabhängiger von wechselhaften Umweltbedingungen zu sein: Sie haben unterirdische Speicherorgane, in denen sie Nährstoffe – insbesondere Stärke – sammeln. Trockenheit, zu wenig Licht, zu kalt? Kein Problem, wer vorgesorgt hat, kann das aussitzen. Die Vorräte in Knollen, Zwiebeln oder Wurzelstöcken ermöglichen es ihnen, im Frühling schnell aus dem Boden zu wachsen und Blätter für die Photosynthese zu bilden. So rasch wie möglich gehen sie also in die Blüte, um sich fortzupflanzen und zu verbreiten.

Insgesamt dauern die Auftritte von Frühblühern nicht sonderlich lang. Die ersten stecken im Februar ihre Köpfe aus der Erde, doch schon im Mai sind die meisten Frühlingsblumen wieder verschwunden. Sträucher, größere Stauden und Bäume stehlen ihnen das Sonnenlicht und damit die Show. Setzt dann um sie herum nach und nach die Belaubung der größeren Pflanzen ein, wird es auf dem Boden wieder dunkler. Dadurch haben die kleineren Pflanzen nicht mehr genug Lichtenergie zur Verfügung, um Photosynthese zu betreiben, weshalb sich die Bildung von Kohlenhydraten, Fetten und Proteinen verlangsamt und schließlich ganz eingestellt wird. Die Geophyten werfen dann ihre oberirdischen Teile ab, lagern erneut Vorräte ein und warten im Boden auf den nächsten Frühling.

Es gibt aber auch Frühblüher, die nicht ganz verschwinden. Der Kriechende Günsel oder auch der Waldmeister behalten ihre Blätter selbst dann noch, wenn sich das Kronendach über ihnen geschlossen hat. Zwar dringen dann nur noch rund drei Prozent des Sonnenlichts bis hinunter in die Krautschicht, doch diese Pflanzen bauen nach der Blüte ihren Stoffwechsel um, sodass die Photosyntheseleistung im Schatten reicht, um am Leben zu bleiben.

Die Bäume pumpen

Wenn die Tage wieder wärmer werden und die Sonne stärker scheint, erwachen die Bäume endlich auch aus ihrem »Winterschlaf« und schmeißen die Turbinen an: Ihr Pflanzensaft, der sich während der kalten Monate in den Wurzeln gesammelt hat, beginnt wieder zu fließen und steigt durch den Stamm in die Baumkrone. An einem sonnigen Frühlingstag kann man das Rauschen des Saftes sogar hören, wenn man das Ohr an den Stamm einer Buche oder eines Ahorns legt. Wenn du nichts hörst, versuche es doch einmal mit einem Stethoskop, um in das Innere des Baumes zu horchen, falls du dir irgendwo eins ausleihen kannst.

Während der Wintermonate ruhen Bäume, um Energie zu sparen und sich vor der Kälte zu schützen. Dieser Überwinterungsmodus wird durch verschiedene Mechanismen ermöglicht, wie die Unterbrechung der Zellteilung und des

Wachstums, das Verteilen von »Frostschutzmitteln« im Baum, die Bildung einer Schutzschicht um die Knospen und die Verringerung des Wasserverlusts durch Transpiration, nachdem die Bäume im Herbst die Blätter abgeworfen haben. Darauf kommen wir später im Jahr noch zu sprechen.

Das Xylem, ein Gefäßgewebe im Baum, wird also jetzt im März wieder aktiv und transportiert Wasser und Mineralien von den Wurzeln zu den Blättern. Es trägt auch zur Verholzung von Pflanzen und ihrer Stabilität bei. Das Phloem, das Gegenstück zum Xylem, spielt eine wichtige Rolle bei der Photosynthese und dem Wachstum von Pflanzen. Es transportiert Zucker, Aminosäuren und andere Nährstoffe von den Blättern zu anderen Teilen der Pflanze. Außerdem ist es an der Regulierung des Wachstums und der Entwicklung von Pflanzen durch die Verteilung von Hormonen und anderen Signalstoffen beteiligt.

Bis die Bäume nicht mehr nackt in der Landschaft herumstehen, müssen wir jedoch ein wenig geduldig sein, denn der März ist für die frostempfindlichen Blätter noch ein zu großes Risiko. Dennoch bereiten sich die Bäume jetzt schon auf die Wachstumsphase und den Blattaustrieb vor, der dann im April und Mai so richtig losgeht.

Wenngleich die Bäume noch nicht grünen, so blühen jetzt aber schon die ersten: Verschiedene Ahorne wie der Rot-Ahorn (*Acer rubrum*) oder der Silber-Ahorn (*Acer saccharinum*) lassen ihre Blüten im Wind schwingen, Erlen, Birken, Pappeln, Weiden und Platanen tun es ihnen nach. Das ist natürlich die erste Bewährungsprobe für Menschen mit Pollenallergie. Als Kind hatte ich das ziemlich extrem, nach einer Desensibilisierung zum Glück gar nicht mehr, aber viele meiner Freundinnen und Freunde sind, wenn die Birken flirten, irgendwo in ihren Wohnungen vergraben und warten verschwollen und schniefend auf Regen. Dennoch sind gerade die Birken superwichtig für Tiere, stellen sie doch die erste Nahrung für sie dar. Allein über hundertsechzig Insektenarten sind auf diesen Schrecken aller Heuschnupfler angewiesen, und auch das Birkhuhn ist Stammkundin.

Wir legen ein Naturtagebuch an

Nicht nur die Bäume bereiten sich auf die wachstumsreicheren Jahreszeiten vor, wir sollten das auch mit einem kleinen Projekt tun, und zwar legen wir ein Naturtagebuch an! Und falls du dich gerade fragst: *Hä, wieso sollte ich das tun?*, hier ein paar Argumente:

- Es bietet dir eine sehr gute Möglichkeit, eine Verbindung zur Natur herzustellen. Durch das Beobachten und Protokollieren deiner Outdoor-Erlebnisse kannst du dich besser auf die Umwelt um dich herum einstellen und die Schönheit und Komplexität der Natur schätzen lernen.
- Das Führen eines Naturtagebuchs schult deine Beobachtungsgabe. Es verlangt von dir, aufmerksam und geduldig auch kleine Details in der Welt wahrzunehmen.
- Es hilft zumindest mir ziemlich gut beim Entspannen und beim Stressabbau. Zeit in der Natur zu verbringen, sich auf den gegenwärtigen Moment zu konzentrieren

und ihn durch kleine Skizzen, Notizen oder Fotos festzuhalten entschleunigt mich total und gehört für mich zu meiner fast täglichen Psychohygiene dazu.

- So ein Projekt bietet auch Gelegenheiten zum Lernen. Wenn du aufmerksam durch die Welt gehst und deine kleinen und großen Beobachtungen in einem Naturtagebuch festhältst, entdeckst du vielleicht Dinge, die dir vorher nicht aufgefallen sind. Du kannst so dein Wissen über die Pflanzen und Tiere in deiner Umgebung erweitern, notieren und anderen Menschen zeigen. Gerade für Familien ist das ein richtig gutes Projekt, aber auch Einzelpersonen können sehr viel Spaß daran haben.
- Natürlich schafft man damit auch eine Art kreatives Ventil. Egal ob du gerne zeichnest, malst oder schreibst, es bietet die Möglichkeit, dich auszudrücken und deine Erfahrungen in persönlicher und sinnstiftender Weise zu dokumentieren. Du musst dafür weder wie van Gogh malen oder wie Shirley Jackson schreiben können, wichtig ist, dass es dir Spaß macht.

So, jetzt, da du hoffentlich (!) motiviert bist, schauen wir mal, was man für so ein Projekt braucht:

1. Entscheide dich dafür, was für eine Art Naturtagebuch du eigentlich führen möchtest. Möchtest du alle deine Entdeckungstouren festhalten oder dich eher auf einen bestimmten Ort konzentrieren, ihn im Laufe des Jahres immer wieder besuchen und dokumentieren? Sollen da nur deine Vogelbeobachtungen rein, oder auch die Pflanzen, die du siehst?
2. Basierend auf der vorherigen Antwort suchst du dir jetzt dein Naturtagebuch aus. Ich empfehle auf jeden Fall chlorfrei gebleichtes, alterungsbeständiges Papier.

Die Größe hängt vom Zweck ab und auch von deinen Vorlieben, genau wie die Optik. Besorge dir dazu passend Stifte, Farben, Kleber, Klebeband, Sticker – was auch immer du möchtest und was deiner Vision dient. Natürlich kannst du es auch digital führen, in Form eines Blogs, auf einer Social-Media-Plattform wie Instagram oder Mastodon, oder als Textdokument.

3. Jetzt geht es los. Du gehst in die Natur, beobachtest alles genau und machst Notizen, Zeichnungen, Fotos. Entweder direkt ins Naturtagebuch oder in ein kleines Feldnotizheftchen, das auch mal nass und schlammig werden darf.
4. Wieder zu Hause angekommen kannst du mit dem Dokumentieren anfangen. Schreiben, zeichnen, Artenlisten anlegen, getrocknete Pflanzen einfügen, Fotos ausdrucken und einkleben – deiner Fantasie sind keine Grenzen gesetzt.

Wichtig ist bei so einem Projekt lediglich: dranbleiben. Du kannst ja mit dir ausmachen, dass du mindestens einmal alle zwei Wochen oder einmal im Monat so einen Ausflug machst und dir danach dein Tagebuch vorknöpfst, oder eben öfter. Ich kenne auch einige Leute, die das einmal pro Jahreszeit machen, aber über viele Jahre hinweg. So dokumentieren sie, wie sich die Natur beispielsweise um ihr Zuhause im Laufe der Zeit verändert, welche Arten dazukommen, welche verschwinden, wie sich der Lebensraum entwickelt. Dabei kommen oft wunderschöne und einmalige Bücher raus, die sie zum Teil an ihre Kinder weitergeben.

Also: Ich bin sehr gespannt, was du gestaltest. Wenn du Lust hast, kannst du dein Naturtagebuch beispielsweise auf Instagram zeigen und mit #schreibersnaturarium taggen, dann kann ich es finden und mir anschauen. Und du kannst die Tagebücher anderer Leute angucken. Wäre das nicht toll? Probieren wir mal, ob das klappt – und ja, ich zeig euch dann auch meine!

Igel

Die Luft ist warm und duftet nach Gras und Blüten, der Boden weich und schwammig unter den Füßen des Igelweibchens, als es aus seiner Winterhöhle unter einem Reisighaufen tippelt. Die Igeldame hatte eine gefühlte Ewigkeit geschlafen, zusammengerollt in einem Ball, um Wärme und Energie zu sparen. Unsere stacheligen Freunde halten für einen Zeitraum von fünf bis sechs Monaten Winterschlaf, beginnend im Oktober oder November. Je nach Witterung kann es auch sein, dass die Europäischen Igel (*Erinaceus europaeus*) bis April schlafen.

Während des Winterschlafs verlangsamen sich alle Stoffwechselvorgänge. Die Körpertemperatur sinkt auf ein bis acht Grad Celsius, und die Tiere atmen nur noch ein oder zwei Mal pro Minute, während ihr Herz in diesem Zeitraum nur noch rund fünf Mal schlägt. In dieser Zeit können Igel bis zu sechsundzwanzig Prozent ihres Körpergewichts verlieren, weshalb es wichtig ist, dass sie vor Beginn des Winterschlafs mindestens fünfhundert Gramm Kampfgewicht angefuttert haben, um diese Zeit zu überstehen. Meist wachen sie auch ein bis zwei Mal während des Winterschlafs auf, um was zu essen oder auf Toilette zu gehen. Im Herbst schauen wir uns dieses Phänomen noch mal genauer an.

Das Igelweibchen streckt sich und spürt, wie die Steifheit in seinen Gelenken und Muskeln nachlässt, als es seine Stacheln ausschüttelt. Es schnuppert umher, das Näschen bebt vor Aufregung über all die köstlichen Snacks, die es nach der langen und entbehrungsreichen Zeit erwarten würden.

Der Igel ist ein gern gesehener Gast in Gärten – und das Lieblingstier meiner Oma, weshalb er mir auch sehr am Herzen liegt. Er ernährt sich hauptsächlich von Insekten wie Käfern, Ohrwürmern, Schmetterlingsraupen, aber auch von Tausendfüßern und Würmern. Nacktschnecken machen hingegen nur einen geringen Teil seiner Nahrung aus, und auch Häuschenschnecken gehören nicht zu seinem Lieblingsessen, da ihre Gehäuse für den Igel schwer zu öffnen sind. Mäuse, Spitz- und Wühlmäuse und Maulwürfe stehen ebenfalls auf dem Speiseplan des Igels, obwohl er in der Regel keine ausgewachsenen Tiere erbeutet, sondern Jungtiere aus dem Nest schnappt. Während der Brutsaison stellen auch kleine Eier und Küken bodenbrütender Vögel einen wichtigen Teil der Nahrung des Europäischen Igels dar, wie beispielsweise die von Möwen, Seeschwalben, Rebhühnern oder Piepern.

Während ihm Hühnereier in der Regel zu groß sind, sagt er zu einem Haushuhnküken auch nicht unbedingt Nein.

Es gibt ziemlich viele Legenden über die Ernährung von Igeln, die auch mir als Kind erzählt wurden. Beispielsweise sollen Igel Milch aus den Zitzen liegender Kühe trinken. Das ist aber Unsinn, denn wieso sollte eine Kuh das zulassen, und wie sollte ein Igel so eine Zitze überhaupt in seine kleine Schnute kriegen? Im Gegenteil ist Milch sogar sehr ungesund für diese Tiere, da sie so starken Durchfall davon bekommen können, dass das zum Tod führen kann. Deshalb: Bitte niemals Milch für Igel rausstellen.

Der Europäische Igel verbringt den Tag in einem geschützten Nest oder Hohlraum und geht in der Dämmerung und nachts auf Nahrungssuche, das aber außerhalb der Paarungszeit in der Regel allein. Wir können die kleinen Tierchen meist zwischen achtzehn und einundzwanzig Uhr oder von Mitternacht bis drei Uhr morgens antreffen. Oft entdecke ich sie, wenn einer meiner Hunde wie angewurzelt stehenbleibt und zitternd auf der Stelle tippelt. Vor allem meine Hündin Chloé ist einerseits extrem begeistert von Igeln, wie von allen kleinen Tieren. Andererseits fürchtet sie zu Recht die Stacheln.

Die Fähigkeit, sich zu einer Stachelkugel einzurollen, ist eine der bekanntesten Eigenschaften von Igeln. Dieses Verhalten ist das Ergebnis eines komplexen Zusammenspiels zahlreicher Muskeln, darunter einer, der sich vom Schwanz zum Rücken zieht und dafür zuständig ist, die Stacheln aufzustellen. Dann gibt es noch einen großen Muskel, der den Igel wie einen kleinen Ball geschlossen hält, sodass der Bauch und die Beinchen geschützt werden. Außerdem hat jeder einzelne Stachel noch einen eigenen Aufrichtemuskel, der dafür sorgt, dass die Stacheln steif nach oben aufgestellt werden. So gesehen sind Igel wahre Muskelprotze! Und sie sind auch sehr umtriebig.

Männchen durchstreifen regelmäßig Gebiete von bis zu einem Quadratkilometer und legen dabei ein bis drei Kilometer pro Nacht zurück, während Weibchen kleinere Reviere von selten mehr als 0,3 Quadratkilometer nutzen und generell weniger weit wandern. Igel sind auch in der Lage, Flüsse schwimmend zu durchqueren, wenn es unbedingt sein muss und die Strömung nicht zu stark ist. Sie sind sehr ortstreu und nutzen innerhalb ihres Reviers mehrere Nester, die sie in unregelmäßigen Abständen aufsuchen. Es kann also durchaus sein, dass die »vielen« Igel, die du immer mal wieder in der Nachbarschaft siehst, in Wirklichkeit immer ein und derselbe Igel ist.

Welche Igel brauchen Hilfe?

Vielleicht hast du ja mal einen krank wirkenden Igel beim Spaziergang entdeckt und dich gefragt, wie du ihm helfen kannst. Hier gibt es deshalb jetzt ein paar Tipps.

Erst einmal ist es wichtig zu wissen, dass Igel als Wildtiere nach dem Gesetz unter besonderem Schutz stehen. Ausnahmsweise ist es jedoch erlaubt, verletzte oder kranke Igel zeitweise aufzunehmen und in einer anerkannten Pflegestation zu behandeln. Es ist allerdings nicht erlaubt, gesunde Igel von der Natur zu entnehmen und als Haustiere zu halten oder sie einfach in den eigenen Garten umzusiedeln.

Wenn du einen Igel findest und das Gefühl hast, dass er Hilfe brauchen könnte, solltest du erst einmal schauen, ob dem wirklich so ist. Anzeichen dafür können folgende Punkte sein:

- Der Igel hat offene Wunden oder andere Verletzungen.
- Der Igel ist unterernährt. Den Ernährungszustand eines Igels allein anhand seines Gewichts abzuschätzen ist nicht immer so einfach. Wenn Jungtiere deutlich unter fünfhundert Gramm und ältere Igel im November weit unter tausend Gramm wiegen, kann ein problematischer Zustand vorliegen, aber die Körperform gibt auch guten Aufschluss. Ein Igel (egal, ob jung oder alt), der rundlich und somit ähnlich geformt wie ein Apfel ist, befindet sich in einem guten Ernährungszustand. Hingegen deutet eine umgekehrte Birnenform (breite obere Körperhälfte und ein schmales Hinterteil) auf Untergewicht des kleinen Rackers hin. Dabei sind seine Augen auch oft eingefallen und schlitzförmig, statt rund hervorzustehen. Abgemagerte Igel haben auch eine Einbuchtung hinter dem Kopf, die sogenannte Hungerfalte, und herausstehende Hüftknochen.
- Der Igel wirkt apathisch, rollt sich kaum ein, wenn man ihn mit einem Stock berührt oder er einen sieht. Er liegt tagsüber einfach offen und ungeschützt herum oder torkelt beim Gehen.
- Der Igel ist ausgekühlt und fühlt sich kälter als die Hand an.
- Der Igel hat Madenbefall.
- Es sind mutterlose Igelbabys mit geschlossenen Augen, die unter hundertdreißig Gramm wiegen. Sollten sie sich noch in ihrem Nest befinden, bedecke es bitte sofort wieder mit Laub und entferne dich. Wenn du hingegen so ein Jungtier findest, obwohl kein Nest in unmittelbarer Nähe zu sehen ist, braucht es dringend Hilfe.

- Der Igel wurde nach Wintereinbruch gefunden.
- Der Igel läuft bei Schnee oder Dauerfrost herum.

Wie helfe ich dem Igel?

Wenn einer oder mehrere der oben genannten Punkte zutreffen und du das Gefühl hast, dass hier Not am Mecki ist, tust du am besten Folgendes:

1. Bringe den Igel erst einmal an einen warmen und sicheren Ort, beispielsweise in die Wohnung. Keller oder Garage sind oft zu kalt, also nicht einfach den Igel dort absetzen.
2. Der Igel muss gewogen werden. Setze ihn dafür beispielsweise in eine Teigschüssel auf die Küchenwaage. Notiere das Funddatum, dann die Wiegezeit und das Gewicht.
3. Überprüfe, ob der Igel Verletzungen hat. Ist er von Parasiten besiedelt, beispielsweise von Maden, Zecken oder Flöhen, kannst du versuchen, sie zu entfernen, wenn du dir das zutraust. Wichtig: Bitte kein Spot-On (also Flüssigkeitsampullen, die man gegen Parasiten auf das Tier träufelt), Flohpuder oder Ähnliches auf den Igel geben, die Dosierung ist sehr schwierig und kann den Igel gegebenenfalls töten. So etwas sollte eine Tierärztin oder ein Tierarzt machen.
4. Wenn du den Igel nachts gefunden hast, braucht er zunächst eine Notunterkunft bis zum nächsten Tag. Praktisch sind hier mit Zeitungspapier ausgelegte Badewannen oder (schließbare) Duschkabinen. Damit er sich verstecken kann, pack ein »Häuschen« aus Pappkarton dazu, gefüllt mit Küchentüchern zum Einkuscheln.
5. Ist der Igel unterkühlt oder ein Jungtier, muss er als Erstes aufgewärmt werden. Wickle dafür eine mit lauwarmem (nicht heißem!) Wasser gefüllte Wärmflasche

mit einem Handtuch oder Küchentuch ein, und setze den Igel darauf. Am besten deckst du ihn auch mit einem weiteren Handtuch zu. Wichtig ist, das Wasser häufig zu erneuern, damit er warm bleibt. Das kann sich auch mal ein paar Stunden lang ziehen, weil es durchaus eine Weile dauert, bis der Igel wieder eine normale Körpertemperatur hat.

6. Biete ihm ein flaches Schälchen mit sauberem, gerne ebenfalls lauwarmem Wasser an.
7. Ist die Körpertemperatur wieder normalisiert – der Igel sollte also nicht kälter als deine Hand sein –, kannst du ihm Nahrung anbieten. Da Igel keine Veggies sind, kannst du ihnen Rührei geben (ohne Milch und Gewürze), zur Not auch ein Löffelchen Katzenfutter (am besten Huhn, kein Gelee, keine Soße), falls nichts anderes da ist. Milch, Obst, Nüsse und irgendwelche Küchenabfälle oder Essensreste darfst du auf keinen Fall verfüttern. Das Verdauungssystem ist ausschließlich für die Verwertung tierischen, milchfreien Eiweißes ausgelegt. Alles andere kann die Tiere töten, vor allem im sowieso schon geschwächten Zustand. Achte bitte auch darauf, dass sich der Igel, vor allem, wenn er unterernährt ist, nicht einfach hemmungslos den Bauch vollschlagen kann. Wenn er nach einer Hungerphase zu viel auf einmal frisst, kann sein Kreislauf zusammenbrechen. Falls du häufig Igel bei euch in der Gegend hast, lohnt es sich gegebenenfalls auch, immer ein wenig spezielles Igelfutter im Haus zu haben – für den Fall der Fälle.
8. Diese Fütterungstipps gelten für erwachsene Igel. Igelbabys bitte nicht füttern und so schnell wie möglich zu Spezialisten bringen!
9. Bring den Igel am nächsten Morgen oder, wenn du ihn tagsüber findest, direkt zu einer Fachperson. Das kann

eine Tierärztin und/oder eine Igelnothilfe sein. Viele Menschen möchten Igel gerne selbst gesundpflegen, was nachvollziehbar ist. Aber jedes Jahr sterben unglaublich viele der kleinen Freunde an falscher Pflege, und das ist auch für die pflegenden Menschen natürlich der schlimmste Ausgang.

Wenn du tagsüber einen Igel findest, kannst du dich auch zuerst an das Igel-Notnetz wenden. Du erreichst es deutschlandweit über www.igel-notnetz.net oder unter der Notrufnummer 0800-723-57-50. Dort bekommst du gesicherte Anweisungen und erfährst auch, wo du deinen Findling hinbringen kannst – die beste Lösung für Mensch und Tier. So kannst du sicher sein, alles in deiner Macht Stehende für den Igel in Not getan zu haben!

Saatgutmischungen vs. Biodiversität

Jetzt im März liegen oft schon Saatgutmischungen in den Baumärkten an Kassen aus, weshalb ich kurz erzählen möchte, wieso die gar nicht so gut für die Biodiversität sind, wie man denkt.

Aber fangen wir von vorn an:

Was ist eigentlich Biodiversität?

Viele Menschen übersetzen Biodiversität ja mit Artenvielfalt und denken, das eine sei ein Synonym für das andere – doch das ist nicht so. Biodiversität ist mehr als nur die Anzahl der vorkommenden Arten in einem Lebensraum. Sie bezieht sich beispielsweise auch auf die Vielfältigkeit der dort lebenden

Organismen. Sind sie sich genetisch recht ähnlich, oder gibt es in den Populationen viele Varianten von Aussehen, Fähigkeiten usw.? Ist der Genpool schön groß und durchmischt? Was für Arten kommen in einem Lebensraum vor? Sind es eher »gewöhnliche Allerweltsarten«, oder gibt es dort seltene oder gar bedrohte Arten? Und wie viele Individuen gibt es jeweils von den vorkommenden Arten? Dann: Wie divers ist der Lebensraum? Gibt es in der Landschaft viele verschiedene Ökosysteme, also beispielsweise Wälder, Wiesen und Seen, oder ist alles irgendwie gleich?

All das sind Fragen, die zur Bestimmung der Biodiversität eines Lebensraums hinzugezogen und beantwortet werden müssen – und wir brauchen diese differenzierten Antworten auch, wenn wir Biodiversität fördern und schützen wollen. Die eine Wiese ist nicht zwingend direkt besonders schützenswert, weil dort zehn Arten Süßgras vorkommen und auf der Wiese nebenan nur fünf. Wenn zehn häufige Arten, die vielleicht noch alle miteinander verwandt sind, gegen fünf seltene aus ganz unterschiedlichen Familien und Gattungen stehen, hat die Wiese mit der geringeren Artenzahl dennoch einen höheren Biodiversitäts»wert«.

Falls du an mehr Infos dazu interessiert bist, kannst du gern mein Reclam-Buch *Biodiversität. 100 Seiten* lesen, in dem ich mich dem Thema ausführlich widme. Hier halten wir jetzt zunächst erst einmal fest: Biodiversität ist nicht gleich Artenvielfalt.

Wildblumenmischungen: Der potenzielle Todesstoß für die Biodiversität

2019 hat die Bochumer Stadtverwaltung 10.000 Tütchen mit einer Wildblumenmischung an die Bürgerinnen und Bürger verteilt. Der Hintergrund war die Aktion »Bochum blüht und summt«, bei der es darum ging, Insekten zu »retten« und Bochum auch hübscher aussehen zu lassen. Klingt ja erst mal gut, und hübsch war es definitiv. Aber als Naturschützer und Expertinnen davon Wind bekamen (leider zu spät), reagierten sie ungefähr so: Was. Zur. Hölle?

Das war zwar alles gut gemeint, aber leider schlecht gemacht. Das Problem bei diesen Aktionen ist der Inhalt der Tütchen. Denn darin enthalten sind nicht nur heimische Arten, sondern auch Exoten, und meist sind das auch nur einjährige Pflanzen, mit denen man also keinen nachhaltigen Effekt erzielt. Außer vielleicht den, dass man mit ein bisschen

Pech Sorten anbaut, die durch den Wind und gut meinende Menschen überall verteilt werden und die ansässige heimische Flora – und dadurch auch eine Menge, Menge, wirklich eine MENGE Tiere und andere Organismen – vertreiben. Das geschieht, wenn invasive Arten beispielsweise so viel Raum einnehmen, dass spezifische Futterpflanzen bestimmter Tiere dort nicht mehr wachsen können. Als Resultat verschwinden dann Pflanze und Tier aus der Gegend, und meist nehmen sie noch andere Kolleginnen mit.

Der Bochumer Botanische Verein hat dann auch direkt mal das Thema Wildblumenwiesen-Mischungen angepackt und Versuche gemacht. Diese liefen … na ja, lies selbst:

> *»Das Ergebnis der Ansaaten war ernüchternd: In fast jedem Samentütchen, auch in denen mit der Aufschrift ›Wildblumen‹, was dem Kunden ganz offensichtlich suggerieren soll, dass es sich um heimische Arten handelt, waren ausschließlich oder fast ausschließlich nichteinheimische Arten (…)«*
>
> (Aus: Buch, C., Jagel, A. [2019]. Schmetterlingswiese, Bienenschmaus und Hummelmagnet – Insektenrettung aus der Samentüte?, Veröff. Bochumer Botanischer Verein, 11.)

Mittlerweile lässt sich die Stadt dazu beraten. Also: Wenn du Wildblumenmischungen aus dem Baumarkt oder so was daheim hast, schmeiß sie am besten weg, es sei denn, es handelt sich explizit um eine regionale Mischung, bestehend zum Beispiel aus verschiedenen heimischen Kleearten, Mohn, Wiesen-Margerite, Bergflockenblume, Heidenelke, Kuckuckslichtnelken und anderen Bestäubermagneten. Ich weiß, dass du das Richtige tun willst, und du kannst nichts dafür, dass man dich an der Nase herumführt. Und keine Sorge – im nächsten Monat schauen wir mal gemeinsam, wie wir stattdessen etwas für die lokale Biodiversität tun können.

APRIL

Im April startet der Frühling so richtig durch. Es ist öfter schon mal T-Shirt-Wetter, und es bleibt länger hell. Immer mehr Vögel füllen unsere Ohren mit ihrem Gesang: Amseln, Zilpzalp und Hausrotschwanz zeigen lautstark, was sie draufhaben.

Viele neue Blumen stecken ihre Köpfe aus der Erde: Sumpfdotterblumen leuchten gelb an Bächen und Seen, Narzissen, Tulpen und Hyazinthen schwängern die Luft mit ihrem Duft. Das vielleicht am meisten erwartete Zeichen des

Frühlings ist jedoch die Rückkehr der Schwalben. Diese anmutigen Vögel ziehen nach Verlassen ihres Winterquartiers jedes Jahr nach Deutschland zurück, und ihre Rückkehr ist beispielsweise im Dorf meiner Eltern immer ein großes Ereignis.

Schwalben

Als ich auf der Terrasse meiner Eltern sitze, schaue ich fast ununterbrochen nach oben, weil ich so fasziniert bin von dem Spektakel, das sich mir in diesem Moment bietet: Der Himmel ist voller Mehlschwalben (*Delichon urbicum*). Ihr glänzendes blauschwarzes Gefieder und ihr markanter weißer Unterbauch glitzern im Sonnenlicht, während sie mit Leichtigkeit und Anmut unglaublich schnell durch die Luft sausen.

Seit fünfzig Jahren hängen zwei Schwalbenhäuser unter dem Dachvorsprung meines Elternhauses, und jedes Jahr brüten dort zwei Paare Mehlschwalben, meistens mit zwei Gelegen im Jahr, manchmal sogar drei, wenn es richtig gut läuft.

Um den Winter zu überstehen, ziehen sich die meisten Tiere ab September südlich der Linie Gambia-Norduganda in wärmere Gefilde zurück, einige fliegen sogar bis nach Südafrika. Im April reisen sie wieder zu uns nach Europa, um den Sommer hier zu verbringen.

Mehlschwalben sind sogenannte Kulturfolger, das heißt, sie haben sich ihren veränderten Lebensbedingungen angepasst und fühlen sich in menschlichen Siedlungen wohl. (Kulturflüchter meiden die Nähe zum Menschen.) Allerdings wird der Wohnraum für Kulturfolger immer knapper,

da Flächen versiegelt und Gebäude umgebaut werden. Früher gehörten die Schwalbennester zu jedem Stall dazu, was den Rindern die Insekten fernhielt, doch heute sind viele Ställe verschlossen. Landwirtschaftswege werden immer häufiger asphaltiert, und es gibt kaum noch Lehmwege, wo die Vögel Baumaterial für ihre Nester sammeln können. Und leider entfernen auch immer noch Menschen Schwalbennester, obwohl das unter Strafe steht. Dieser akuten Wohnungsknappheit kann man begegnen, indem man sich dafür entscheidet, am eigenen Haus ein paar Schwalbennisthilfen anzubringen. Damit hilft man den Tieren nicht nur, sondern hat auch ein wunderbares Naturspektakel direkt vor der eigenen Haustür. Der Vollständigkeit halber sei hier aber erwähnt, dass Schwalben natürlich auch auf Toilette müssen und die Eltern auch den Kot der Kinder aus dem Nest werfen. Idealerweise hängt das Haus dann also nicht überm Frühstückstisch auf der Terrasse. Ich mein ja nur.

Mehlschwalben sind Koloniebrüter und freuen sich über die enge Nachbarschaft mit anderen Schwalben. So eine Kolonie besteht in der Regel aus vier bis fünf Nestern, aber auch größere Kolonien mit Tausenden von Nestern wurden schon entdeckt. Mehlschwalben bauen ihre Nester gerne an senkrechten Wänden unter natürlichen oder künstlichen Überhängen wie Felsenvorsprüngen, Dachtraufen, Dachrändern oder Toreinfahrten. Nester außerhalb von menschlichen Siedlungen findet man nur noch selten. Wenn es bereits vorhandene Nester gibt, beziehen die Mehlschwalben diese lieber, als noch mal die ganze Energie in den Bau eines neuen Heimes zu stecken.

Ein Schwalbennest wird aus feuchtem Lehm oder Erde

als halbrunde Form mit Einflugloch am oberen Rand gebaut, wobei beide Elterntiere beim Bau helfen. Der Nestbau dauert in der Regel rund zwei Wochen, und wenn sich im Nest ein weiches Polster aus Gras und Federn befindet, ist alles bereit für Nachwuchs.

Ein Mehlschwalbengelege besteht meist aus drei bis fünf kleinen, weißen Eiern, die von beiden Elternteilen bebrütet werden – allerdings erledigt hier das Weibchen den größeren Teil der Arbeit. Nach rund zwei Wochen Brutzeit schlüpfen die Nestlinge, und drei bis vier Wochen darauf sind die kleinen Schwalben flügge, wenngleich sie noch ein paar Tage von den Eltern außerhalb des Nestes betreut werden.

Swingerclub im Schwalbennest

Man hat herausgefunden, dass rund fünfzehn Prozent der Mehlschwalbenkids mit dem Vater nicht verwandt sind. Bewachen die Männchen die Weibchen während des Nestbaus noch sehr genau, lassen sie das im Verlauf der Brutperiode immer mehr schleifen. Es kann also durchaus sein, dass sich das Weibchen noch einmal mit einem anderen Männchen gepaart und ihrem eigentlichen Partner die jüngsten Nestlinge untergeschoben hat.

Überhaupt zeigen immer mehr Forschungsergebnisse, dass Seitensprünge im Tierreich eher die Regel als die Ausnahme sind. Ein gutes Beispiel dafür sind Meisen – glaubte man früher noch, dass sie besonders treu seien, stellte man zuletzt fest, dass über die Hälfte der Meisen durchaus für ein Stelldichein außerhalb ihrer Beziehung zu haben ist. Es gibt eine Menge Theorien über die Ursachen dieser Untreue, beispielsweise vermutet man, dass es daran liegen könnte, dass kleine Vögel wie Meisen in der Wildnis schon sehr jung sterben. Meisen werden vielleicht nur ein Jahr alt, bevor eine Katze oder ein Raubvogel ihnen den Garaus macht oder sie von einer Krankheit (wie das Blaumeisensterben 2020) dahingerafft werden. Dementsprechend müssen sie im ersten Jahr einen besonders hohen Bruterfolg erzielen, was sich darin äußert, dass Männchen versuchen, möglichst viele Nachkommen in zusätzlichen fremden Nestern unterzukriegen. Aber auch die Weibchen lassen sich sicherheitshalber oft mehrfach befruchten, denn was ist, wenn sich der Partner dann doch als unfruchtbar herausstellen sollte?

Sexuelle Untreue bringt nicht nur Vorteile mit sich. Je nach Vogelart kann es übel ausgehen, wenn ein Partner den anderen beim Fremdschmusen erwischt: Er kann gewalttätig gegen den Fremdgeher werden, verlässt den untreuen Partner oder hilft einfach nicht mehr bei der Versorgung des Nachwuchses mit.

Es gibt aber auch sehr treue Vögel, die vorher schon erwähnten Waldkäuze bleiben beispielsweise ein Leben lang zusammen. Auch Albatrosse sind an langfristigen Beziehungen interessiert, führen diese jedoch aus der Distanz, da sie die meiste Zeit getrennt über das Meer fliegen und sich nur zur Fortpflanzung auf dem Boden treffen. Sie haben eine lange Verlobungsphase, da sie großes gegenseitiges Vertrauen brauchen, um sich so eng an einen Partner bei so einem ungewöhnlichen Lebensstil zu binden und immer sicher zu sein, dass sie nicht sitzengelassen werden.

Schwäne sind ebenfalls für ihre enge Paarbindung bekannt, doch auf sexueller Ebene kommt es durchaus mal zu Seitensprüngen. Vor allem während das Weibchen brütet, langweilt sich das Männchen gern mal, weshalb es fremdflirtet – und das bevorzugt mit anderen Männchen.

Wegen alldem spricht man heutzutage bei Vögeln auch eher von »sozialer Monogamie«, da sexuelle Monogamie evolutionstechnisch für die Tiere nicht so richtig Sinn macht.

Krabbelnde Edelsteine

Ich kenne eine Frau, die absolut besessen von Insekten ist. Sie liebt alles an ihnen – die Art, wie sie tippeln und fliegen, die leuchtenden Farben und Muster auf ihren Körpern und die unglaubliche Vielfalt der Arten, die es gibt. Dieser Frau entgeht kein einziger Krabbler. Sie kann sie im Gras, auf Bäumen und unter jedem Blatt entdecken, auch fünfzehn Meter entfernt und im Dämmerlicht hält sie plötzlich inne, weil sie meint, gerade einen kleinen Chitinpanzer auf einem Birkenblatt entdeckt zu haben. Und egal, wo sie hingeht, sie hat immer ein wachsames Auge für neue und interessante Exemplare. Es gibt so viele verschiedene kleine Tiere, jedes mit seinen eigenen Merkmalen und Verhaltensweisen.

Und sie liebt es, mehr über sie alle zu erfahren – von den winzigen Ameisen, die in riesigen Kolonien zusammenarbeiten, bis hin zu großen Käfern wie dem Heldbock oder dem Hirschkäfer.

Die Augen der Frau sind bei Spaziergängen immer auf den Boden oder auf Büsche gerichtet. Bei Wanderungen kommt sie entweder Stunden später oder gar nicht am Ziel an, weil sie alle zwei Meter in die Hocke geht, um etwas Kleines zu beobachten und zu fotografieren.

Diese Frau *liebt* Insekten.

Und diese Frau bin ich.

Ich vergöttere Insekten seit meiner Kindheit, sie sind einfach unglaublich gute Beobachtungstiere. Schon allein, weil sie leicht zu finden sind. Mir war bereits im Kindergarten klar, dass es ziemlich schwer ist, in der Stadt, selbst im Garten, Rehe oder Füchse zu sehen. Aber Insekten – die sind überall.

Diese Leidenschaft hat sich zum Leidwesen meiner Mutter sehr extrem entwickelt. Als junges Mädchen hatte ich mich nicht sonderlich für Puppen interessiert, bekam aber mal im Alter von sechs oder sieben Jahren ein Puppenhaus geschenkt. Dieses hatte ich direkt ausgeräumt und in ein »Krankenhaus für Tiere« verwandelt. Die »Krankenzimmer« habe ich nach und nach mit Patienten bestückt: angetrocknete Regenwürmer, Fliegen ohne Flügel, verletzte Wespen, flugunfähige Schmetterlinge. Alle wurden von mir in ein »Krankenbett« aus Walnussschalenhälften gelegt und mit einem kleinen Fetzen Taschentuch zugedeckt. Am Abend gab es noch eine Gutenachtgeschichte, dann war Schlafenszeit.

Ich meine: Der Gedanke dahinter war ja schon gut, denn ich wusste, dass das Prinzip »Krankenhaus« bei Menschen gut klappte. Nur gab es einen sehr wichtigen Unterschied zwischen menschlichen Patienten und solchen Krabblern aus dem Garten:

1. Wir Menschen wissen meist, was mit uns passiert und wieso wir im Krankenhaus sind.
2. Wir bleiben dort in der Regel freiwillig.

Am nächsten Morgen entdeckte ich schockiert, dass sich alle meine Patienten selbst entlassen hatten. Die Wespen, die Würmer, die Fliegen und die Spinnen – alle waren fort.

Also, nicht ganz fort. Aber das wusste ich da noch nicht.

Frustriert ging ich wieder raus, bewaffnet mit einem Einmachglas, und suchte nach neuen Patienten. Ich wurde auch schnell fündig: eine Schnecke mit zerbrochenem Häuschen, halb zertretene Würmer, Fliegen mit ausgerissenen Flügeln, die von zwei Nachbarsjungs gequält wurden. Alle kamen ins Krankenhaus, bekamen ihre Betten, ihre Gutenachtgeschichte und die Schnecke sogar noch einen Kuss aufs Häuschen. Zufrieden ging ich auch an diesem Tag ins Bett und war schon sehr gespannt auf die unglaubliche Heilung, die diesen Tieren durch meine aufopferungsvolle Pflege zuteilwerden würde!

Am nächsten Morgen sprang ich schon sehr früh aus dem Bett und war bereit, meine Schicht anzutreten und die Visite durchzuführen. Aber ach – wieder einmal stand ich vor leeren Patientenzimmern. Nur die Schnecke hing noch an der Decke der Puppenhausküche.

Ich konnte es nicht fassen. Waren die Tiere gesund geworden und einfach abgehauen, ohne sich zu verabschieden oder sich zu bedanken? Oder *wollten* sie gar nicht gesund werden? Verschmähten sie mein Krankenhaus?

Enttäuscht zog ich mich wieder in mein Bett zurück und las noch ein bisschen, als plötzlich eine Wespe über meine Bettdecke lief. Die kannte ich doch! Allerdings bewegte sie sich deutlich schneller als am Tag zuvor, als ich sie aus einem Waschbecken in der Gartenkneipe gerettet hatte. Unsicher krabbelte ich ans Ende des Bettes, und als sie bedrohlich summte, wurde es mir dann doch zu viel, und ich rannte zu meiner Mutter.

Diese rückte im Kinderzimmer an und suchte all meine »Patienten« zusammen, was jedoch ein Ding der Unmöglichkeit war. Überall krabbelte und brummte es, und auch noch Wochen später fanden wir vertrocknete Regenwürmer hinter dem Schrank. Oh je.

Auch heute nehme ich kranke oder verletzte Krabbeltiere auf, jedoch nicht in einem Puppenhaus, sondern in artgerechten Terrarien. Ich weiß, dass man Wespen maximal Wasser anbietet, aber sie zu Hause nicht »gesundpflegen« kann und dass Regenwürmer draußen in feuchte Erde und nicht in Walnussschalen gehören.

Trotz des Rückschlages bei meinem kleinen Projekt ließ ich mich nicht beirren: Ich hatte mich in wirbellose Tiere verliebt, und diese eine Liebe sollte niemals enden, egal, wie oft sie mich in meiner Kindheit beißen oder stechen sollten bei meinen Bestrebungen, ihnen diese Liebe zu zeigen.

Wieso Insekten so liebenswert sind

Kleine Tiere wie Spinnen, Tausendfüßer und Insekten werden oft übersehen und unterschätzt, aber für mich sind sie die eigentlichen Heldinnen und Helden unserer Natur. Ja, sie sind nicht flauschig. Ja, sie haben keine niedlichen Stupsnasen. Und ja, man kann Leuten sicherlich besser erklären, wieso sie für den puscheligen und traurig schauenden Koala spenden sollen statt für eine irgendwie zu viele Augen, Beine und Haare habende Spinne. Aber auch Maikäfer, Fliegen und selbst Stechmücken spielen eine wichtige Rolle bei der Aufrechterhaltung des Gleichgewichts unserer verschiedenen Ökosysteme und sind somit entscheidend für die Existenz der Welt, wie wir sie kennen.

Natürlich sind Insekten erst einmal ein wichtiges Glied im Nahrungsnetz. Sie sind nicht nur Räuber, sondern dienen auch als Beute und helfen in dieser Doppelrolle somit dabei, die Populationen von unsere Ernten wegknabbernden anderen kleinen Tieren in der Landwirtschaft zu kontrollieren (ohne Marienkäferlarven würden wir unsere Minze unter all den Blattläusen vermutlich gar nicht mehr erkennen können) und Pflanzen zu bestäuben (Tomatenernte ohne Hummel? *Not going to happen*), die die Grundlage unserer Nahrungsmittelversorgung bilden.

Außerdem spielen Insekten eine entscheidende Rolle bei der Zersetzung tierischer Abfälle und tragen dazu bei, dass Nährstoffe in den Boden zurückgeführt werden.

Diese Punkte werden oft besprochen, wenn man Menschen klarmachen möchte, wieso Insektenschutz wichtig für uns ist. Aber der Wert der Insekten geht über ihre Dienstleisterrolle hinaus – sie müssen geschützt werden, weil sie es um ihrer selbst willen verdienen.

Für mich sind Insekten eine niemals versiegende Quelle des Staunens. Wenn eine Ameise das Vierzigfache ihres Körpergewichts wegschleppt, erzittere ich vor Ehrfurcht; wenn ein Rosenkäfer seine schimmernden Flügeldecken präsentiert, habe ich das Gefühl, einen krabbelnden Edelstein vor der Nase zu haben. Von den komplizierten Tänzen der Bienen bis zu den bunten Flügeln der Schmetterlinge, von den filigranen meisterlichen Papiernestern der Wespen bis zum perfekt organisierten Termitenstaat – taucht man in die Welt der Insekten ein, wird man von Wundern und Schönheit überrollt. Man beobachtet Tiere wie den Totengräber, der Brutpflege betreibt: Die Larven zeigen den Eltern durch Stupsen, Kopfwackeln und Beinwinken, dass sie Nahrung benötigen, und werden von ihnen mit vorgekautem Nahrungsbrei versorgt. Manche Insekten können leuchten, wie beispielsweise Glühwürmchen, andere sind unglaublich stark: Der Stierkopf-Dungkäfer kann mehr als das Tausendfache seines eigenen Körpergewichts stemmen. Das wäre so, wie wenn ein siebzig Kilogramm schwerer Mensch achtzig Tonnen Gewicht hebt, also beispielsweise mal eben fünfzehn Elefanten auf einmal.

Wenn wir all das beobachten, wenn wir der Insektenwelt wenigstens eine Chance geben, uns zu verzaubern, beginnt sich vielleicht der aktuell vorherrschende, auf ihren funktionalen Wert fokussierte Dialog über »Insekten als Ökosystemdienstleister« zu verschieben. Und vielleicht können wir Insekten einfach wegen ihrer Schönheit und um ihrer selbst willen zugestehen, dass auch sie zu unserer Welt gehören. Es ist an der Zeit, dass wir unsere Perspektive von »was können Insekten für uns tun« hin zu »was können wir für Insekten tun« ändern.

Manchmal werde ich gefragt: »Aber wieso gibt es Stechmücken? Was nützen die?«

Abgesehen davon, dass sie eine wichtige Futterquelle für eine Reihe von Tieren sind: Wieso sollten sie einen Nutzen haben? Was für einen Nutzen haben denn wir Menschen für die Ökosysteme dieser Welt? Wenn es danach ginge, gehören wir so was von ausgestorben, aber dalli. Mir fällt zumindest kein Ökosystem ein, bei dem man sagen kann: *Oh Mann, zum Glück gibt es uns Menschen, die haben diesen Ort so richtig verbessert!*

Es ist sowieso ein weit verbreiteter Glaube unter uns Menschen, dass wir die »Krone der Schöpfung« und den anderen Lebewesen überlegen seien. Ein mikroskopisch kleines Bärtierchen? Tss, bitte, wir können fliegen, und das ohne Flügel! Dieser Glaube führt oft dazu, dass wir Tiere und andere Lebewesen nach ihrem vermeintlichen Nutzen für den Menschen einstufen, anstatt den inhärenten Wert aller Lebewesen anzuerkennen. Das hat jetzt nicht unbedingt zu einem verantwortungsvollen oder überlegenen Verhalten geführt und damit eben auch nichts mit der Realität zu tun. Tatsächlich haben menschliche Handlungen oft zur Zerstörung der natürlichen Welt und zum Aussterben zahlreicher Arten geführt. Die Zerstörung dieser Lebensräume und die Verschmutzung von Luft, Land und Wasser haben schwerwiegende Folgen für alles Leben auf der Erde, und es ist jetzt nicht so, dass die Stechmücke das verbockt hat. Nein, wir waren das. Wir. Wir Menschen.

Es wird mehr als Zeit, dass wir begreifen, dass auch wir Teil eines komplexen und vernetzten Ökosystems sind und nicht irgendwie über diesen Dingen schweben und »eh schon klarkommen, wir haben ja TeChNoLoGiE«. Nur wenn wir das endlich verstehen, also wirklich *verstehen* und auch annehmen, wird es uns in 10.000 Jahren noch geben. Vielleicht.

Ich meine: Menschen schauen irgendwas zwischen ratlos und angeekelt auf Zecken, Blattläuse und Borkenkäfer herab. Und das alles sind Tiere, die es schon seit Tausenden von Jahren gibt, mindestens. Die Lebenserwartung einer

Art kann stark variieren, doch keine Art ist unsterblich, klar. Fossilien belegen, dass wirbellose Arten wie Insekten oder Spinnen im Durchschnitt etwa elf Millionen Jahre bestehen, während Säugetiere im Vergleich dazu nur etwa eine Million Jahre alt werden. Wenn wir also eine Stechmücke betrachten, kann es sein, dass es diese Art schon seit unfassbar vielen Jahren gibt. Naturkatastrophen, Klimaveränderungen, Räuber-Beute-Beziehungen, Evolution – das alles hat die Art durchgestanden, sie hat ihren Platz in der Welt gefunden, es gibt sie immer noch! Und wenn dann so ein Seppel kommt und mich fragt, wieso Borkenkäfer eigentlich existieren sollen und ob man die nicht lieber loswird, da krieg ich manchmal schon so Gedanken, das sag ich dir.

Schmetterlinge

Was für viele Menschen ein Symbol des nahenden Frühlings und Sommers ist: die Rückkehr der Schmetterlinge. Nur: Wo waren die eigentlich im Winter?

Die beliebten und häufig vorkommenden Zitronenfalter (*Gonepteryx rhamni*) sind Schmetterlinge, die wir oft schon ab März beobachten können. In Sachen Überwinterungskomfort sind sie ziemlich hardcore drauf und verbringen die kalte Jahreszeit in ungeschützten Quartieren wie Baumspalten oder Grasbüscheln, während andere Arten wie das Tagpfauenauge und der Kleine Fuchs sich in Höhlen oder Dachstühlen zurückziehen.

Um an so einem Grashalm nicht zum Eis am Stiel zu gefrieren, ist der Zitronenfalter in der Lage, sich durch die Bildung eines körpereigenen Frostschutzmittels und durch die Ausscheidung überschüssigen Körperwassers bei kalten Temperaturen zu schützen. So kann er auch extreme Kälte von minus zwanzig Grad überleben. Seine Flügel sind in Ruhestellung zusammengeklappt, sodass die Flügeloberseiten fast nie zu sehen sind. Durch die Flügelunterseiten kann er das Sonnenlicht seitlich absorbieren und sich genug aufwärmen, um eine Runde zu fliegen. Das kann sogar zu jeder Jahreszeit beobachtet werden, auch im Winter, wenn man Glück hat.

Jetzt im April jagen die Männchen leuchtend gelb hinter den weißlich-grünen Weibchen her, und, wenn sich das Weibchen zur Paarung niederlässt, kann diese dann auch mal drei Stunden dauern. Anschließend legt das Weibchen die Eier auf den Futterpflanzen der Raupen ab, wo diese sich dann verpuppen und die Metamorphose zum Schmetterling beginnt. Womit wir gleich beim nächsten Thema wären.

Die Metamorphose

Wusstest du, dass Schmetterlingspuppen phasenweise innen flüssig sind? Die Metamorphose von Raupe zum erwachsenen Tier ist ein viel extremerer Vorgang, als die meisten Leute es sich vorstellen, und durchläuft mehrere Stadien:

1. **Das Ei.** Die weiblichen Schmetterlinge legen die vom Männchen befruchteten Eier an einer geeigneten Pflanze ab – in der Regel die bevorzugte Futterpflanze der Raupen. Beim Zitronenfalter wären das Kreuzdorne oder der Faulbaum. Die Eier sind normalerweise klein und rund oder etwas oval und können einzeln oder in Gruppen abgelegt werden, und zwar auf der Unterseite

von Blättern oder an Stängeln. Sie sitzen aber auch gerne mal an Blattknospen.

2. **Larve.** Nach ein paar Tagen schlüpfen aus den Eiern die Larven, auch Raupen genannt. Die Raupen sind das Futterstadium des Schmetterlings und verbringen die meiste Zeit damit, sich Blatt um Blatt in die Schnute zu drücken. Das für ihr Überleben wichtigste Körperteil sind somit die Mundwerkzeuge, die sehr stark ausgeprägt sind. Da sie so viel fressen, wachsen Raupen schnell und häuten sich mehrmals, damit der angefutterte Prachtkörper nicht in einer Haut steckt, die spannt und zu eng sitzt. Ihr Körper selbst ist aus vierzehn Segmenten aufgebaut, wobei die letzten drei oft zum sogenannten Analsegment zusammengewachsen sind. Unten an den Segmenten befinden sich ein paar fleischige dicke Füßchen, mit denen sie sich fortbewegen.
3. **Kokon oder Puppe.** Wenn die Raupe ihre maximale Größe erreicht hat, spinnt sie einen schützenden Kokon aus Seide um sich selbst oder bildet eine Puppe, das kommt auf die Schmetterlingsart an. Im Gegensatz zum Kokon ist die Puppe eine ausgehärtete Hülle, die die Raupe durch Absonderung einer proteinbasierten Substanz namens Chitin bildet. Und jetzt wird es glibberig: Denn während der Verpuppung zerfällt der Körper der Raupe in eine, na ja, Suppe. Im Puppenstadium werden nämlich neue Körperteile wie Flügel, Augen und Ge-

schlechtsorgane gebildet, die eine Raupe ja noch gar nicht braucht. Viele Raupenkörperteile werden abgebaut, einige bleiben jedoch differenziert und bilden die Grundlage für den neuen Körperbauplan des erwachsenen Insekts, das man auch als »Imago« bezeichnet. Ist der Umbau ein paar Monate nach der Verpuppung abgeschlossen, schlüpft der Schmetterling, härtet aus und ist dann bereit für sein Leben als erwachsenes Tier.

4. **Erwachsenes Insekt.** Erwachsene Schmetterlinge haben Flügel, die mit feinen Schuppen bedeckt sind. Das sind modifizierte Haare, die den Flügeln ihre Farbe und ihr Muster geben. Außerdem haben viele Arten einen langen, gewundenen Rüssel, mit dem sie Nektar und Wasser aufnehmen können. Einige Schmetterlinge, wie die Pfauenspinner und die Glucken, haben keinen Rüssel und können daher nicht fressen. Diese Schmetterlinge sterben kurz nach Schlupf und Paarung. Ihr wichtigstes Lebensstadium ist die Raupe, danach wird sich nur kurz gepaart, und das war es dann.

Der Prozess der Metamorphose ist ein ziemlich cooles Konzept. So können diese Tiere in verschiedenen Stadien ihres Lebens ganz unterschiedliche Aufgaben in ebenfalls ganz unterschiedlichen Ökosystemen spielen – mal als Blätter fressende Raupe, mal als bestäubender Schmetterling, und na ja, immer auch als Vogelfutter.

Im April sehen wir neben dem leuchtenden Zitronenfalter auch noch viele andere Schmetterlingsarten: Aurorafalter taumeln über Wiesen in Parks, Kohlweißlinge flattern zwischen Grabsteinen auf städtischen Friedhöfen umher, und die Raupen des Großen Schillerfalters, die aus der Winterstarre kommen, schmeißen ihren inneren Mähdrescher an und fressen, was das Zeug hält.

Schaffe, schaffe, Häusle baue

In diesem Buch ging es ja schon sehr häufig um Vögel – einfach, weil sie die Wintermonate dominieren und viele andere Tiere da noch auf Tauchstation sind. Und auch im April gibt es wieder einen Meilenstein, denn: Es beginnt die Hochphase der Balz und Brut. Die Männchen, schnieke gekleidet in ihrem prächtigsten Federkleid und ausgestattet mit viel Selbstbewusstsein, heben sich in die Lüfte, um mit kunstvollen Tänzen und süßen Melodien die Aufmerksamkeit der Weibchen auf sich zu ziehen, die das Angebot kritisch beäugen.

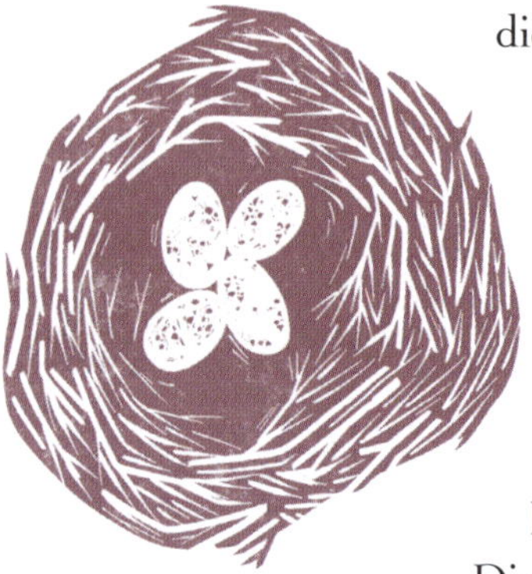

Die Balzrituale der Vögel sind von Art zu Art sehr unterschiedlich. Einige, wie der Pfau, zeigen sich in voller Pracht, indem sie ihre bunt schillernden Schwanzfedern auffächern und herumstolzieren, um die Weibchen mit ihrer Fitness und ihrem bunten Outfit zu beeindrucken. Männchen anderer Arten, wie zum Beispiel der Zaunkönig, singen komplexe Melodien, mit denen sie die Vogeldamen begeistern wollen.

Auch Rotkehlchenmännchen sind begnadete Sänger, zudem versuchen sie, die Weibchen mit aufwendigen Balzspielen anzulocken. Sie blähen ihre Brustfedern auf, hüpfen herum und schlagen mit den Flügeln, um ihre Kraft und Vitalität zu demonstrieren. Sie können dem Weibchen auch Insekten oder Würmer bringen, um zu zeigen, dass sie in der Lage sind, für eine potenzielle Partnerin zu sorgen. Die Weibchen sind während des Balzvorgangs eher zurückhaltend und beobachten und bewerten die Männchen oft aus der Ferne. Sobald sich ein Weibchen für einen Partner entschieden hat, arbeitet das Paar zusammen, um ein Nest zu bauen und seine Jungen aufzuziehen. Rotkehlchen bauen ihre Nester gerne in Bodennähe, beispielsweise im Unterholz von Wäldern oder in Hecken, Reisighaufen oder Holzstapeln in Kulturlandschaften. Das Nest selbst hat die Form eines Futternapfes und wird aus Moos und Gräsern gefertigt und mit Tierhaaren oder Federn ausgepolstert. So entsteht ein komfortables und geschütztes Zuhause für die Rotkehlchen und ihre Jungen.

Die Brutzeit von Rotkehlchen dauert von März bis Juli, in dieser Zeit können die fleißigen Kerlchen sogar bis zu drei Bruten durchziehen. Während das Weibchen die Eier etwa zwei Wochen bebrütet, sorgt das Männchen dafür, dass die Mutter mit Nahrung versorgt wird. Nachdem die Küken geschlüpft sind, werden sie weitere vierzehn Tage lang von ihren Eltern im Nest versorgt. Durch das bodennahe Nest sind die jungen Rotkehlchen jedoch sehr anfällig für Nesträuber wie Katzen, Marder, unbeaufsichtigte Hunde oder Elstern. Um dieser hohen Sterblichkeitsrate etwas entgegenzusetzen, beginnen die Eltern oft bereits mit dem Bau des nächsten Nests, bevor die erste Brut vollständig selbstständig ist.

Rotkehlchen sind gesellige Tiere, die in kleinen Gruppen oder Paaren leben. Sie sind auch sehr territorial und verteidigen ihr Revier energisch gegen andere Rotkehlchen.

Wusstest du, dass es auf den ersten Blick schwierig ist,

zwischen Weibchen und Männchen bei Rotkehlchen zu unterscheiden? Weibliche Rotkehlchen haben einen grauen Rand um ihre rote Brust, aber dieses Merkmal variiert und hängt auch vom Alter ab. Unerfahrene Beobachterinnen und Beobachter haben deshalb oft ein bisschen Probleme, die Geschlechter zu unterscheiden. Allerdings ist das Singverhalten ein guter Hinweis: Während der Brutzeit singen eigentlich nur die Männchen, weshalb man davon ausgehen kann, in so einem Moment einen Herrn und keine Dame vor sich zu haben.

Professor Zwockel

Rotkehlchen sind meine Lieblingsvögel, und im Frühjahr 2021 während der Pandemie ist mir mit einem von ihnen so eine Sache passiert.

Ich war während der Hunderunde gerade damit beschäftigt, den Flugmanövern einer Libelle zu folgen, als ich plötzlich einen Ruck an meiner Leine spürte. Unwillig zog ich daran, weil ich dem faszinierenden Fluginsekt nachgehen wollte, aber nichts tat sich. Als ich mich umdrehte, sah ich, dass mein Rüde Luchs nervös auf dem Bordstein tänzelte und meine Hündin Chloé mit aufgestellten Ohren in die Straßenrinne hinabsah. Ich ging hinüber, um herauszufinden, was ihre Aufmerksamkeit auf sich zog, und entdeckte zwei Vogelküken, die sich zusammengekauert hatten. Schnell hob ich sie auf und sah mich um. Es schien, als wären sie während des gestrigen Sturms von der Kastanie, unter der wir standen, heruntergefallen, oder aber ein Nesträuber hatte sie aus einem Gebüsch geholt und fallen gelassen. Ich beschloss, sie mitzunehmen. Ein Nest war so oder so weit und breit nicht zu sehen.

Zu Hause angekommen machte ich zunächst eine Bestandsaufnahme. Die Vögel waren offensichtlich Nestlinge, mit wild abstehenden Federbüscheln und nacktem Körper. Es war Ende Mai und schon warm, sodass sie sich wahrscheinlich längere Zeit in der Sonne befunden hatten und dehydriert waren. Da Vogelküken in diesem Alter ihre Flüssigkeit noch nicht durch Wassertrinken, sondern durch die Nahrung aufnehmen, beschloss ich, meine Kiste mit Mehlkäfern zu öffnen. Als Biologin mit vielen ungewöhnlichen Haustieren hat man so was bei Bedarf eben schnell zur Hand, ehem.

Ich setzte die Geschwister in eine kleine Box, die ich mit Küchenrolle gepolstert hatte, und kaum hatten sie ihre Schnäbel geöffnet, schrien sie mich bereits an: »Füttere uns endlich, Mensch!«

Ich griff mir einen der Mehlkäfer, entschuldigte mich bei ihm und entfernte ihm den Kopf. Hast du schon einmal einen Käfer geköpft und dann geschält? Das musste ich nämlich machen, da die Flügel und Beine für die Küken noch zu unverdaulich sind. Die nächsten zehn Minuten saß ich also da, fummelte die harten Körperteile vom Käfer und stopfte das weiche Innere mit einer Pinzette in die weit aufgesperrten Rachen meiner kleinen Gäste, bis sie zufrieden waren. Als Nächstes bestellte ich online weiteres Lebendfutter, also Drohnenbrut, Heimchen und Fliegen, aber auch spezielle für die Vogelaufzucht benötigte Vitamine und Mineralstoffe – all das, was die Kleinen normalerweise von den Eltern über das angebotene Futter, aber auch über den Speichel bekamen. Ich war noch nicht mit der Bestellung fertig, da piepste es schon wieder aus der Box. Zwanzig Minuten waren vergangen, man hatte wieder Hunger, und zwar PRONTO. Willkommen in meinem neuen Leben.

Ich ließ die beiden Vögel am gleichen Tag noch von meiner Tierärztin untersuchen und bekam auch von einer Freundin aus dem Tierschutz noch etwas Equipment. Leider hatte einer der Geschwister sich beim Sturz jedoch zu schwer verletzt und starb ein oder zwei Tage nach dem Fund. Es blieb also nur noch ein Vogel übrig, den wir Zwockel nannten. Von nun an bestand mein Leben daraus, alle zwanzig Minuten zu seiner Majestät zu rennen, um ihn zu füttern, zweimal am Tag zu wiegen und diverse Aufzeichnungen zu seinem Gesundheitszustand zu führen. Lesungen mussten verschoben werden, und auch Interview-Termine wurden umgelegt. Bei einer Zoom-Lesung musste ich sogar kurzzeitig ein paar Larven in Zwockels Schnabel stopfen, damit er während der Veranstaltung nicht ununterbrochen dazwischenbrüllte.

Jeden Tag ging ich erschöpft zur Kükenschlafenszeit um dreiundzwanzig Uhr ins Bett, um dann um halb fünf wieder bereit zu sein, Zwockel zu einer vogel-, aber so gar nicht menschenfreundlichen Aufstehzeit mit der Pinzette zu füttern. An dieser Stelle möchte ich allen Vogeleltern Respekt zollen, denn die müssen das Futter ja auch noch jagen und können es nicht im Internet bestellen.

Zwockel wurde immer größer und stärker. Nach ungefähr eineinhalb Wochen begann sich sein Gefieder zu schließen, er war also nicht mehr nackt. Doch jetzt trat ein neues Problem auf: Wo und wie sollte er fliegen lernen? Da mein Leben zu diesem Zeitpunkt ohnehin schon zu einem großen Teil um ihn kreiste, machte es mir nicht mehr viel aus, eine riesige Voliere in mein ehemaliges Arbeitszimmer zu stellen, das von mir und meinem (mittlerweile) Ehemann irgendwann einfach nur noch als »Vogelzimmer« bezeichnet wurde. Ich funktionierte ein großes Gewächshaus um, setzte Fenster aus Fliegengitter ein und stattete es mit belaubten Ästen aus. Ich spannte Seile quer durch die neu gebaute Voliere, damit Zwockel lernen konnte, zu fliegen und von Ast zu Ast zu hüpfen. Ich setzte auch Käfer, Blattläuse und Fliegen frei, damit er üben konnte, sie zu jagen. Professor Zwockel, der Schrecken der Läuse. Den Beinamen »Professor« hatte er mittlerweile aufgrund seiner steilen Zauselfrisur am Kopf von mir erhalten.

Nach vier Wochen konnte Zwockel fliegen und auch ein wenig jagen. Was ihm jetzt noch fehlte, waren soziale Kontakte. Um sicherzustellen, dass er nicht zahm und von mir abhängig wurde, habe ich ihn eher mechanisch versorgt, ohne viel Nähe aufzubauen, obwohl ich ihn heimlich heiß und innig liebte. Dennoch wollte ich verhindern, dass er denkt, dass Menschen im Allgemeinen Freunde seien, weshalb ich ihm gegenüber ziemlich abweisend und kühl war. Als klar war, dass er fliegen und sich selbst versorgen konnte, brachte ich ihn in eine Wildvogelvoliere, wo er zusammen mit zwei Spatzen und einem anderen Rotkehlchen lernen sollte, soziales Verhalten zu zeigen. Mittlerweile ließ sich an seiner Maserung und seiner Frisur auch deutlich ablesen, dass Zwockel ein Rotkehlchen war.

Heute denke ich noch oft an ihn, frage mich, ob er den Sommer gut überstanden hat, ob er sich fortgepflanzt hat, ob er jetzt gerade in einem Baum sitzt und friert, ob er immer schön einen großen Bogen um Freigangkatzen macht. Er fehlt mir, dennoch finde ich es ganz gut, nachts wieder durchschlafen zu können. *Farewell*, lieber Zwockel, pass auf dich auf!

Die Ringelnatter

Wenn du bei einer Wanderung im April auf eine lange, schlanke Schlange stößt, die sich in der Sonne sonnt, ist die Wahrscheinlichkeit groß, dass es sich um eine Ringelnatter handelt. Ringelnattern haben glatte, glänzende Schuppen, einen spitzen Kopf und eine gegabelte Zunge, mit der sie ihre Beute aufspüren können. Apropos: Ringelnattern sind nicht nur ein gern gesehener Snack für Greifvögel und Co., sie fressen auch selbst mit Vorliebe Frösche, Kröten, kleine Nagetiere und sogar Fische und Vögel.

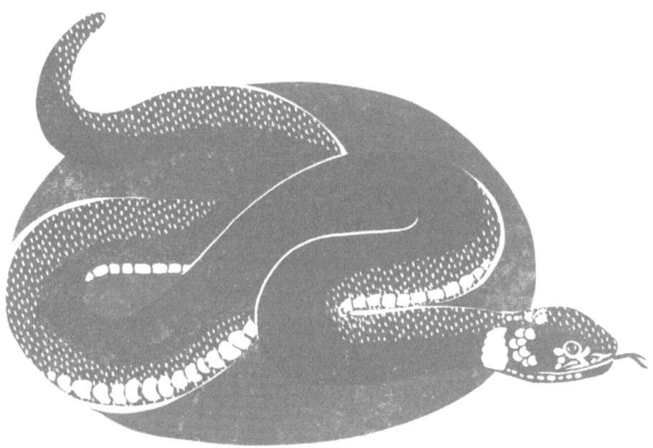

Aber lass dich von ihrem unersättlichen Appetit nicht täuschen – Ringelnattern sind im Allgemeinen nicht aggressiv und versuchen, Konfrontationen mit Menschen zu vermeiden. Wenn sie sich jedoch bedroht fühlen, können sie zischen und zur Verteidigung zuschlagen. Wenn du also auf eine dieser Schlangen triffst, ist es am besten, du räumst ihr etwas Platz ein und lässt sie ihren Geschäften nachgehen.

Die meisten Ringelnattern ziehen sich im September oder

Oktober in ihre Winterquartiere zurück und kommen im April oder Mai herausgekrochen, um die Welt (oder zumindest die Grasflächen) wieder zu erobern.

Diese ungefährlichen Schlangen sind in Europa, Asien und Nordafrika beheimatet und kommen in einer Vielzahl von Lebensräumen vor. Sie lieben Feuchtgebiete mit einer langsam fließenden Wasserquelle, einem schönen Teich oder See, einem Sumpf oder einer nassen Wiese oder zwei. Ringelnattern brauchen einen vielfältigen Lebensraum voller unterschiedlicher Strukturen wie Schilfgürtel, Waldränder, alte Trockenmauern, von Hecken gesäumte Straßen und den einen oder anderen Wald.

Leider werden diese Lebensräume oft vom Menschen bedroht. Vom Bau neuer Siedlungen und Straßen bis hin zur Umwandlung von Grünland in landwirtschaftliche Nutzflächen – Ringelnattern können ihr Zuhause im Handumdrehen verlieren. Und wenn sie zwischen ihren zersiedelten Lebensräumen wandern müssen, fallen sie oft dem Straßenverkehr zum Opfer.

Jetzt im April und auch im Mai kommt das Blut der Nattern in Wallung, denn es ist Paarungszeit. Ringelnattern haben einen langen Weg vor sich, bevor sie geschlechtsreif werden – die Männchen müssen ganze drei Winterschlafphasen überstehen, während die Weibchen vier oder mehr Jahre warten, bis sie paarungsreif sind. Aber keine Sorge, diese Schlangen müssen den Winter nicht allein überstehen, sondern drängen sich in Massenquartieren zusammen, die oft an Waldrändern oder in gemütlichen Komposthaufen zu finden sind.

Meistens ist es so, dass mehrere Männchen ein Weibchen umwerben; da diese Schlangen jedoch sehr friedfertige Kerlchen sind, kommt es nur selten zu Rangeleien. Ringelnatter-Weibchen, die auf der Suche nach dem perfekten Ort für ihre Eiablage sind, halten sich nicht nur an die von ihnen seit jeher gern aufgesuchten Mist- und Komposthaufen. Die Weibchen suchen den wärmstmöglichen Platz, und es ist bekannt, dass sie sogar Fernwärmeleitungen aufsuchen, um die beste Option für ihre zehn bis dreißig Eier zu finden. Manchmal finden sich Tausende von Eiern an einem einzigen Ort, bis daraus zwischen Juli und September lauter kleine Nattern schlüpfen.

Einen naturnahen Garten oder Balkon anlegen

Sobald wir unsere Wohnung verlassen, sind wir umgeben von einer Fülle an Leben, oft ohne dass wir uns dessen bewusst sind. Spinnen, Tausendfüßer, Asseln, Würmer, Vögel, Schnecken – sie alle leben um uns herum, während wir gerne einfach achtlos an ihnen vorübergehen und unseren Blick lieber in weit entfernte Regenwälder, auf schillernde Käfer und farbenfrohe Papageien diverser Naturdokus auf Netflix schweifen lassen. Dabei gibt es Muscheln nicht nur am Meer, sondern auch im Bach hinter dem Haus!

Naturnahes Gärtnern kann diese Perspektive ändern. Mit heimischen Kultur- und Wildpflanzen lädst du kleine Bewohnerinnen und Bewohner vor Ort dazu ein, eine Outdoor-WG mit dir zu gründen. Gerade in Städten haben Insekten, Vögel und andere Tiere oft Probleme damit, Nahrung zu finden. Schon mit kleinsten Balkonen oder auch einfach nur mit (gut gesicherten) Kästen und Töpfen auf Fensterbrettern kannst du wichtige Oasen für die Naturbewohner in deiner Nähe schaffen. Jetzt im April bietet es sich an, den Garten/Balkon zu planen und anzulegen.

Freu dich schon einmal: Insektenfreundliches Gärtnern ist auch sehr faulifreundlich. Natürlich können sich ambitionierte Gärtnerinnen und Gärtner an dieser Stelle richtig in Ekstase pflanzen, allerdings ist das hier auch genau das Richtige für den Typus »einfach wachsen lassen und ab und zu gießen, falls nötig«.

Ein Kübel kann ein Garten sein, wenn man klein genug ist

Viele Menschen (ich würde mal steil behaupten: die meisten) haben keinen Garten. Den braucht man auch nicht, um zu gärtnern – es reicht oft ein Winzbalkon, ein Fensterbrett, ein geteilter Innenhof, eine Baumscheibe. Da ich einen Dachgarten habe, der aber eben nicht die entsprechende Tiefe hat, um da direkt irgendwas drauf zu pflanzen, verwende ich Hochbeete und Kübel, die ich so reich bepflanze, dass sie durch die überhängenden Blätter miteinander verbunden sind. Insekten ohne Flügel können da einfach und bequem durchmarschieren. In rund der Hälfte der über fünfzig Hochbeete und Kübel finden sich Obst- und Gemüsepflanzen und Kräuter, der Rest sind ein paar wenige Zierpflanzen wie Hortensien, ansonsten hauptsächlich das, was andere als »Unkraut« bezeichnen, von dem auch noch mal die Hälfte essbar ist.

Das Schöne an Kübeln: Es ist egal, wie viel oder wenig Platz man hat, mindestens ein bis drei passen überall hin. Außerdem kann man sie flexibel verrücken. Für uns wirken Kübel vielleicht klein, aber Insekten können darin leben, nisten, sich davon ernähren. Klug gepflanzt hat so ein Kübel alles, was man braucht, wenn man kleiner als eine Faust und kein Wirbeltier ist.

Kübel und Hochbeete sind auch gute Kompromisse, wenn man jemand ist, der »ordentliche« Gärten mag. Ist ja nichts Schlimmes, wenn einem ein aufgeräumter Garten oder Balkon besser gefällt. Man kann dann, je nach Platz, einfach ein oder zwei Hochbeete oder Kübel mit »Unkraut« bepflanzen und den Rest des Balkons oder Gartens eben nach englischem Vorbild gestalten, wenn man möchte.

Welche Erde soll in die Kübel?

Zuerst das Wichtigste: Ich kaufe nur torffreie Erde. Moore sind riesige Kohlestoffspeicher, soll heißen: Sie binden CO_2, sind also auch unglaublich wichtig fürs Klima – von der Artenvielfalt ganz zu schweigen. Dennoch wird in Europa immer noch Torf abgebaut, um ihn als Gartenerde zu verkaufen. Bitte kauf *keine* Blumen-/Gartenerde mit Torf! Wenn du darauf achtest, hilfst du ganz konkret unserer Umwelt.

Ich mische die Erde in meinen Hochbeeten und Kübeln häufig selbst an. Unten packe ich meist Grundfüllung für Hochbeete rein, also so anzersetzter Grünschnitt, das sind etwa vierzig Prozent. Darüber kommen dreißig bis vierzig Prozent Kompost aus Laub, Rinde oder eben aus meinem Komposter. Steht der Kübel sehr sonnig und mag die Pflanze das, mische ich noch zehn Prozent Blähton rein, damit das Wasser besser gespeichert werden kann. Die restlichen zehn Prozent bestehen aus Sand. Steht der Kübel eher schattig, spare ich mir den Blähton und fülle einfach mit Sand auf. Oben packe ich dann gern noch eine dünne, vielleicht drei bis vier Zentimeter tiefe Schicht gekaufte Universalerde drauf, damit vor allem Samen besser keimen können. Ich mische die Schichten auch leicht durch, aber nicht komplett.

Habe ich jetzt Pflanzen, die einen mageren Boden wollen, kriegen sie unten einfach dreißig Prozent Hochbeeterde beziehungsweise Grünschnittkompost rein, dreißig bis vierzig

Prozent Lehm oder ein ähnliches nährstoffarmes Substrat, der Rest wird mit Sand und Kies aufgefüllt.

Und ganz am Ende kommt die Crème de la Crème drauf: Würmer. Nicht nur in meinem Komposthaufen, sondern auch in all meinen Kübeln, in denen keine nährstoffhassenden Pflanzen leben, habe ich Kompostwürmer, die den Boden schön locker halten, abgestorbene Wurzeln essen und denen ich eben immer mal wieder Laub und alles untermische. Da freuen sich Pflanze und Wurm!

Heimische Pflanzen für Kübel (und den Garten)

Und nun zum Wichtigsten: den Pflanzen. Diese eignen sich natürlich nicht nur für Kübel, sondern können auch auf Freiflächen ausgesät werden. Locker über achtzig Prozent meiner Pflanzen (abgesehen von Salaten oder anderen Pflanzen, die ich komplett ernte) sind winterhart und/oder mehrjährig. Ich versuche, einen großen Teil heimischer Wildpflanzen zu setzen, weil der ökologische Wert für die Tiere, die ich ja in meinen Garten locken möchte, besonders hoch ist. Auch bei Kräutern achte ich darauf, winterharte Sorten zu kaufen, beispielsweise Rosmarin, Thymian, bestimmte Minzsorten, mehrjähriges Basilikum. Meine Pflanzenwahl ist also langfristig. Da es mir natürlich auch Spaß macht, im Frühjahr Neues anzulegen, lasse ich zwanzig Prozent Platz für Experimente oder eben Pflanzen, die nur eine Saison mitmachen. Wer aber sowieso eher nicht so viel Lust hat, zu gärtnern: Heimische Wildpflanzen kannst du aussäen und musst dann nicht mehr viel mehr machen, wenn alles gut eingependelt ist.

Ich informiere mich vorab auch darüber, welche Bedürfnisse welche Pflanze hat, das heißt: Wie groß muss der Kübel sein, braucht sie viel oder wenig Wasser, mag sie es schattig oder sonnig? Früher hatte ich mehr Hortensien, weil sie zu meinen Lieblingspflanzen gehören, die haben aber großen

Durst. Deshalb habe ich mittlerweile nur noch eine – durch die Klimaerwärmung hab ich da sonst jeden Sommer Hunderte Euro an Wasser reingeschüttet.

Hier also ein paar Pflanzenlisten mit einigen der Arten, die sich in meinem Garten finden und die vielleicht auch dein Herz erfreuen:

Standort: sonnig bis halbschattig
Färberkamille, *Anthemis tinctoria*
Moschusmalve, *Malva moschata*
Fetthenne, *Sedum spectabile*
Scharfer Mauerpfeffer, *Sedum acre*
Günsel, *Ajuga*
Ehrenpreis, *Veronica*
Zimtrose, *Rosa majalis*
Echte Kamille, *Matricaria chamomilla* L.
Ochsenauge, *Buphthalmum salicifolium*
Acker-Stiefmütterchen, *Viola arvensis*
Löwenzahn, *Taraxacum sect. Ruderalia*
Gewöhnlicher Dost, *Origanum vulgare*
Waldrebe, *Clematis*
Echtes Labkraut, *Galium verum*
Wicken, *Vicia*
Verschiedene Moose
Wiesensalbei, *Salvia pratensis*
Wiesenklee, *Trifolium pratense*
Kapuzinerkressen, *Tropaeolum*
Gewöhnlicher Hornklee, *Lotus corniculatus*
Gänseblümchen, *Bellis perennis*
Polster-Seifenkraut, *Saponaria ocymoides*
Hungerblümchen, *Erophila verna*
Hundsrose, *Rosa canina*

Nickendes Leimkraut, *Silene nutans*
Lavendel, z. B. *Lavandula angustifolia*
Storchschnabelarten, *Geranium*
Katzenminze, *Nepeta cataria*
Bibernellrose, *Rosa spinosissima*
Kornrade, *Agrostemma githago*
Frühblüherzwiebeln: Krokus, Akelei, Narzisse, Hyazinthe, Tulpen, Schachbrettblumen, Schneeglöckchen usw.

Standort: schattig
Sternmoos, *Sagina procumbens*
Bärlauch, *Allium ursinum*
Efeu-Gundermann, *Glechoma hederacea*
Buschwindröschen, *Anemone nemorosa*
Duft-Salomonssiegel, *Polygonatum odoratum*
Blutampfer, *Rumex sanguineus*
Schattensegge, *Carex umbrosa*
Waldmeister, *Galium odoratum*
Vergissmeinnicht, *Myosotis*
Kuckucks-Lichtnelke, *Silene flos-cuculi*
Beinwell, *Symphytum*
Nesselglockenblume, *Campanula trachelium*
Echtes Lungenkraut, *Pulmonaria officinalis*
Mauer-Zimbelkraut, *Cymbalaria muralis*
Efeu, *Hedera helix*
Waldrebe, *Clematis*
Blut-Storchschnabel, *Geranium sanguineum*
Wald-Frauenfarn, *Athyrium filix-femina*
Klatschmohn, *Papaver rhoeas*

Ansonsten habe ich noch eine Menge Obst und Gemüse im Garten: Kirsch- und Pflaumenstämmchen, Himbeeren, Brombeeren, verschiedene Erdbeerarten, mehrere Heidel-

beersträucher, Apfelbäumchen, Zitronenbäumchen, mehrere Johannisbeersträucher, Wassermelonen, Tomaten, Erbsen, Bohnen, Salate, viele typische Kräuter wie Oregano oder Basilikum, heimische Kräuter wie Brennnessel, Löwenzahn, Knoblauchsrauke und Co. Ich pflanze auch alte Kultursorten wie Borretsch oder Böhmischen Strunk an.

Generell mache ich es so, dass ich kaum typische Sortenbeete anlege, sondern alles mische, damit pro Jahreszeit immer etwas in so einem Hochbeet aktiv ist. Das ist auch praktisch, weil ich dann, wenn ich eine Sache geerntet habe, die Kübelhälfte nachsäen kann, während der Nachbar kurz vorm Reifen oder der Blüte ist, der Kübel also nicht leer rumsteht. Das Tolle an heimischen (Wild-)Pflanzen ist, dass man sie getrost sich selbst überlassen kann. Es dauert eine Weile, bis sich eine Pflanzengemeinschaft eingependelt hat.

Ich setze fast nie einzelne Pflanzen in ein Gefäß, es sind immer mehrere. Kann sein, dass die eine sich stärker ausbreitet und die andere verdrängt, hier und da muss ich mal etwas optimieren. Aber nach ein bis zwei Saisons merkt man, dass alles seinen Gang geht. Ich muss in meinem Garten nicht viel machen außer einpflanzen, ernten und gießen, wenn Klimakrise »sei Dank« wieder mal wochenlang kein Regen kommt. Ich achte aber sowieso darauf, Pflanzen zu setzen, die gut mit Feuchtigkeitsentzug klarkommen, beziehungsweise pflanze ich durstige Gewächse in größere Kübel und stelle sie etwas halbschattig bis schattig. Man kann aber durchaus sagen: Mein Garten ist perfekt für alle, die Lust darauf haben, nichts zu tun.

Bäume lasse ich aus dieser Betrachtung jetzt mal aus, weil die Auswahl von Bäumen für den Garten standort- und gemeindeabhängig ist und es da unterschiedliche Vorschriften gibt, je nach Wohnort. Besonders wichtig sind eben Obstbäume, da sowohl die Blüten als auch die Früchte wichtige Nahrungsquellen für Insekten, Vögel und andere Tiere sind. Und damit kommen wir auch schon zum nächsten Punkt: den Tieren.

Lebensräume schaffen für Insekten, Vögel, Igel und Reptilien

Ich gärtnere nicht nur für mich und meinen Speiseplan, sondern auch, beziehungsweise fast schon hauptsächlich, weil ich Tieren Lebensraum anbieten will – vor allem in den Betonwüsten, die unsere Städte zu einem großen Teil häufig sind. So ein Agreement ist ein Win-win: Die Tiere haben Nist- und Nahrungsplätze, dafür bestäuben sie meine Pflanzen und, noch viel wichtiger: Ich kann sie beobachten.

Nichts erdet mich mehr, als einer Assel dabei zuzuschauen, wie sie über Stock und Stein in meinem Hochbeet steigt und versucht herauszufinden, was es bei ihr als Nächstes zu futtern gibt.

Ich achte darauf, in jeder Kübelgruppe mehrere Unterschlupfe für Insekten einzubauen, sodass zusätzlich zur wilden Vegetation und über den Winter feste Schutzräume zur Verfügung stehen.

Trockenmauer, Reisighaufen und Co.: Strukturierte Mini-Landschaften

Folgende Strukturen eignen sich sehr gut, um Tieren einen schönen, artgerechten Lebensraum zu bieten:

Reisig-/Totholzhaufen. Ja, der Klassiker. Das Schöne ist, den kannst du im Garten in irgendeine Ecke verbannen, wenn du ihn nicht ansprechend findest, und zur Not noch irgendwas davorstellen. Es muss ja auch nicht gleich ein zwei Meter hohes Ungetüm sein, kniehoch und dicht reicht auch erst einmal. In Reisighaufen leben und überwintern Insekten, Reptilien, Amphibien, Igel, Vögel und andere kleine Tierchen. Im Winter bleibt es dort schön warm und muckelig drin. Und wenn du den Reisighaufen von Brombeeren oder Wildrosen überwuchern lässt, sieht er auch noch super aus und schmeckt auch gut, je nachdem.

Trockensteinmauern. Mein persönlicher Favorit. Wusstest du, dass die Römer vor etwa zweitausend Jahren die alte Kunst des Trockenmauerbaus nach Mitteleuropa brachten? Du findest sie auf alten Bauernhöfen, auf Friedhöfen, in Naturgärten, Weinbergen und sogar an abschüssigen Straßen als Stützkonstruktionen. Diese unverfugten Mauern aus Natursteinen erfüllen einen wichtigen Zweck für Mensch und Umwelt. In den Mauerritzen können sich Moose, Farne, Blühpflanzen und Gräser ansiedeln, außerdem findet sich hier genug Platz für Insekten, Eidechsen, Häuschenschnecken und andere kleine Racker!

Steinhaufen. Quasi Trockensteinmauern für Faule, funktioniert ähnlich wie oben. Angenehm für Tiere: Auch in Hitzesommern ist es in Steinhaufen schön kühl. Die Risse und Spalten sind der perfekte Unterschlupf für Insekten, Tausendfüßer, Schnecken, Eidechsen und gelegentlich auch Schlangen, die versuchen, Fressfeinde wie Greifvögel zu vermeiden, oder zwischen den Steinen sogar ihre Nester bauen, um ihre Jungen aufzuziehen.

Benjeshecke. Hast du schon mal von einer Benjeshecke gehört? Das ist eine Heckenart, die komplett aus auf eine bestimmte Art und Weise geflochtenem Totholz besteht und die perfekte Ergänzung für jeden Bauerngarten ist. Sie verleiht deinem Außenbereich nicht nur eine charmante Note, sondern dient auch als Zufluchtsort für alle Arten von Insekten und kleinen Säugetieren, die einen Platz zum Überwintern suchen. Aber das ist noch nicht alles: Eine Benjeshecke schafft auch ein günstiges Mikroklima und reichert den Boden mit Nährstoffen an. Wenn du also deinem Garten einen rustikalen Charme verleihen und der Umwelt etwas zurückgeben möchtest, solltest du eine Benjeshecke bauen! Du kannst sie nach und nach auch begrünen, zum Beispiel wie über die Reisig- oder Totholzhaufen auch Wildrosen oder rankende Beeren wie Brombeeren drüberwachsen lassen.

Totholz. In meinem Garten habe ich Totholzstümpfe herumstehen, die mit Pilzen beimpft sind und an denen ich Austernseitlinge ernte. Ich habe aber auch sonst überall Baumstücke und Totholz herumliegen, auch in den Beeten verteilt. Einiges davon habe ich angebohrt, um verschieden große Unterkünfte für Tiere zu schaffen.

Korkröhren. Manchmal sortierst du aus deinen Terrarien Korkröhren aus, die nicht mehr benötigt werden. Die wandern dann in den Garten und bieten Insekten wetterfeste Unterschlupfe.

Tontöpfe. Was auch nett ist: hingelegte Blumentöpfe, die langsam überwuchert werden und ein bisschen in der Erde eingegraben sind. Die steckst du auch gern zwischen die Pflanzen, um wetterfeste Unterstände und Bruthöhlen zu gestalten. Wenn dir ein Tontopf herunterfällt und zerbricht, baust du aus den Scherben ebenfalls nette kleine Unterschlupfe. Braucht alles wenig Platz, klappt auch gut in kleinen Kübeln und ist dennoch sehr effektiv.

Woher das Saatgut nehmen?

Wenn du eine Wildblumenwiese anlegen möchtest, kannst du es zum Beispiel so machen wie ich: Im vergangenen Sommer und Herbst bin ich mit einer Tüte durch meine Nachbarschaft gewandert und habe Samen von Löwenzahn, Disteln, Gänseblümchen und anderen Pflanzen gesammelt und sie dann zu mir nach Hause gebracht, um sie dort auszusäen. Es ist wichtig, dass du wirklich Pflanzensamen nimmst, die in deiner Region heimisch sind und die – besonders, wenn du Wurzeln sammelst – nicht geschützt sind. Löwenzahn, Brennnessel, Distel und andere Pflanzen eignen sich gut für diesen Zweck, und du wirst gar nicht glauben, wie sehr Schmetterlinge und Bienen darauf abfahren werden, wenn sie das bei dir entdecken. In meinem Garten sind jetzt überall diese Pflanzen aufgegangen, und ich freue mich schon auf die begeisterten Gesichter der Insekten, wenn sie die Pracht vor sich haben.

Vielleicht denkst du jetzt: *Ja, toll, Jasmin. Was mache ich aber bis nächstes Jahr?* Natürlich willst du jetzt vielleicht schon etwas aussäen. In dem Fall rate ich dir zu regionalem Saatgut, das du nicht selbst einsammeln musst und das schon vorbe-

reitet auf dich und deinen Garten wartet. Recherchiere mal, welche Händler in deinem Umkreis wirklich (!) regionales Saatgut anbieten.

Ebenfalls wichtig, wenn wir schon beim Thema Blühpflanzen usw. sind: Insekten von Frühjahr bis Herbst Nahrung zu bieten. Achte also beim Säen und Pflanzen darauf, dass von Frühjahr bis Herbst immer ein bisschen was blüht.

So, wenn wir jetzt geplant haben, was wir dieses Jahr mit Garten und Balkon anstellen, wandern wir mal weiter im Jahreszyklus: und zwar in den Mai.

MAI

Verdächtige Prozession

Es war ein heller und sonniger Frühlingsmorgen, als ich beschloss, mit meinen beiden Hunden Chloé und Luchs im Park spazieren zu gehen. Damals war mein dritter Hund, Humboldt, noch nicht bei uns. Wir gingen einen gewundenen Pfad zum Fluss hinab, umgeben von hoch aufragenden Eichen auf beiden Seiten. Die Blätter raschelten in der sanften Brise, und die Vögel zwitscherten fröhlich in den Ästen darüber. Als wir weiter in den Park hineingingen, bemerkte ich einen interessanten Anblick direkt vor uns. Eine Gruppe kleiner, pelziger Raupen klammerte sich an die Äste einer Eiche. Bei näherer Betrachtung erkannte ich, dass es sich um die Raupen des Eichen-Prozessionsspinners (*Thaumetopoea processionea*) handelte.

Der Eichen-Prozessionsspinner ist ein Schmetterling, der in Europa, in Teilen Russlands und in Vorderasien verbreitet ist. In Deutschland gibt es immer wieder Massenvorkommen in allen Bundesländern, vor allem aber in Berlin, Brandenburg, Sachsen-Anhalt, Bayern, Baden-Württemberg und Nordrhein-Westfalen. Die Art bevorzugt trockene, lichte Wälder, die Raupen können auch an Einzelbäumen wie an Straßenrändern, Parks und im urbanen Bereich gefunden werden.

Die Raupen sind bereit für eine Party, wenn sie Anfang Mai aus den einzelnen Gelegen schlüpfen, die in der Regel aus hundert bis zweihundert Eiern bestehen. Nach dem Schlupf durchlaufen sie fünf bis sechs Entwicklungsstadien, werden bis zu fünf Zentimeter lang und leben gesellig in Gruppen von zwanzig bis dreißig Tieren, die in einer Reihe marschieren (daher der Name »Prozessionsspinner«), während sie auf Futtersuche von Baum zu Baum wandern. Man findet sie an Eichen und anderen Baumarten, vor allem an Hainbuchen, und besonders gern an warmen, sonnigen, nach Süden ausgerichteten Bäumen an Waldrändern oder in Parks.

Schnell rief ich meine Hunde zu mir und achtete darauf, dass ich mich in sicherer Entfernung vom Baum aufhielt, Eichen-Prozessionsspinner können nämlich ziemlich gefährlich sein. Die Rücken der Raupen sind ab dem dritten Entwicklungsstadium mit bis zu dreiundsechzigtausend spitzen Brennhaaren bedeckt, die zwischen 0,2 und 0,3 Millimeter groß sind und das Protein Thaumetopoein enthalten. Die Borsten brechen leicht ab und können bei Kontakt eine Raupen-Dermatitis verursachen, die sich bis zu Atemproblemen wie Asthma und sogar anaphylaktischem Schock ausweiten kann – selbst bei Menschen, die sonst nicht zu Allergien neigen.

Die Haare können durch Wind, Kontakt mit befallenen Pflanzen oder Gras oder sogar durch Kontakt mit Wasser in stillen Gewässern übertragen werden, beispielsweise in (Garten-)Teichen. Sie bleiben auch nach dem Lebenszyklus des Schmetterlings für uns giftig und können in manchen Fällen über mehrere Jahreszeiten hinweg ein Problem darstellen. Als ich ein paar Jahre in Berlin gelebt habe, hatte ich es oft erlebt, dass große Teile meines Lieblingsfriedhofs (ja, ich bin jemand, der so was hat) wegen der Tiere gesperrt waren. Manche der Bäume waren regelrecht kahlgefressen, was natürlich für die Vegetation nicht ideal war.

Dennoch: Ein gesundes Ökosystem kann das Auftreten dieser Raupen durchaus abpuffern, denn sie sind ein Teil der Natur und haben ihren Platz darin. Und bei vielen Tieren, denen die Haare keine Probleme bereiten, steht der Eichen-Prozessionsspinner auf dem Speiseplan: Fledermäuse zum Beispiel haben eine Vorliebe für diese Schmetterlinge, viele Raubkäfer wie der Puppenräuber sind auch keine Kostverächter, Schlupfwespen und Raupenfliegen haben ebenfalls großes Interesse. Aber auch viele Vögel ernähren sich von dieser Art – der Kuckuck, der Pirol, der Wiedehopf, Meisen und andere sagen zu ihr nicht Nein.

In der Nähe von Siedlungen und Erholungseinrichtungen wird der Prozessionsspinner aufgrund von Gesundheitsbedenken bekämpft. Dafür wendet man verschiedene Techniken an, wie das Abwerfen von chemischen Substanzen vom Hubschrauber oder vom Boden aus auf Bäume, das Abbrennen oder Absaugen von Nestern und das Aufbringen von Bakterien auf die Blätter von befallenen Bäumen. Umweltorganisationen (einschließlich mir!) lehnen das flächendeckende Spritzen von Pestiziden ab, da dies negative Auswirkungen auf das gesamte Ökosystem haben kann. Der NABU beispielsweise betrachtet den Einsatz chemischer Substanzen nur als allerletztes Mittel, wenn Menschen wirklich stark gefährdet sind.

Was also tun, wenn du in so ein Raupen-Happening gerätst? Um den Prozessionsspinner zu vermeiden, solltest du natürlich die Befallsgebiete meiden. Schütze deine Haut, indem du besonders empfindliche Stellen wie Nacken, Hals, Unterarme und Beine bedeckst. Berühre keine Raupen oder Gespinste (wirklich niemals!). Und wechsle sofort deine Kleidung und dusche dich gründlich, wenn du möglicherweise in Kontakt mit Raupenhaaren gekommen bist. Vermeide Gartenarbeit, Baumschnitt oder Ähnliches, solange sich Raupennester in der Nähe befinden. Hast du einen Befall im Garten, rufe Fachleute, die sich um die Entfernung kümmern. Versuche es auf keinen Fall selbst, da bestimmte Arbeitstechniken benötigt werden, um die allergieauslösenden Haare nicht überall zu verteilen.

Mao und die Spatzen

Ich saß draußen in einem kleinen Straßencafé in Berlin und genoss den warmen Sonnenschein und das knusprige, frisch gebackene Croissant, das ich mir bestellt hatte. Plötzlich bemerkte ich eine Gruppe von Spatzen, die mich von einem anderen Tisch aus beobachteten. Sie spielten miteinander, zwitscherten, hüpften umher und schienen dabei immer näher zu kommen.

Ich warf ihnen einen kurzen Blick zu und dachte mir nicht viel dabei, während ich wie jeder normale Smartphone-Zombie auf meinem Handy herumscrollte. Doch plötzlich flog einer der Spatzen heran und landete direkt auf meinem Tisch. Ich legte das Handy beiseite und beobachtete, wie er seinen Kopf hin und her drehte, als würde er nach etwas suchen. Ich wandte mich wieder meinem Croissantrest zu. Doch als ich einen weiteren Bissen nahm, spürte ich ein Ziehen an meinem Hörnchen. Ich schaute nach unten und sah, dass der Spatz mit seinem Schnabel am Ende des Croissants zugange war! Ich steckte in einer ziemlichen Zwickmühle. Einerseits wollte ich mein Hörnchen wirklich nicht loslassen, andererseits den kleinen Spatz auch nicht verletzen. Ich versuchte, ihn sanft wegzuschieben, aber er klammerte sich nur noch fester an das Objekt seiner Begierde.

Während ich da saß, mit dem Spatz kämpfte und mir schon überlegte, ob er irgendeine Hirnerkrankung hat (das Verhalten war dann doch *sehr* untypisch) oder im früheren Leben mal eine Möwe war, bemerkte ich, dass sich auch die anderen Vögel um mich herum versammelt hatten. Wollten sie den kleinen Dieb anfeuern? Mit glänzenden Augen starrten sie mich an, wie um zu sehen, was ich als Nächstes tun würde. Ja, ich dachte in dieser Situation auch an Hitchcocks *Die Vögel*. Ich fühlte mich schon ein bisschen in der Unterzahl, als der Spatz plötzlich doch das Hörnchen losließ und davonflog.

Das vom Spatz malträtierte Croissant wollte ich dann doch nicht mehr haben. Ich ließ den Rest liegen und bin mir sicher, dass die kleinen Kerlchen es sich geholt haben, sobald ich den Tisch verlassen hatte.

Dieser kleine Abschnitt trägt den Titel »Mao und die Spatzen«, und ich sollte jetzt auch mal erzählen, wieso.

1958 startete die chinesische Regierung unter Mao das Projekt »Ausrottung der vier Plagen«, eine Teilinitiative der staatlichen Kampagne »Großer Sprung nach vorn«. Bis zum Jahr 1962 wurde dabei die Vernichtung von Ratten, Fliegen, Moskitos und eben die der Spatzen auf die Agenda gesetzt. Man hatte damals nämlich Letztere in Verdacht, das ganze Getreide auf den Feldern zu fressen und somit zur Ernährungskrise beizutragen – was natürlich nicht stimmte. Wusste die Regierung aber nicht, beziehungsweise ließ sie sich da auch nicht belehren. Generell war das ganze Programm unwissenschaftlich und zum Scheitern verurteilt – und die Folgen waren katastrophal.

Die Spatzenpopulationen wurden damals in China systematisch verfolgt, indem ihre Nester zerstört, Eier zerbrochen und Küken getötet wurden. Zum Auftakt gab es ein tagelanges Massaker, an dem sich die gesamte Bevölkerung be-

teiligen sollte. Um die Vögel davon abzuhalten, sich in ihren Nestern oder auf Zweigen oder sonstigen Sitzgelegenheiten auszuruhen, organisierten sich Millionen von Menschen in Gruppen, schossen auf die Tiere und schlugen laut mit Kochlöffeln auf Töpfe und Pfannen ein. Die komplett verängstigten Vögel flogen bis zur Erschöpfung und fielen irgendwann tot vom Himmel. Und nicht nur Spatzen waren betroffen – auch alle möglichen anderen Vogelarten reagieren ja genauso empfindlich auf eine solche massive Störung, sodass Millionen anderer Vögel ein ähnliches Ende fanden.

Diese grausame und komplett sinnlose Aktion brachte die Spatzen in China an den Rand des Aussterbens – zwei Milliarden verloren ihr Leben –, und auch andere Vogelarten wurden innerhalb kürzester Zeit extrem dezimiert. Einige wenige Vögel fanden Zuflucht in den diplomatischen Vertretungen anderer Länder, die ja fremdes Staatsgebiet sind. Das Personal der polnischen Botschaft in Peking beispielsweise verweigerte den Chinesen, die aufgetaucht waren, um den sich dort versteckenden Spatzen den Garaus zu machen, den Zutritt zum Botschaftsgelände. Daraufhin wurde die Botschaft zwei Tage lang von Menschen mit Trommeln und Töpfen umstellt und terrorisiert. Als der Mob abgezogen war, hatten sich in der Botschaft so viele tote Vögel angesammelt, dass die Botschaftsmitarbeitenden Schaufeln benutzen mussten, um den Boden von den kleinen Kadavern zu befreien.

Diese Spatzenvernichtungsaktion half natürlich nix. Im Jahr 1960 wurde die Kampagne gegen Spatzen beendet, nachdem die Regierung endlich auf Ornithologen hörte, die darauf hinwiesen, dass diese Vögel nicht für die Ernteausfälle verantwortlich waren. Der Verlust der insektenfressenden Vogelarten in China hatte ein ökologisches Ungleichgewicht verursacht, das unter anderem zusammen mit anderen Maßnahmen des »Großen Sprungs nach vorn« zur größten Hungersnot der Menschheitsgeschichte führte, die Ende der 1950er, Anfang der Sechziger schätzungsweise fünfzehn bis sechzig Millionen Menschen in China das Leben kostete – die Zahlen schwanken von Quelle zu Quelle. Wenn wir eine Lehre aus dieser schlimmen Geschichte ziehen können, ist es die: Vögel spielen eine entscheidende Rolle bei der Kontrolle der Population von getreidefressenden Insekten, da selbst Körnerfresser wie Spatzen sie vertilgen, wenn sie noch Jungvögel sind. Das Verschwinden der Vögel hatte jedoch dazu geführt, dass sich diese Insekten stark vermehrten, sodass die Ernten nicht ertragsreicher, sondern komplett zerstört wurden.

Der erste aufgezeichnete »Spatzenkrieg« fand übrigens 1744 statt, als König Friedrich der Große von Preußen ein Kopfgeld auf die Vögel ausgesetzt hatte, um die herrschaftlichen Felder vor ihrer Futtersuche zu schützen. Die Annahme, dass Spatzen für massive Ernteausfälle verantwortlich seien, zieht sich also durch viele Zeiten und Kulturen. Auch Karl I., Herzog von Braunschweig-Wolfenbüttel, trug zur Ausrottung der Spatzen bei, indem er 1749 einen Erlass verfügte, der die Anzahl der Spatzenköpfe erhöhte, die im Rahmen des Kopfgeldprogramms abgeliefert werden mussten. Ohne die Spatzen als natürliche Feinde explodierte jedoch die Population getreidefressender Insekten, was zu großen Ernteschäden und wirtschaftlichen Verlusten führte. Das Kopfgeld wurde letztlich aufgehoben, damit die Vögel sich wieder vermehren und ihre Rolle als natürliche Schädlingsbekämpfer erneut aufnehmen konnten.

Immer wieder gab es bei uns Spatzenkriege, beispielsweise der »Westricher Spatzenkrieg« von 1759 oder der »Grumbacher Spatzenkrieg« von 1803.

In China mussten letztlich Vögel aus der Sowjetunion importiert werden, um dem gestörten ökologischen Gleichgewicht irgendwie wieder auf die Beine zu helfen.

Flirtende Bäume

Im Mai stehen viele Bäume in Blüte, erfüllen die Luft mit süßen, schweren Düften und bringen Farbe in die Landschaft. Beim Spaziergang durch die Stadt oder durch eine Kulturlandschaft begegnen uns jetzt blühende Kirschen, Apfelbäume und Magnolien. Wenn die Blütenblätter auf den Boden fallen, bilden sie einen Teppich aus sanften Pastellfarben, der die Schönheit der Jahreszeit noch unterstreicht. Technisch gesehen schwirrt in einem solchen atmosphärischen Moment aber auch noch etwas anderes durch die Luft, und zwar, na ja – Baumsperma. Denn der Samen der männlichen Bäume, der umherwandert, hat genau diese Funktion: die weiblichen Blüten zu befruchten. Einige von uns leiden in dieser Zeit unter den nahezu unsichtbaren Orgien der Bäume, quälen sich mit laufenden Nasen und geröteten Augen. Wir bezeichnen diesen Zustand dann als »Heuschnupfen«, weil das besser klingt als »Baumsperma in der Nase«. Fürs bessere Verständnis: Kirschblüten sind nichts anderes als ein Haufen Genitalien. Lässt einen Blumensträuße direkt in einem anderen Licht sehen, oder? Hehe.

Felsenkirschen wie diese sind »einhäusig« und »zwittrig«. Das bedeutet, dass es keine weiblichen und männlichen Exemplare gibt, sondern beide Geschlechtsmerkmale auf einem Baum vorkommen (= einhäusig) und dass diese sogar in der gleichen Blüte sitzen (= Zwitter).

Der Griffel in der Blüte ist hier das weibliche Geschlechtsmerkmal, in ihm sitzt die Eizelle. Die Staubblätter sind männlich und sondern das Sperma ab, das dann als Pollen durch die Luft schwirrt. Hier habe ich das mal eingezeichnet:

Baum-Sex funktioniert gut über Windbestäubung, dabei sind die Bäume also ganz unabhängig von Helferlein, grundsätzlich jedoch sind Bäume im Themenbereich »Liebesspiel« sehr offen und haben nichts gegen Spielgefährten. Denn Windbestäubung ist schön und gut, aber nicht sehr spezifisch. Wenn man sich nun jedoch einen außenstehenden Dritten – klassischerweise Insekten, zum Beispiel Hummeln oder Fliegen – mit ins Bett holt, steigt die Chance, den Samen recht weit verbreiten zu können, ganz unabhängig von Windrichtung oder Wetter. Es können aber auch andere Tiere bei der Fortpflanzung der Bäume unterstützen, zum Beispiel Vögel oder Fledermäuse. Pflanzen sind da meist nicht sehr wählerisch, alles, das irgendwie fliegen kann, wird rekrutiert, und manchmal spezialisieren sie sich sogar auf einen einzigen Bestäuber. Das ist natürlich ein Risiko, denn was ist, wenn dieser Bestäuber auf einmal verschwindet?

Bei uns in Europa sind vor allem Insekten für die Bestäubung von Blütenpflanzen zuständig, doch auch wir haben eine Pflanze, die sich von Vögeln bestäuben lässt: die Kanaren-Glockenblume, die auch die kanarische Nationalblume ist. Dort ist der Weidenlaubsänger (*Phylloscopus collybita canariensis*) dafür zuständig, dass sich die Pflanze fortpflanzen kann.

Aber kehren wir zurück zu unserer Kirsche und den Insekten, die sie bestäuben. Die Staubblätter der Kirsche ejakulieren, was das Zeug hält, und hoffen, dass der Wind die kleinen Pollen auf den sexy Nachbarbaum trägt, mit dem man schon seit Monaten heftig flirtet. Um zum Beispiel eine Hummel zu motivieren, zur Blüte zu kommen und den Pollenstaub mitzunehmen, bietet der Baum ihr eine kleine Stärkung in Form von Nektar an. Beide Lebewesen ziehen großen Gewinn aus der Beziehung: Die Kirsche bekommt ihre Pollen verteilt, die Hummel Nahrung für sich und den Nachwuchs. Das ist eine Win-win-Situation, die symbiotische Beziehungen wie die zwischen Bestäuberin und Pflanze auszeichnet.

Die Pollen landen nun also durch Wind und Insekten auf den Blüten des anderen Baums und dort in den Blüten auf der sogenannten »Narbe«. Schauen wir uns an, was nun in der frisch bestäubten Blüte passiert:

Die Narbe öffnet sich ein bisschen, und der Pollen, der oben auf ihr liegt, hat dadurch Zugang ins Innere. Der Pollen wächst nun als Samenschlauch durch die kleine Öffnung an der Narbe in den Griffel hinab und kommt unten im Fruchtknoten an, wo schon die Eizelle wartet. Du kannst es dir als sehr kleinen Strohhalm vorstellen, der jetzt durch den Griffel zur Eizelle geschoben wurde. Durch diesen neu gewachsenen Samenschlauch, der an der Eizelle angedockt ist, wandert nun eine Samenzelle hinab und verschmilzt mit der Eizelle – Scotty, wir haben einen Embryo, wir haben einen Embryo!

Vielleicht wunderst du dich gerade: Huch, Pflanzen haben Embryos? Ja! Dieser leckere Apfel, den du heute Morgen vielleicht in dein Müsli geschnippelt hast, ist genau das, ein Apfelbaumembryo. Das Fruchtfleisch an Äpfeln, Himbeeren, Kirschen und Co., das so lecker schmeckt, ist dafür da, dass sich der Samen besser verbreitet. Ein Vogel kann zum Beispiel eine Kirsche essen, fliegt woanders hin und macht dort ein Häufchen. Der Samen hat die Passage durch den Vogeldarm unbeschadet überstanden und kann dann weit weg vom Mutterbaum wachsen. Praktisch, oder?

Das Spektrum an Reproduktionsmöglichkeiten unter Pflanzen ist sehr breit. Manche Samenpflanzen kommen nie wirklich aus der Pubertät raus und befummeln sich die ganze Zeit selbst, das bedeutet: sich selbst bestäuben. *Yes, I am looking at you,* Kartoffeln und Erbsen, es ist uns allen schon etwas unangenehm. Hände über die Erde, da, wo ich sie sehen kann!

Es gibt viele verschiedene Arten der Baumvermehrung, das eben beschriebene Beispiel ist nur eine davon. Bäume sind sexuell genauso vielfältig aufgestellt wie wir, allerdings nicht so verurteilend. Wenn ein Baum nur mit sich selbst Sex haben will oder mit achtundzwanzig anderen, stört das niemanden. Alle wissen, dass Karolina Kirsche es gern mit 76 Bäumen und 2.736 Hummeln parallel treibt und dass sie sich als Mann *und* Frau identifiziert. Aber sie ist dennoch ein hoch angesehenes Mitglied der Baumcommunity, da Bäume nicht solche Fieslinge wie wir Menschen (manchmal) sind.

Grüne Kleider

Aber bleiben wir doch gerade mal bei den Bäumen. Vor allem jetzt erwachen diese endgültig aus ihrem Winterschlaf, entfalten nach der Blüte ihre zarten Knospen und legen auch bald darauf ihr wunderschönes leuchtend grünes Blattgewand an. An jedem ihrer Zweige befinden sich Knospengrüppchen, bestehend aus einer zentralen, dickeren Knospe und zu beiden Seiten ein oder zwei weiteren kleineren Knospen. Diese Blattknospen haben sich bereits am Ende des vorangegangenen Sommers gebildet und warten nun geduldig auf den richtigen Moment, um aufzubrechen – deshalb kann man sie auch in den Wintermonaten sehen. Sie werden durch Schuppenblätter geschützt, von denen einige mit Harz versiegelt sind, um Frost und hungrige Tiere abzuwehren und das Blatt in spe auch im Sommer vor dem Austrocknen zu bewahren.

Verschiedene Baumarten haben ihren eigenen Zeitplan für den Austrieb ihrer Blätter. Die Birke, die an kühlen, sonnigen Standorten gedeiht, ist oft die Erste, die sich in frisches, grünes Laub kleidet. Die Buche, die etwas wärmere Temperaturen bevorzugt, folgt mit einem kleinen Abstand. Die Eiche und die Ulme, die mehr Wärme brauchen und deshalb Spätzünder im Jahreszyklus sind, treiben als Letzte ihre Blätter aus. Andere Laubbäume liegen je nach Art irgendwo dazwischen. Der Zeitpunkt des Blattwachstums kann zudem je nach Standort und sogar innerhalb einer Baumart je nach

Umweltbedingungen variieren. In höheren Lagen, wo die Temperaturen kühler sind, öffnen sich die Knospen später.

Das Timing wird vom Baum durch die Regulierung der Ionenkonzentration und des Wasserdrucks gesteuert. Er »pumpt« die Blätter in ihren Knospen sozusagen auf. Aber was passiert, wenn sich die Knospen zu früh öffnen und dann von frostigem Wetter heimgesucht werden?

Keine Sorge. Die Bäume haben einen Notfallplan in Form von »schlafenden Augen« – das sind Knospen, die sich noch nicht geöffnet haben oder bereits in das Holz eingewachsen sind. Diese Knospen können nach Jahren der Ruhephase aktiviert werden und treiben innerhalb weniger Tage aus, um erfrorene oder beschädigte Knospen oder Blätter zu ersetzen. Gerade jetzt bei den sich stark veränderten klimatischen Bedingungen ist es immer wichtig, wenn Lebewesen einen Back-up-Plan haben.

Manchmal sieht man auch im Frühjahr junge Blätter, die rot gefärbt sind. Das Phänomen ist auf das Vorhandensein von Pigmenten, den sogenannten Anthocyanen, zurückzuführen. Diese Pigmente werden als Reaktion auf Sonnenlicht und andere Umwelteinflüsse wie Trockenheit oder hohe UV-Strahlung gebildet – quasi als natürliche Sonnenschutzcreme. Neben dieser praktischen Funktion können diese rötlichen Anthocyane aber auch andere Aufgaben in Pflanzen erfüllen. Sie können zum Beispiel dazu beitragen, Bestäuber anzulocken oder Pflanzenfresser abzuschrecken.

Es ist erwähnenswert, dass die Produktion von Anthocyanen nicht auf die Blätter der Pflanzen beschränkt ist. Sie kommen auch in den Stängeln, Blüten und Früchten vieler Pflanzenarten vor und färben nicht nur rot, sondern auch blau, violett oder blauschwarz. Die Farbintensität und Verteilung dieser Farbstoffe kann bei verschiedenen Pflanzenarten und sogar innerhalb derselben Pflanze unter verschiedenen Umweltbedingungen stark variieren. Später, wenn wir über die Färbung der Blätter im Herbst sprechen, schauen wir uns das noch einmal genauer an.

Megafauna

Hast du schon einmal von der eiszeitlichen Megafauna gehört? Sie hat unsere Landschaft geprägt und dafür gesorgt, dass sie heute so ist, wie wir sie kennen. Wir spazieren durch sie hindurch, wir schauen uns Bäume und Blumen an und betrachten ihr Auftreten als ganz selbstverständlich. Ich finde es aber auch interessant zu wissen, wie die Wälder und Bäche in unserer Umgebung tatsächlich entstanden sind, denkst du nicht auch? Gucken wir uns das doch mal an.

Der Glanz der aufgehenden Sonne färbte den Himmel in ein prachtvolles Spektrum aus Rosa und Orange. Ein dichter Nebel lag über dem Waldboden und verlieh allem eine aus unserer Perspektive surreale, unwirkliche Atmosphäre. In der Ferne ertönten die Rufe der Mammuts, die durch das Unterholz stapften und nach Nahrung suchten. Ein Säbelzahntiger bewegte sich geschmeidig und präzise zwischen den Bäumen und pirschte sich an seine ahnungslose Beute heran. Die Augen der Katze waren auf das junge Riesenfaultier gerichtet, das ungeschützt und verletzlich am Boden saß, um einmal in der Woche sein Geschäft zu verrichten. Mit einem schnellen Satz stürzte sich der Säbelzahntiger auf das Faultier und warf es zu Boden. Der Wald erbebte unter den Geräuschen des Kampfes, während das Faultier verzweifelt um sich schlug und seine mächtigen Krallen zur Verteidigung einsetzte. Doch gegen die Zähne und Krallen des Tigers war es machtlos. In der Ferne beobachteten die Mammuts das Geschehen mit neugierigen, vorsichtigen Augen. Sie wussten, dass sie sich besser nicht in die Jagd der Säbelzahntiger einmischten.

Solche Szenen können sich so oder so ähnlich vor zehntausenden Jahren zugetragen haben. Mammuts, elefantengroße Faultiere, riesige Säbelzahntiger und mächtige Biber – sowie auch Millionen von Walen – gehören alle zur sogenannten »Megafauna« – ein Wort, das sehr imposant klingt, aber im Grunde einfach nur sehr große Tiere beschreibt, die einst auf der Erde weit verbreitet waren.

Nach dem Untergang der Dinosaurier dominierten diese Tiere das Bild der Welt, und das sehr lange, bis sie vor zwölftausend Jahren zum Großteil ausgerottet waren.

Als Pflanzenfresser spielten sie eine wichtige Rolle bei der Hege der Vegetation und trugen dazu bei, das Gleichgewicht in verschiedenen Ökosystemen zu erhalten, indem sie die Verwaldung verhinderten und die ungehemmte Ausbreitung einzelner Pflanzenarten einschränkten. Auch durch ihre Weide- und Futtergewohnheiten hatten sie Einfluss auf die Landschaft. In der Ökologie bezeichnen wir sie deshalb oft als »Ökosystemingenieure«. Ein Beispiel dafür ist das Mammut, das Äste und holzige Vegetation bevorzugte und durch sein Zertrampeln von Pflanzen Wege schuf. Auch die riesigen, flugunfähigen Moas grasten in Wäldern und erzeugten dadurch lichte Stellen, die für Pflanzen mit höherem Lichtbedarf geeignet waren.

Die Megafauna hatte auch Auswirkungen auf die Geologie der Landschaft, da ihre Bewegungen über das Land dazu beitrugen, Pfade und Wege zu bilden und zu erhalten, die irgendwann auch zu Flüssen und Bächen werden konnten. Auch durch das Trampeln auf dem Grund trugen diese großen und schweren Tiere zur Bodenbildung und zur Erosion von Felsformationen bei. Zudem spielten sie eine wichtige Rolle im globalen Nährstoffkreislauf, indem sie große Mengen an Nahrung verzehrten und überall ihre Häufchen hinterließen, die wertvolle Nährstoffreste enthielten, die dann von Pflanzen, Tieren und anderen Organismen aufgenommen wurden.

Studien haben gezeigt, dass der Nährstoffkreislauf auf der Erde drastisch reduziert wurde, als viele der großen Tierarten ausgestorben waren. Der Mensch hatte bei diesem Rückgang eine wichtige Rolle gespielt, indem er diese Tiere gejagt und getötet hatte, um sich zu ernähren. Darüber hinaus veränderte die Menschheit die Ökosysteme so stark, dass wichtige Akteure im Nährstoffkreislauf es schwer hatten, zu überleben. Zum Beispiel beträgt das Gesamtgewicht aller Meeressäuger heute nur noch ein Drittel bis ein Zehntel von dem, was es vor dreihundert Jahren einmal betragen hatte. Die extreme Bejagung von Walen und die Überfischung führten und führen dazu, dass immer weniger Nährstoffe aus dem Meer ans Land gelangen. Auch menschengemachte Landschaftsstrukturen wie Staudämme verhindern zudem, dass Fische, die für den Transport von Phosphor aus dem Meer an Land wichtig sind, flussaufwärts schwimmen können. Nach Schätzungen von Forschenden erreicht daher heute 96 Prozent weniger Phosphor das Land als vor dem Beginn der kommerziellen Hochseefischerei und des Walfangs.

Insgesamt bewegen die Nährstoffkreisläufe der Erde heute

95 Prozent weniger Nährstoffe über große Entfernungen als vor 12.000 Jahren – ein dramatischer Unterschied. Dieser Rückgang ist besorgniserregend, da diese Nährstoffe für den Erhalt natürlicher Ökosysteme und der Landwirtschaft unerlässlich sind und die Böden immer nährstoffärmer werden. Ohne guten Boden können die Pflanzen nicht gut wachsen, was zu einem Rückgang des Gesamtgewichts der Vegetation auf der Erde und zu Beeinträchtigungen der Gesundheit und des Gleichgewichts von Ökosystemen führt – und ja, auch unsere Nahrungsmittelversorgung leidet darunter.

Auch heutige große Pflanzenfresser wie Elefanten oder Elche haben immer noch diese die Landschaften formenden Funktionen, wenngleich es viel weniger von ihnen gibt. Moderne Experimente haben ähnliche Resultate gezeigt, wenn große Pflanzenfresser aus einem Gebiet eliminiert oder ausgeschlossen werden. Wälder schließen sich zunehmend, und offene Standorte verschwinden. In Gebieten, aus denen afrikanische Elefanten vertrieben wurden, gibt es beispielsweise zweiundvierzig Prozent mehr Bäume als in Gebieten, in denen die Elefanten noch vorkommen – also alles sehr analog zu dem, was beim Rückgang der Megafauna während der letzten Eiszeit passiert ist. Durch das Aussterben und die Einschränkung unserer letzten Megaherbivoren auf Parks und Wildreservate hat der Mensch das Gleichgewicht von Ökosystemen gestört und die Landschaften der Erde verändert.

Ich finde das immer wichtig anzuführen, denn viele Menschen denken, dass die »ursprüngliche« Welt quasi ein riesiger Urwald war. Allerdings gab es früher vermutlich viel weniger Wälder als heute, auch wenn das unsere Vorstellungen der »Urzeit« durcheinanderbringt.

Wir legen ein Herbarium an

Was fehlt jetzt noch? Genau, ein kleines Projekt. Und da in diesem Monat so schön die Blätter austreiben, finde ich, dass diese Idee sehr gut passt: Wir lernen, wie man ein Herbarium anlegt!

Herbarien (Kurzform »Herbar«, vom lat. *herba* = Kraut) werden schon seit Jahrhunderten angelegt. Vor allem bei (Erst-) Beschreibungen von Pflanzen spielen sie eine wichtige Rolle. Der wohl bekannteste Botaniker der Welt und Vater der Systematik und Botanik, der Schwede Carl von Linné, hat diesen Begriff geprägt.

Es gibt unglaublich große und auch alte Sammlungen, und wenn man das Trocknen der Pflanzen richtig angestellt hat, kann man jahrhundertealte Exemplare kaum von frisch gesammelten Exponaten unterscheiden. Eines der größten Herbarien findet man im englischen Kew. Dort sind über sieben Millionen Exemplare konserviert – unglaublich. Die Vorstellung, dass da mal eine Kerze umfällt oder so, uff!

Jedenfalls ist das Anlegen eines Herbariums etwas, das man oft schon in der Schule lernt. Denke ich an meine Herbarien aus dieser Zeit zurück, zeichneten sie sich jedoch vor allem durch Schimmel und Farbverlust aus. Deshalb zeige ich dir jetzt, wie es richtig gemacht wird, damit du lange Freude an deinem Herbarium hast. Denn ein Herbarium ist nicht nur für wissenschaftliche Zwecke wichtig. Private Sammlungen können beispielsweise auch dazu beitragen, die lokale Flora besser kennenzulernen. Das Anlegen eines Herbariums ist etwas, das man sehr gut alleine machen kann, aber es ist auch eine schöne Idee, das im Freundeskreis oder mit der Familie anzugehen. Am besten stellst du dir eine Herausforderung: Schaffe ich es, alle Pflanzen in meiner Umgebung zu bestimmen und sie in mein Herbarium einzutragen? Damit hast du die nächsten Jahre etwas zu tun, so viel steht fest. Wenn das zu einschüchternd ist, gibt es auch andere Möglichkeiten der Annäherung. Zum Beispiel: Blätter aller Bäume in meiner Umgebung! Blütenpflanzen, die nicht größer als zehn Zentimeter werden! Die ungewöhnlichsten Exemplare, die ich an einem sonnigen Sonntagnachmittag im Mai finde! Und so weiter.

Aber damit du deine ganz persönliche Herausforderung meisterst, schauen wir jetzt, wie man ein Herbarium korrekt anlegt, damit du auch lange Freude daran hast.

Pflanzen sammeln

Um ein Herbarium zu bestücken, braucht man vor allem erst einmal eins: ganze Pflanzen oder auch ihre Teile. Wichtig ist, darauf zu achten, nicht wahllos irgendeine Pflanze zu sammeln, sondern eine, die ihre Art ideal repräsentiert. Dafür hat das ideale Exemplar die folgenden Eigenschaften:

- Die Pflanze ist gut und vollständig entwickelt. Kümmerlich aussehende Exemplare lieber stehen lassen und nach einem Ausschau halten, das repräsentativer ist.
- Es gibt keine Fraßspuren an der Pflanze/am Blatt.
- Es gibt Blüten und Früchte.

Wichtig ist, bei kleinen Pflanzen das ganze Exemplar zu sammeln, was bedeutet, dass man auch Wurzeln, Knollen oder Zwiebeln mitnimmt. Manchmal sehen sich Arten so ähnlich, dass man sich auch die Teile anschauen muss, die unter der Erde wachsen, um sie voneinander zu unterscheiden. Für diese Fälle habe ich immer ein kleines Taschenmesser dabei, mit dem ich die ganze Pflanze ausgraben kann.

Doch bevor du motiviert losläufst und alles sammelst, was nicht niet- und nagelfest ist: Man darf nicht alles einfach mitnehmen. Stehen lassen muss man:

- Pflanzen, die am Fundort nur in geringer Zahl vorkommen. An der Uni haben sie uns die 1:20-Regel beigebracht: Von zwanzig Exemplaren darf man eines mitnehmen. Sind weniger Exemplare vorhanden, lieber nach einem anderen Standort suchen, wo die Pflanze häufiger anzutreffen ist.
- Gefährdete Arten (dafür einen Blick auf die Rote Liste werfen!)
- Geschützte Arten (lieber erst zu Hause prüfen, bevor du sammelst!)
- Pflanzen, die in Naturschutzgebieten oder anderweitig geschützten Lebensräumen wachsen. Hier das Taschenmesser sofort wieder einstecken und stattdessen die Kamera zücken. Finde ich tolle Pflanzen für mein Herbarium, die ich nicht mitnehmen darf, fotografiere ich sie und klebe sie ebenfalls ins Album.
- Pflanzen, die auf Privatgrundstücken stehen. Bitte immer erst fragen und nicht losrennen und den Nachbarsgarten abräumen.
- Pflanzen, die an nur mit hohem Risiko erreichbaren Stellen wachsen. Die hübsche Blühpflanze zwischen den ICE-Gleisen findest du bestimmt noch einmal woanders, dreh dich bitte um und geh weg.

Wichtige Infos festhalten

Wenn man das Herbarium ernst nimmt, lässt man nicht nur die Pflanze mitgehen, sondern notiert sich auch wichtige Informationen. Dafür habe ich immer mein kleines Feldnotizbuch dabei, und für jedes gesammelte Exemplar halte ich folgende Informationen fest:

- Datum
- Name der Pflanze (wissenschaftlich und trivial, also »umgangssprachlich«, lässt sich auch nachträglich ergänzen)
- Fundort
- Beschreibung des Lebensraums, den ich vorgefunden habe. Also so was wie: Magerwiese, durch Eichen beschattet, Boden sandig, feucht, nahe des Waldrandes, Begleitvegetation: Eiche, Birke, verschiedene Süßgräser.
- Notizen zur Pflanze wie der Geruch oder farbliche Besonderheiten, die im Herbar vielleicht irgendwann nicht mehr vorhanden sind, wie viele Exemplare ich vorgefunden habe, und so weiter.

Die Pflanzen nach Hause bringen

Also, stellen wir uns mal vor, du hast eine Pflanze gefunden, mit der du dein Herbarium eröffnen möchtest, die du bestimmen konntest und die ideal ausgebildet ist. Nun hast du sie ausgegraben, stehst mit deinem ersten Herbar-Exemplar in der Hand da und fragst dich: Okay, so weit, so gut, doch wie schaffe ich es, dass diese Pflanze kein Matsch wird, bis ich zu Hause bin?

In einer idealen Welt hättest du die Pflanzenpresse schon dabei und könntest direkt loslegen. Das ist aber eher unwahrscheinlich. Deshalb behelfe ich mir mit kleinen braunen Packpapiertüten, in die ich meine Fundstücke vorsichtig hineinlege. Um die Wurzeln wickle ich oft ein feuchtes Taschentuch, damit mir die Pflanze bis daheim nicht komplett abnippelt. Wenn ich noch einen weiten Weg vor mir habe, landet sie lieber in einem Gefrierbeutel, in den ich vorm Losgehen bereits nasses Küchenpapier gelegt habe. Sicher ist sicher.

Sammle ich sehr zarte Pflanzenteile, beispielsweise Mohn-

blüten und Ähnliches, werden die das nicht bis daheim überstehen. Deshalb habe ich auch immer ein paar Stücke Pappe dabei, zwischen die ich die Pflanze schon so reinlege, wie ich sie später pressen werde. Dann fixiere ich die beiden Pappstücke mit Gummiband, das klappt eigentlich immer sehr gut.

Wirft eine gesammelte Pflanze enthusiastisch mit Sporen oder Samen um sich, sammle ich die parallel noch in einer noch kleineren Papiertüte ein und lagere sie dann zu Hause mit dem Herbarbogen.

Trocknen und pressen

So, wir sind mit unseren Pflanzen gut zu Hause angekommen. Jetzt geht es darum, die kleinen Exemplare mit der richtigen Presstechnik für die Ewigkeit aufzubewahren.

Wenn wir Pflanzen oder ihre Teile pressen, bezeichnet man das als »Trockenkonservierung«. Dazu entzieht man der Pflanze das Wasser, wodurch sie dauerhaft haltbar gemacht wird. Es gibt auch Möglichkeiten, Pflanzen in 3D zu trocknen oder sie sogar in Konservierungsmittel einzulegen, doch diese Möglichkeiten lasse ich jetzt mal weg, weil das sehr ausufernd werden würde.

Um ein gutes Ergebnis zu erhalten, ist es wichtig, die Pflanze(n) so schnell wie möglich in die Presse zu bringen. Und je schneller der Trocknungsvorgang abläuft, umso farbprächtiger bleibt das Exemplar dann auch. Zeit ist also bei der ganzen Sache essenziell.

Es gibt eine Menge Pflanzenpressen zur Auswahl, früher habe ich Belege (so nennt man die gesammelten Exemplare auch) in Uni-Büchern gepresst, jedoch wurden die Ergebnisse meist nicht so ideal. Deshalb nutze ich mittlerweile richtige Pressen.

Oben und unten befindet sich einfach ein Brett. Dazwischen lege ich Stücke zurechtgeschnittener Wellpappe und zwischen die Wellpappenstücke Zeitungspapier, Küchenpapier und die Pflanzen. Das alles schließe ich mit den Riemen.

Beim Trocknen sind jetzt ein paar wichtige Sachen zu beachten. Mein Botanik-Professor hat uns gelehrt, die Nadeln von Nadelbäumen an ihren »Wurzeln« mit durchsichtigem Nagellack ans Ästchen zu leimen, damit nicht alles irgendwann herumbröselt. Wenn der Lack getrocknet ist, kann man das Zweiglein in die Presse legen. Grundsätzlich werden Pflanzen von mir in einer möglichst natürlichen Position angeordnet. Damit man einen guten Beleg erhält, ist es wichtig, alle Merkmale der Pflanze gut darzustellen. Das bedeutet beispielsweise, dass man manche Blätter mit der Unterseite nach oben einlegt, da Blattunterseiten auch wichtige Bestimmungsmerkmale sind. Die Blüten und Knospen platziere ich so, dass man sie gut erkennen kann. Manchmal halbiere ich Knospen auch, damit man »reingucken« kann. Das mache ich mit einem sehr scharfen kleinen Skalpell, damit die Schnittränder schön glatt bleiben.

Achte darauf, dass sich möglichst wenige Teile der Pflanze überlappen, den Rest ordnest du so an, wie es deinem Geschmack gefällt und du es optisch ansprechend findest. Bist du zufrieden, schließt und spannst du die Presse – voilà.

Jetzt heißt es Geduld haben. Ich lege die Presse gern in die Sonne oder, an kälteren Tagen, über oder unter die Heizung. Nach dem ersten Tag wechsle ich die Küchentücher und ersetze sie durch trockene – in diesem Zeitraum entweicht der Großteil der Flüssigkeit. Dann warte ich fünf bis sieben Tage (bei sehr fleischigen Pflanzen dauert es entsprechend länger), danach sollte die Pflanze trocken sein.

Die Pflanzen montieren und aufbewahren

Im Internet kann man sich Herbarbögen bestellen, diese sind recht fest, säurefrei gebleicht und vergilben nicht. Das ist wichtig, damit die Belege möglichst lange halten. Es ist aber auch nichts Falsches daran, einfach erst mal zum Druckerpapier oder zur Bastelpappe zu greifen.

Ich ziehe die Belege auf spezielle Gummistreifen auf, weil ich sie gerne noch mal ablöse und mir von allen Seiten anschaue, wenn ich sie zum Bestimmen nutze. Das muss aber nicht sein, du kannst die Pflanzenteile auch einfach festkleben. Farblos trocknender Bastel-/Holzleim ist da recht hilfreich (dünn!!! auftragen), Prittstift reicht aber auch, wenn es schnell gehen soll. Man muss ja irgendwie erst mal anfangen.

Wenn die Herbarbögen (oder die Seiten im Buch, je nachdem, wie du dein Herbar anlegst) trocken sind, lege ich sie in eine Sammelmappe, die ich in einer Schublade aufbewahre. Wichtig ist, das Herbarium trocken und lichtgeschützt zu lagern, damit man auch in einigen Jahren oder Jahrzehnten etwas davon hat.

Deine Möglichkeiten zur Gestaltung sind nahezu unbegrenzt. Du kannst die Techniken anwenden, um Pflanzen in dein Naturtagebuch zu kleben, oder du legst eben ein eigenes Herbarium an. Auch das kannst du gern wieder mit #schreibersnaturarium taggen, dann kann ich es auf Instagram und Co. finden und mir anschauen. Ich bin gespannt!

JUNI

Jetzt im Juni macht sich der Sommer richtig bemerkbar. Die Vögel, die vor ein paar Monaten noch so wild gebalzt haben, werden ruhiger und träger. Die Gräser und auch das Getreide auf den Feldern beginnen zu blühen und erfüllen die Luft mit einem süßen, schweren Duft. Der Pollenflug erreicht seinen Höhepunkt.

Uns Menschen zieht es nach draußen, wir schlecken Eis und teilen es (unfreiwillig) mit begeisterten Wespen, die Grills werden angeschmissen, das Freibad ruft. Während der ersten lauen Sommerabende im Biergarten oder am See können wir wieder neue und aufregende Naturbeobachtungen machen.

Symbiosen: Kooperation in der Natur

Neben den Insekten habe ich noch eine weitere sehr große Liebe, die mich auch jetzt am Sommeranfang mit der Kamera in den Wald treibt: Flechten.

Flechten sind faszinierende Organismen, die mich schon immer begeistern. Sie sind so viel mehr als nur kleine Flecken grünlich-grauer Materie, die an der Rinde von Bäumen oder auf Felsen haften, nämlich die Resultate einer symbiotischen Beziehung zwischen einem Pilz und einer Alge oder einem Cyanobakterium (also einem Grünblaubakterium). Der Pilz bietet Schutz, Feuchtigkeit und Struktur für die Alge oder das Bakterium – welche(s) umgekehrt dem Pilz durch Photosynthese Nährstoffe liefert. Zusammen bilden sie eine einzigartige und für beide Seiten recht nützliche Partnerschaft, wenngleich der Pilz oft etwas mehr profitiert und sich der Symbiosepartner dann eher in, na ja, bisschen Geiselhaft befindet.

Die Verbindung zwischen Alge und Pilz

Flechten sind nicht nur hübsch und haben eine spannende Biologie, über die ich gleich noch spreche, sondern durch diese vorteilhafte Partnerschaft auch die Fähigkeit, in einigen der rauesten Umgebungen der Welt zu überleben – von der gefrorenen Tundra bis zur sengenden Wüste, vom Carportdach bis zum Bordstein. Sie können auf fast jeder Oberfläche wachsen, einschließlich Felsen, Holz und sogar Metall. Man schätzt, dass diese anpassungsfähigen Lebewesen etwa sechs bis acht Prozent der Landoberfläche der Erde bedecken und dass es über zwanzigtausend bekannte Arten gibt.

Trotz allem reagieren diese Organismen empfindlich auf Veränderungen in ihrer Umgebung, weswegen sie als Bioindikatoren für die Luftqualität und andere ökologische Bedingungen dienen. Ihr Vorhandensein oder Fehlen kann uns nämlich viel über die Gesundheit eines Ökosystems verraten.

Apropos: Eigentlich kann man auch eine Flechte selbst als genau das ansehen: ein winzig kleines Ökosystem, eine lebendige Miniaturwelt, die ein komplexes Zusammenspiel von Mikroorganismen enthält. Und da einige Flechten zu den ältesten Lebewesen der Erde gehören, ist klar, dass sie eine bemerkenswerte Fähigkeit haben, den Lauf der Zeit zu überdauern. Die unglaublich langsame Wachstumsrate und die lange Lebensdauer so mancher Flechtenart können sogar zur Datierung von Ereignissen genutzt werden, und zwar mit Hilfe der sogenannten »Lichenometrie«. Das ist eine Methode, mit der das Alter von freiliegenden und flechtenbewachsenen Felsen oder anderen Oberflächen bestimmt werden kann. Sie basiert auf der Annahme, dass bestimmte Krustenflechten mit einer relativ konstanten Rate – einen halben bis zwei Millimeter pro Jahr – wachsen. So können Forschende das Alter der Flechte und damit auch das Alter der Oberfläche, auf der sie wächst, berechnen. Diese Methode wird häufig in Bereichen wie Archäologie oder Paläontologie eingesetzt und ist besonders nützlich, wenn alternative Methoden wie die Dendrochronologie (also die Baumringdatierung) oder die Radiokarbonmethode (die bereits erwähnte Radiokohlenstoffdatierung) nicht verwendet werden können. Die Genauigkeit der Lichenometrie ist recht gut, dennoch ist die Methode nicht unumstritten, da man hier bestimmte Parameter beachten muss. Man muss die Flechte korrekt bestimmen (das ist oft gar nicht so einfach) und die klimatischen Verhältnisse mit einkalkulieren, die ihre Wachstumsrate auch beeinflussen. Das maximale Alter, das mit dieser Methode einigermaßen zuverlässig gemessen werden kann, liegt auch »nur« bei etwa viereinhalbtausend Jahren, weil die verwendete Flechtenart dann ihr Lebensende erreicht und stirbt.

Was für eine Vorstellung: Man läuft in einem alten Wald achtlos an einem mit Flechten bewachsenen Felsen vorbei, und dabei kann es sein, dass sich die ein oder andere Flechte aus der Bronzezeit dort angesiedelt hatte! So zum Verhältnis: Möglicherweise sind schon die Wikinger an derselben Flechte vorbeispaziert, *die aber zu dem Zeitpunkt auch schon vielleicht tausend oder zweitausend Jahre dort lebte!* Heftig.

Flechten kommen wie gesagt in allen möglichen Farben, Formen und Bauarten daher. Im Allgemeinen kann man sie in vier Typen einteilen, die ich dir hier kurz vorstellen möchte:

Blatt- oder Laubflechten. Blatt- oder Laubflechten besitzen eine flächige Form und liegen ein wenig lose auf dem Untergrund auf. Sie kommen in verschiedenen Lebensräumen vor, wie beispielsweise auf Moosen oder auf Stein. Ihre gestaltliche Vielfalt ermöglicht es ihnen, unter verschiedenen Bedingungen zu überleben. Der »blattartige« Wuchs der Flechte dient dazu, die Lichtausbeute für die Photosynthese des Photobionten – also des Symbiosepartners, der Photosynthese betreibt – zu optimieren. Muss sich ja auch lohnen, die ganze Sache. Die Wachstumszone befindet sich an den Rändern der Flechte, dort breitet sie sich also immer weiter aus.

Krustenflechten. Krustenflechten bestehen aus kleinen »Lagern«, weshalb sie oft ein wenig versprenkelt aussehen. Sie können auf verschiedenen Oberflächen wie Pflanzenresten, auf Moosen, Rinden oder direkt auf der Erde wachsen. Sie haben eine körnige, firnisartige oder schorfige Textur und bilden manchmal eine Art »Scheinrinde« durch das Absterben der obersten Schicht. Die Flechte liegt komplett am Untergrund auf, steht also nirgends ab, anders als die Blattflechten.

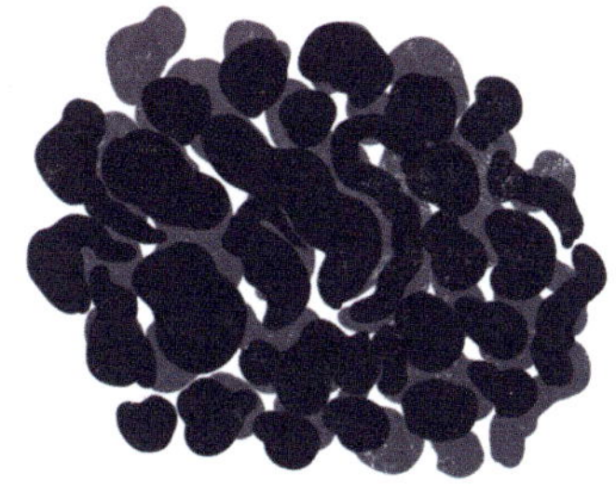

Gallertflechten. Gallertflechten bilden sich, wenn Pilze mit Cyanobakterien eine Symbiose eingehen. Diese Flechten zeichnen sich durch ihr ein bisschen schwabbeliges Aussehen aus, wenn sie nass werden, und ihre Farbe reicht von schwärzlich bis dunkeloliv. Wenn sie trocken sind, werden sie brüchig und können schwärzlich, grau oder braun erscheinen. Die Form wird dabei von den Bakterien bestimmt.

Strauchflechten. Wie der Name schon sagt, ist diese Wuchsform strauchförmig. Es gibt also kleine astartige Verzweigungen, die an ihren Enden immer weiter in die Höhe wachsen. Viele meiner Lieblingsflechten gehören zu dieser Gruppe, beispielsweise die kleinen *Cladonia*-Arten, die man auch als »Pixie Cups« bezeichnet, also »Elfenbecher«.

Verschiedene Formen der Kooperation

Schauen wir uns Symbiosen etwas genauer an. Wie schon erwähnt bezeichnet man im Deutschen oft alle positiven Verbindungen als Symbiosen und die negativen dann als Parasitismus. Im englischen Sprachraum – und damit auch in wissenschaftlichen Publikationen – differenziert man da ein wenig anders. Und weil ich das eigentlich besser finde, mache ich mir diese Definition jetzt auch mal zu eigen.

Also: Mit dem Begriff »Symbiose« bezeichnen wir eine enge Beziehung zwischen zwei verschiedenen Arten von Organismen, die auf irgendeine Weise miteinander interagieren, von der mindestens eine der beteiligten Parteien profitiert. Ich stelle dir mal die drei Hauptarten vor: Mutualismus, Kommensalismus und Parasitismus.

Mutualismus. Das beschreibt eine symbiotische Beziehung, bei der beide Organismen von ihrem »Abkommen« profitieren. Das kann viele Formen annehmen, wie beispielsweise den Ernährungs-, den Verteidigungs- oder den Bestäubungsmutualismus. Ein gutes Beispiel für Kooperation im Bereich Ernährung sind Termiten und tierische Einzeller: Die Mikroorganismen leben in einer Enddarmkammer in den Termiten und bauen die Zellulose in dem Holz ab, das die Termiten fressen – damit helfen sie den Termiten bei der Verdauung. Die Protozoen selber profitieren auch von dieser Vereinbarung, da sie in den Termiten einen Lebensraum finden und eben Zugang zu Nahrung haben. Auch wir kennen solche Kooperationen mit den Bakterien in unserem Darm, und noch viele andere Lebewesen sind auf solche kleinen Helferlein angewiesen, beispielsweise die Kühe mit ihren Gärkammern im Bauch. Ohne Bakterien und Co. könnten sie die Zellulose ihrer pflanzlichen Nahrung gar nicht aufspalten.

Bestimmte Ameisenarten und Pflanzen gehen ebenfalls eine profitable wechselseitige Beziehung ein, bei der die Ameisen die Pflanzen vor Fraßfeinden und anderen Bedrohungen schützen, während die Pflanzen den Ameisen ebenfalls Nahrung und Schutz bieten. Und auch das Verhältnis zwischen Bestäuberin und Pflanze basiert auf dem Prinzip des Mutualismus: Die Pflanze bietet der Hummel eine Belohnung in Form von Nektar und Pollen an, dafür werden ihre Pollen auf andere Pflanzen übertragen, während die Hummel von Blüte zu Blüte fliegt. Die Hummel kann sich den Bauch vollschlagen, die Pflanze kann sich fortpflanzen – so haben beide Parteien was davon.

Kommensalismus. Das ist eine Symbioseform, bei der eigentlich nur ein Organismus profitiert. Der Symbiosepartner erhält zwar keinen Vorteil, aber auch keinen Nachteil.

Ein gutes Beispiel dafür ist die Phoresie, was bedeutet, dass ein Organismus einen anderen als Taxi benutzt. Im Käferalltag ist das recht weit verbreitet: Kleine Milben heften sich an Käfer und lassen sich von ihnen zu einem anderen Ort bringen. Irgendwann steigen sie ab, und der Käfer wurde in der Regel dadurch nicht beeinträchtigt.

Während das eine temporäre Symbiose ist, gibt es davon auch eine ähnliche, dauerhafte Form: den Inquilinismus. Meistens bezeichnet er, dass ein Tier im Nest oder in einer anderen Behausung einer anderen Tierart lebt – oder manchmal auch direkt auf dem Tier –, seinem »Wirt« dabei aber nicht schadet. Es gibt beispielsweise immer kleine wirbellose Tiere, die in Ameisen- oder Termitennestern wohnen und dort von Essensresten oder Kot leben. So eine Beziehung kann sich auch in Richtung Mutualismus verschieben, wenn irgendwann doch beide Arten etwas davon haben, beispielsweise weil das Ameisennest dann sauberer ist.

Inquilinismus wird gern mal mit Parasitismus verwechselt, da es hier einen Wirt gibt. Dieser hat jedoch, wie schon erwähnt, keinen Nachteil bei der Sache – deshalb greift diese Definition nicht. Aber der Parasitismus gehört auch zu den symbiotischen Beziehungen, deshalb ist er als Nächstes dran.

Parasitismus. Das ist eine symbiotische Beziehung, bei der ein Organismus, der Parasit, auf Kosten des anderen Organismus, des Wirts, von ihm profitiert. Auch hier gibt es verschiedene Formen: Beim Ektoparasitismus sitzt der Parasit auf der Körperoberfläche des Wirts und ernährt sich von Geweben oder Körperflüssigkeiten – Zecken und Säugetiere haben beispielsweise so eine parasitäre Beziehung, bei der sich die Zecken auf der Haut des Wirts festsetzen und sich von dessen Blut ernähren, wodurch sie Krankheiten übertragen und dem Wirt Schaden zufügen können.

Ähnlich verhält es sich mit Bandwürmern, die im Verdauungstrakt des Wirts leben und Nährstoffe aus der Nahrung des Wirts aufnehmen, was zu Mangelernährung und anderen gesundheitlichen Problemen führen kann. Da der Bandwurm innerhalb des Wirtes lebt, bezeichnet man dieses Phänomen als Endoparasitismus. Später steigen wir noch etwas tiefer in die Thematik ein.

Die Blattlauskuh

Vielleicht ist dir der Anblick schon einmal auf dem Weg zur Arbeit, beim Müllraustragen oder beim Spaziergang im Wald aufgefallen: Pflanzen, auf denen es vor Ameisen nur so wimmelt. Und wenn du dann näher herantrittst, siehst du, dass es nicht nur Ameisen sind, sondern dass diese mit anderen Tieren interagieren: mit Blattläusen, die gerade jetzt im Juni so richtig in Form kommen, zum Leidwesen vieler Gärtnerinnen und Gärtner.

Wusstest du, dass Blattläuse zu den ältesten Bewohnern unseres Planeten gehören? Mit über zweihundert Millionen Jahren auf dem Buckel haben diese kleinen Kerlchen wirklich bewiesen, dass sich das Konzept »Blattlaus« lohnt. Und mit über fünftausend bekannten Arten weltweit ist es kein Wunder, dass man Blattläuse auf jedem Kontinent außer der Antarktis finden kann.

Diese Insekten gibt es in einer Vielzahl von Farben und Mustern, wobei die meisten Arten nach ihren bevorzugten Wirtspflanzen benannt werden. Einige bekannte Beispiele sind die Rosenblattlaus, die Grüne Pfirsichblattlaus und die Gefleckte Kartoffelblattlaus. In den letzten Jahren wurden eine Reihe exotischer Blattlausarten in neue Regionen eingeführt, was für lokale Pflanzen und Landwirtschaft zu Problemen führen kann. Das berühmteste Beispiel ist die Reblaus, die im neunzehnten Jahrhundert fast alle europäischen

Weinbaugebiete zerstörte, nachdem sie aus Amerika eingeschleppt worden war.

Das klingt alles recht negativ, aber es ist nicht so, dass Blattläuse nur »schaden« (Obacht, so was ist wieder eine menschliche Perspektive). Sie bieten eine sehr wichtige Futterquelle für eine Menge Tierarten, außerdem tragen auch sie ihren Teil dazu bei, die Vegetation zu kontrollieren. Viele Blattlausarten haben zudem eine besondere Beziehung zu Ameisen, die ihnen Schutz im Austausch für eine süße Substanz namens Honigtau bieten.

Honigtau wird von Blattläusen als Nebenprodukt ihrer Verdauung von Pflanzensäften produziert. Er enthält Zucker und Aminosäuren, die für die Ameisen attraktiv sind und einen großen Teil ihrer Nahrung ausmachen können. Um dieses flüssige Gold zu gewinnen, klopfen Ameisen mit ihren Fühlern rhythmisch auf den Hintern der Blattläuse, was man als »Betrillern« bezeichnet. Aus dem Hinterleib der Laus tritt dann der Honigtau aus, den die Ameise aufnimmt und entweder direkt isst, oder aber sie speichert ihn in ihrem Kropf und trägt ihn ins Nest.

Die Ameisen tun alles, um einen ständigen Nachschub an Honigtau zu gewährleisten. Dazu gehört auch, dass sie Blattlauskolonien kultivieren und schützen und sie bei Bedarf sogar zu neuen Futterstellen bringen.

Die Ameisen profitieren von dieser Vereinbarung, indem sie eine zuverlässige Nahrungsquelle erhalten, während die Blattläuse Schutz und einen sicheren Ort zum Leben und Vermehren bekommen. In manchen Fällen verteidigen die Ameisen die Blattläuse sogar vor natürlichen Feinden und Parasiten, was die Fitness der Blattlauskolonie weiter steigert.

Wenn du das vorherige Kapitel aufmerksam gelesen hast, wirst du vielleicht direkt denken: Ah, Mutualismus! Stimmt auch. Es ist eine symbiotische Beziehung, bei der beide Parteien profitieren. Allerdings ist diese Symbiose auch nicht ganz freiwillig, denn die Blattläuse müssen zu ihrem »Glück« durchaus etwas gezwungen werden. Um sicherzustellen, dass die Blattläuse nicht doch abhauen, beißen die Ameisen ihnen die Flügel ab und sondern auch eine Chemikalie ab, die das Wachstum von Flügeln darüber hinaus unterdrückt. Weitere Chemikalien benebeln die Läuse, sodass sie recht passiv werden und nicht mehr groß herumwandern. Setzt dann doch mal eine Blattlaus ihre Ausbruchfantasie um und wird von den Ameisen erwischt, wird sie kurzerhand gefressen. Diese Symbiose ähnelt also ehrlich gesagt eher einer Geiselnahme. Hüstel.

Ameisen

Aber bleiben wir doch gerade mal bei den Ameisen, denn auch die erreichen jetzt im Sommer ihr volles Potenzial, da endlich wieder richtig viel Nahrung vorhanden ist.

Auf meinem Weg über den kleinen und überwucherten Waldfriedhof in der Nähe eines bayrischen Dorfs wird mir bewusst, wie viel Geschichte mich umgibt. Die Gräber, von denen viele schon sehr alt sind, berichten von längst vergangenen Leben. Einige der Grabsteine sind gut gepflegt und mit frisch geschnittenen Blumen geschmückt, während andere von Ranken überwuchert sind und offensichtlich seit vielen Jahren nicht mehr besucht werden.

Während ich gehe, ziehen sich die Wolken über mir dunkel zusammen, und ich spüre, wie ein leichter Nebel aufsteigt. Trotz der feuchten Luft zieht es mich weiter, und ich setze meinen Weg zwischen den Grabstätten fort.

Als ich um eine Ecke biege, bin ich überrascht, einen Ameisenhügel inmitten der Gräber zu sehen. Es ist ein kleiner Hügel, nicht viel größer als ein Basketball, aber er wuselt vor Leben. Ich beschließe, anzuhalten und die Ameisen eine Weile zu beobachten. Manche scheinen nichts zu tragen und mit leeren »Händen« in den Bau zu gehen, aber vielleicht haben sie Nahrung im Kropf. Andere Individuen der geschützten Roten Waldameise (*Formica rufa*), die ich hier vor mir habe, tragen kleine Körnchen zwischen ihren Mundwerkzeugen. Es ist erstaunlich zu sehen, wie gut sie organisiert sind, denn jede der Arbeiterinnen scheint genau zu wissen, was sie zu tun hat.

Ameisen sind kleine, aber äußerst effektive Insekten, die in fast allen Teilen der Welt zu finden sind. Es gibt zwanzig Billiarden Individuen auf der Welt, was bedeutet, dass sie zu den häufigsten Tieren auf unserem Planeten zählen – und dass ungefähr jedes einhundertste Tier eine Ameise ist! Es gibt richtig viele Arten, über zwanzigtausend, bei uns in Europa finden wir jedoch »nur« 200, von denen 110 in Deutschland, 122 in Österreich und sogar 132 in der Schweiz vorkommen. Leider ist auch hier der Verlust von artgerechtem Lebensraum eine große Bedrohung für das Überleben dieser Insekten. Die Population der heimischen Ameisenarten ist, wie die Populationen vieler Insekten, auf dem absteigenden Ast. Eine Art gilt sogar schon als ausgestorben, über siebzig Prozent der anderen Arten sind bestandsgefährdet. Das hat teilweise skurril anmutende Gründe: Die Große Wiesenameise (*Formica pratensis*) beispielsweise war auf das Vorhandensein von Truppenübungsplätzen angewiesen, die aber in

Größe und Anzahl mehr und mehr zurückgehen. Die schweren Fahrzeuge hatten quasi die Funktion der Megafauna übernommen, von der ich ja schon erzählt habe: Sie pressen den Boden zusammen und verhindern, dass sich Büsche und andere Pflanzen ausbreiten. So hatten die Ameisen große, freie und sandige Flächen, die sie perfekt besiedeln konnten. Diese Lebensräume fehlen jetzt zunehmend. Allerdings sind Ameisen Anpassungskünstler. So haben diese Arten neue Standorte für sich entdeckt, beispielsweise aufgegebene Güterbahnhöfe.

Ameisenvölker gibt es in verschiedenen Größen. Manche bestehen nur aus maximal einigen hundert Tieren, andere jedoch können mehrere Millionen Individuen stark werden. Das hängt so ein bisschen von der Art ab. Innerhalb der Kolonien gibt es meist drei verschiedene Gruppierungen, die wir als »Kasten« bezeichnen. Zur ersten Kaste gehören die sexuell aktiven Weibchen, also die Königinnen. In großen Völkern gibt es häufig mehrere von ihnen, und die Monarchinnen mancher Arten können richtig alt werden: Die Königin unserer Roten Waldameisen von eben bis zu zwanzig Jahre!

Neben den Königinnen gibt es noch die Männchen und die Arbeiterinnen. Die Männchen haben den Daseinszweck, die Königinnen zu befruchten, während sich die Arbeiterinnen, die sexuell nicht vollständig entwickelt sind, für den Rest der Gemeinschaft abrackern. Obwohl Ameisen zu den *Hymenoptera* – also den Hautflüglern – gehören, wie Bienen und Wespen, entwickeln nur die Männchen und Königinnen Flügel, um den Hochzeitsflug und die Paarung zu ermöglichen. Die Arbeiterinnen bleiben flügellos.

In einem Ameisenstaat gibt es vielfältige Berufsgruppen. Außerhalb des Nestes werden Jägerinnen und Sammlerinnen benötigt, Wächterinnen, die »Müllabfuhr« und Läusemelkerinnen. Innerhalb des Nestes muss die Königin versorgt werden, genau wie der Nachwuchs, außerdem muss das Nest instand und sauber gehalten werden, eventuell muss gegraben werden, und so weiter. Die beruflichen Verantwortungsbereiche von Ameisen können sich im Laufe ihres Lebens auch ändern: Jüngere Arbeiterinnen konzentrieren sich zunächst auf Aufgaben im Nest, während ältere Ameisen häufig außerhalb arbeiten.

Meisterinnen der Hygiene

Wenn man sich vorstellt, dass da gern auch mal ein paar Millionen Individuen auf einem, haha, Haufen leben (ja, sorry), fragt man sich vielleicht: Wie zur Hölle kriegen die das hin, im warmen und feuchten Ameisenhaufen zu wohnen, ohne von Keimen überrannt zu werden? Wenn ich mir vorstelle, wie es schon auf Schulklos oder öffentlichen Toiletten aussieht, die von ein paar hundert Menschen am Tag genutzt werden ... Ameisen haben jedoch einen ausgeprägten Sinn für Nesthygiene und ergreifen unentwegt Maßnahmen, um die Gesundheit und Sauberkeit ihrer Kolonie zu gewährleisten. Wenn eine ihrer Schwestern stirbt, lassen sie den Kadaver nicht im Bau verrotten, sondern tragen ihn zu einer Art Friedhof hinaus. Dabei riskieren die dafür zuständigen Ameisen ihr Leben und setzen die Bedürfnisse der Kolonie an erster Stelle. Schließlich könnten sie sich bei ihren verstorbenen Kolleginnen mit Pilzsporen oder Ähnlichem infizieren.

Übrigens: Um nicht für eine Leiche gehalten zu werden, wenn sie sich ausruhen, produzieren lebendige Ameisen einen ganz bestimmten Duftstoff, der ihren Mitbewohnerinnen signalisiert: Hey, ich bin am Leben, bitte liegenlassen. Es ist also nicht so wie bei uns, dass es nach Verwesung müffelt und man dann weiß: Japp, alles klar, der Peter ist tot, und das nicht zu knapp. Es ist genau andersherum: Man muss

nach Leben riechen, um als lebendig wahrgenommen zu werden. Und wenn eine Ameise stirbt, hört sie ziemlich schnell auf, nach einem lebendigen Tier zu riechen, und schon eine Stunde nach Eintritt des Todes wird die Verstorbene abtransportiert. Für Fjodor Dostojewski wäre ein solcher Duftstoffmechanismus genau das Richtige gewesen. Der russische Schriftsteller neigte zu tiefem Schlaf und hatte große Angst davor, für scheintot gehalten und lebendig begraben zu werden. Aus diesem Grund legte er sich vorm Schlafengehen immer einen Zettel neben sein Bett, auf dem stand: *Sollte ich in einen lethargischen Schlaf fallen, begrabt mich nicht vor fünf Tagen!*

Über die Nesthygiene hinaus praktizieren Ameisen auch die sogenannte »soziale Immunität«, bei der sie sich selbst reinigen und sich auch untereinander dabei helfen, sich sauber zu halten. Wenn eine Arbeiterameise von einem Außeneinsatz zurückkommt und eine Pilzspore oder ein anderes gefährliches Pathogen auf ihrem Körper trägt, reinigen ihre Kolleginnen sie durch Lecken und Beißen, um die Substanz zu entfernen. Dies ist auch für die Putzkolonne von Vorteil, da sie sich so nicht anstecken, aber durch den Kontakt mit dem Erreger eine gewisse Immunität aufbauen können, die ihnen später nützlich sein kann.

Außerdem verwenden die Tiere bestimmte Substanzen, wie ausgehärtetes Harz von Nadelbäumen, um das Wachstum von Bakterien und Pilzen zu hemmen. Diese kollektive Anstrengung hilft ihnen, ihre Brut vor Krankheitserregern zu schützen und ein sauberes und hygienisches Nest zu haben.

Doch schauen wir uns mal an, welche Ameisenarten wir im Sommer in unseren Breitengraden häufig treffen:

Blattschneiderameisen

Blattschneiderameisen sind bei uns nicht heimisch, wurden aber eingeschleppt und sind dafür bekannt, dass sie sehr große Ameisenvölker bilden, wenn sie einen geeigneten Platz gefunden haben. Das liegt daran, dass die Ameisenkönigin dieser Art im Laufe ihres Lebens bis zu hundertfünfzig Millionen Arbeiterinnen produziert. Ein aktives Nest kann leicht zwei Millionen Ameisen beherbergen.

Das Besondere an dieser Ameisengruppe ist ihre Ernährung: Sie nutzen ihre sehr scharfen Mundwerkzeuge, um Blätter von umstehenden Pflanzen zu zerkleinern und zu einem schwammähnlichen Substrat zu zerkauen, das von vielen Tunnelröhren durchzogen ist. Auf diesem Substrat wächst dann ein Pilz, mit dem sie in Symbiose leben: *Leucoagaricus gongylophorus*. Dieser Pilz ist die eigentliche Nahrung der Blattschneiderameisen und wird von ihnen in unterirdischen Gärten gezüchtet und mit ihrem Kot gedüngt. Die kleinen sechsbeinigen Bauern pflegen und schützen ihren Pilz und tragen ihn sogar in andere Nester, um ihn dort weiterzuvermehren. Clever, oder?

Noch ein Fun Fact (na ja, für die Ameisen *not so funny*, wirst du gleich sehen): Innerhalb der Blattschneiderameisen gibt es die Kaste der »Soldaten«. Diese haben sehr große und starke Mundwerkzeuge, mit denen sie richtig heftig zubeißen können – und klein sind diese Tiere auch nicht gerade. Und wenn die einmal zubeißen, lassen sie auch so schnell nicht mehr los. In einigen Regionen auf der Welt macht man sich ihre Beißkraft zunutze und setzt sie an die Ränder von offenen Wunden. Beißen sie zu, verschließen sie damit die Wunde. Leider schneidet man ihnen dann die Köpfe ab, sodass die Köpfe an der Wunde hängen und sie zusammenhalten, bis der natürliche Heilungsprozess abgeschlossen ist.

Feuerameisen

Der Schrecken meiner Kindheit, wirklich. Feuerameisen, auch bekannt als Solenopsis und an ihrer charakteristisch roten Farbe leicht zu erkennen, sind kleine Ameisen, die in tropischen und subtropischen Regionen weltweit vorkommen, aber auch schon lange bei uns eingeschleppt sind. Sie sind besonders bekannt für ihre recht kurze Lunte und ihre Fähigkeit, schnell und in großen Gruppen zu agieren – und anzugreifen.

Sie bauen ihre Nester unter Steinen oder auf der Erdoberfläche und sind häufig in Gärten und Parks zu finden. Manchmal findet man auch sogenannte »Biwaknester«, das bedeutet, dass sie sich einfach zu einer Art Ball formen und so, äh, wohnen.

Ernährungstechnisch sind sie »Diebsameisen«, überfallen also andere Ameisenvölker und stehlen ihnen Brut und Nahrung. Manchmal leben sie auch in den Nestern anderer Ameisenarten, um noch leichter Zugang zur Beute zu haben. Die kleinen roten Kerlchen sind auch sehr territorial und verteidigen ihr Nest und ihr Gebiet aggressiv gegen Eindringlinge. Das musste ich als Kind auch schon am eigenen Leib erfahren. Die Bisse der Feuerameise tun ziemlich weh und hinterlassen kleine rote Blasen auf der Haut.

Rossameisen

Rossameisen sind in der Regel größer als andere Ameisenarten und können eine Länge von bis zu zwei Zentimetern erreichen, was für Ameisen echt eine Hausnummer ist. Sie haben eine braune oder schwarze Farbe und eine glänzende und markante Schuppenstruktur auf ihrem Körper.

Ihre Nester bauen sie bevorzugt in Holz und nutzen ihre starken Kauwerkzeuge, um Gänge auszuhöhlen. Normalerweise nisten sie sich in totem, feuchtem Holz ein, aber die Ameisen können auch Teile von lebenden Bäumen aushöhlen oder das ein oder andere Holzgebäude befallen. Anders als Termiten fressen sie das Holz jedoch nicht.

Die Braunschwarze Rossameise (*Camponotus ligniperda*) zählt zu den größten in Mitteleuropa vorkommenden Ameisenarten und kann auch bei uns angetroffen werden. Sie ist eine der Arten, die Blattläuse farmen, um sich von ihrem Honigtau zu ernähren.

Der Zoologe Friedrich Blochmann beschrieb vor über hundert Jahren zum ersten Mal, dass Bakterien der Gattung *Blochmannia* eine Symbiose mit Rossameisen führen, indem sie sich im Darm der Ameisen ansiedeln. Allerdings glaubte er zunächst, dass es sich um Pilzsporen handelte, was spätere Wissenschaftler korrigierten. Diese Partnerschaft besteht vermutlich schon seit mehr als fünfzig Millionen Jahren, und die Bakterien, die in den Ameisen leben, üben sogar genetische Kontrolle über entscheidende Phasen der frühen Entwicklung der Rossameisen aus, um den Ameisenembryo in eine perfekte Unterkunft für sich selbst umzuwandeln. Dabei gibt es ein regelrechtes Gerangel zwischen den Genen der Bakterien und denen der Ameise, um sicherzustellen, dass keiner der Partner überhandnimmt und beide von der Entwicklung profitieren.

Gemeine Rasenameisen

Bei der Gemeinen Rasenameise (*Tetramorium caespitum*) steht das »A« in »Ameise« für »aggro« – sie hat Kolonien mit bis zu achtzigtausend Arbeiterinnen und ist dafür bekannt, mit anderen Ameisenkolonien zu kämpfen. Und das oft. Sehr oft. Sie ernährt sich von Aas, aber auch von den Ausscheidungen von im Boden lebenden Tieren, die sich wiederum von Pflanzensäften ernähren – also quasi das ähnliche Konzept wie mit den Blattläusen. Das macht sie auch mit den Raupen von Bläulingen, die im Bau der Ameisen leben dürfen und geduldet werden, solange sie ihnen Nahrung liefern. Tiere, die in Ameisenbauten wohnen und von den Ameisen akzeptiert werden, bezeichnet man übrigens als »Ameisengäste« – *yes, it's a thing*.

Waldameisen

Waldameisen sind eine komplett durchorganisierte Spezies, die für ihre strenge soziale Hierarchie und ihre Fähigkeit bekannt ist, kleine Nutztiere zu halten und durch Anbau von Pilzen Landwirtschaft zu betreiben. Waldameisen spielen auch eine wichtige Rolle bei der Verbreitung vieler Pflanzensamen, während sie ihrem täglichen Geschäft nachgehen. Am bekanntesten ist natürlich die Rote Waldameise, um die es eben schon ging. Sie baut teilweise echt große Ameisenhaufen aus Fichten- oder Kiefernadeln, doch gibt es auch noch viele andere Arten, die jedoch recht klein sind und vielen Menschen oft nicht so auffallen.

Innerhalb der Kolonie herrscht eine klare Arbeitsteilung.

Auch hier kommt die unfruchtbare, flügellose Arbeiterameise zahlenmäßig am häufigsten vor, und in großen Kolonien gibt es mehrere hundert fruchtbare Königinnen. Jetzt im Juni kann man bei Spaziergängen die geflügelten Männchen beobachten, die an den Hochzeitsflügen teilnehmen, um sich mit den Königinnen zu paaren. Bei diesen Flügen sammeln die Königinnen einen riesigen Vorrat an Spermien, der sie für ihr zwanzigjähriges Leben versorgt und den sie in einem speziell dafür ausgerichteten Organ aufbewahren.

Es gibt viele weitere spannende Ameisenarten. Aber bevor wir wieder von den Knien hochkommen und die Ameisen verlassen, mag ich dir noch von einem sehr seltsamen Phänomen erzählen.

Ameisenmühlen

Einmal, als ich etwa acht oder neun Jahre alt war, gingen mein Vater und ich in einem Frankfurter Park spazieren. Irgendwann sah ich etwas richtig Seltsames: eine wirbelnde Masse von Ameisen, die sich alle in einem scheinbar zufälligen und chaotischen Muster in einem schnell rasenden Kreis bewegten.

Wenn Ameisen auf Nahrungssuche sind, kommunizieren sie miteinander und orientieren sich mithilfe von Pheromonen, also chemischen Signalen, die von ihnen produziert und als Spur hinterlassen werden. Besonders die Wanderameisen sind darauf angewiesen, da sie im Gegensatz zu anderen Arten blind sind und den Pheromonspuren anderer Ameisen folgen. Normalerweise legt eine Ameise auf Futtersuche eine Pheromonspur vom Nest zur Futterquelle, auf der die anderen Ameisen der Kolonie dann hin und her tippeln. Wenn die Futterquelle nicht mehr verfügbar ist, kehren die Ameisen zum Nest zurück.

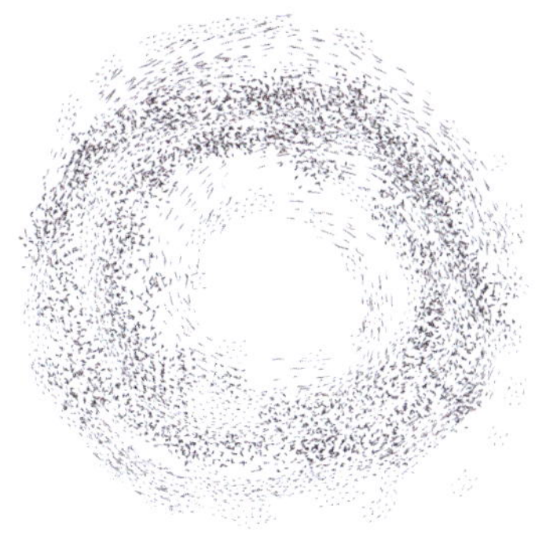

Unter bestimmten Umständen kann die Pheromonspur jedoch unterbrochen oder anderweitig durcheinandergebracht werden, was zur Bildung einer sogenannten »Ameisenmühle« führt – eine grausame Todesfalle. Die Ameisen folgen weiterhin der Pheromonspur, die aus welchem Grund auch immer in einem kreisförmigen Muster gelegt wurde. Das Ergebnis ist eine »Mühle« von Ameisen, die sich ständig im Kreis bewegen.

Eine Ameisenmühle kann ein großes Problem für die Kolonie sein, da die Ameisen, die in der Mühle gefangen sind, nicht in der Lage sind, weiter nach Nahrung zu suchen oder andere wichtige Aufgaben zu erfüllen – je mehr Ameisen aus der Kolonie in ihr gefangen sind, umso schlimmer. In Extremfällen ist das ganze Nest unterwegs, sodass die Larven im Nest und die Königin verhungern, weil sich niemand mehr um sie kümmert. Die in der Mühle gefangenen Ameisen laufen oft bis zur Erschöpfung und sterben. In manchen Fällen kann die Ameisenstraße durchbrochen werden, wenn einige Ameisen den Weg aus dem Kreis herausfinden oder die Pheromonspur gestört wird. In anderen Fällen kann eine Ameisenmühle jedoch mehrere Tage oder sogar Wochen bestehen bleiben.

Die Realität eines Computerspiels

Gerade haben wir ja sehr viel über Symbiosen gesprochen und wie positive symbiotische Beziehungen Ameisen auch helfen. Und hier und da habe ich erwähnt, wie Ameisen vor allem darauf achten, sich nicht mit Pilzsporen zu infizieren. Das ist eine der größten Gefahren für diese Insekten, und ich erzähle dir jetzt, wieso. Dafür reisen wir tatsächlich mal kurz raus aus Europa, und zwar in die tropischen Gebiete unserer Welt.

Ich *liebe* Videospiele, schon seit jeher. *The Last of Us* ist eine bekannte Game-Reihe, deren Plot von einem Pilz inspiriert wurde. Dieser Pilz, *Ophiocordyceps unilateralis*, ist ein parasitärer Pilz, der in den Tropen vorkommt und verschiedene Wirte hat. Er hat eine keulenartige Form und vermehrt sich durch Sporen, die jedoch die Körper von Ameisen brauchen, um zu keimen. Sobald die Sporen auf dem Panzer der Insekten landen, beginnen die Pilzhyphen, also die Fäden des Myzels, in den Ameisenkörper hineinzuwachsen und das Gehirn zu durchdringen. Der Pilz übernimmt dann die Kontrolle über die Ameise und lenkt sie an eine Stelle, an der er gut wachsen kann, wie zum Beispiel die Unterseite von Blättern oder auf Rinde. Dort beißt sich die Ameise fest und stirbt, während der Pilz zu seinem vollen Potenzial heranwächst. An manchen Orten kann man regelrechte Ameisenfriedhöfe finden, voller Kadaver, aus denen die Pilze wachsen – das muss ein heftiger Anblick sein. Die Pilze reifen heran, und die Sporen fallen dann hinunter und infizieren erneut nichtsahnende, auf dem Boden herumlaufende Ameisen, um den Zyklus zu wiederholen. Um dem zu entgehen, gibt es viele Ameisenarten, die ihre Nester in höheren Bereichen von Bäumen bauen, um sich vor der Gefahr der herabfallenden Sporen zu schützen.

Aber, und jetzt reisen wir wieder zurück nach Deutschland: Auch bei uns findet man solche Mechanismen.

Der Kleine Leberegel (*Dicrocoelium dendriticum*) zum Beispiel ist ein Parasit, der Schafe befällt. Sein Lebenszyklus ist jedoch komplex, und da er nicht einfach von Schaf zu Schaf marschieren kann, braucht er zwei Zwischenwirte: Schnecken und Ameisen.

Zunächst nehmen Schnecken die Parasiteneier, die von

Schafen über den Schafskot ausgeschieden werden, mit ihrer Nahrung auf – Schnecken lieben Kot, genau wie viele andere Tiere. In ihnen entwickeln sich die Larven des Kleinen Leberegels und wandern in die Mundhöhle der Schnecke, wo sie gemeinsam mit Schleimbällchen ausgeschieden werden.

Das ist übrigens auch der Grund, wieso man immer die Hände waschen sollte, nachdem man eine wilde Schnecke angefasst hat – denn auch wir Menschen können Fehlwirte (also ungeeignete, versehentliche Wirte) für diesen Parasiten sein, und glaub mir, das willst du nicht. Eine Infektion mit diesen Parasiten führt zu Störungen im Magen-Darm-Trakt und Gallenkoliken. Deswegen ist es besonders wichtig, Kindern beizubringen, Schnecken nicht anzufassen oder wenn, dann sofort die Hände zu waschen. Gerade bei den Kleinen landet so eine Hand ja schnell im Mund.

Zurück zu den Schnecken: Diese ausgeschiedenen Schleimbällchen werden von Ameisen gefunden und gerne gefressen – zack, nun ist der Leberegel im zweiten Zwischenwirt. Um von der Ameise jetzt aber endlich in ein Schaf zu gelangen, muss der Leberegel einen kleinen Trick anwenden – normalerweise rennen Schafe ja nicht herum und snacken Ameisen. Also wandert eine Larve in den Kopf der Ameise und setzt sich in einem Nervenknoten der Mundwerkzeuge fest. Der Parasit übernimmt von nun an die Kontrolle über die Ameise. Anstatt jetzt abends nach dem getanen Tagwerk ins Nest nach Hause zu gehen, marschiert die Ameise wie ferngesteuert einen Grashalm hoch und verbeißt sich darin. Durch den Krampf in den

Mundwerkzeugen ist sie dazu gezwungen, die ganze Nacht an der Pflanze zu verharren, bis sie am nächsten Morgen von Schafen zufällig mitgefressen wird. Wenn dies nicht passiert, löst sich der Krampf durch die Wärme der Sonne auf, und sie mischt sich wieder unter ihr Volk, doch gerettet ist sie deshalb noch nicht. Denn am nächsten Abend treibt es sie erneut auf die Spitze der Grashalme. So schafft es der Leberegel, in seinen Endwirt – das Schaf – zu gelangen.

Im Videospiel ist der Verlauf einer Infektion mit dem Pilz anders, aber doch irgendwie ähnlich. Grashalme klettert da zwar niemand hoch, jedoch werden die Infizierten zu willenlosen Zombies, die einem an den Kragen wollen. Weiß ich jetzt nicht wirklich, was davon besser ist.

Der Dinosaurier in der Hecke

In diesem Buch ging es schon oft um Vögel, und auch in Bezug auf Ameisen sind sie natürlich am Start. Im Juni können wir sehr viele Vögel treffen, was natürlich eine tolle Sache ist. Diese Tiere gibt es überall, selbst in den zugebautesten Städten muss man nicht auf sie verzichten, für viele Städterinnen und Städter sind sie deshalb fast der einzige Bezug zu Wildtieren.

Bei mir in der Nachbarschaft leben Buntspechte, deren Brutzeit jetzt im Juni langsam zu Ende geht, und diese Racker stehen wirklich extrem auf die Nester Roter Waldameisen. Und nicht nur das – um sich von Parasiten wie Milben oder sogar Zecken zu befreien, nehmen diese Vögel regelrechte Bäder in den Ameisenhaufen, weil die Plagegeister die Ameisensäure so gar nicht mögen. Nach dem Ameisensäurebad zupft und sortiert der Specht sein Gefieder wieder in Form, snackt die Ameisen und die von der Säure betäubten Milben und Zecken weg und schmiert abschließend mit einem Drüsensekret aus dem Schnabel das Gefieder, damit es wieder schön wasserabweisend ist und seine Isolierfunktion aufrechterhalten wird. Kann man sich ja mal gönnen, so ein Spa-Happening.

Früher habe ich mich nicht sonderlich für Vögel interessiert, ich war immer auf Krabbeltiere fokussiert. In den letzten Jahren hat sich das aber ziemlich geändert.

Ich weiß nicht, ob dir das auch so ging, als Kind oder jetzt, aber: Zu meiner Zeit war es quasi absolut normal, eine extreme Dinophase in der Kindheit zu haben. Und was soll ich sagen: Meine hält bis heute an.

Fliegende Dinosaurier

Vögel sind sehr besondere Tiere. Sie haben die unter Wirbeltieren einzigartige Fähigkeit, sich in die Lüfte schwingen zu können, einen schnellen Stoffwechsel, der ihren Nachwuchs in Rekordzeit wachsen lässt, und ein vergleichsweise großes Gehirn, das ihnen hohe Intelligenz und extrem gut ausgeprägte Sinne verleiht.

Jetzt im Juni kommt es einem vor, als würden die Baumkronen vor lauter Vögeln geradezu explodieren. Besonders gern habe ich das Buntspechtpärchen in meiner Nachbarschaft, dessen Brutzeit diesen Monat dem Ende zugeht. Sehr oft begleitet mich ihr rhythmisches Hämmern bei der Suche nach Insekten durch meinen Tag.

Vögel sind außerordentlich beliebte Tiere, auch Wissenschaftlerinnen und Wissenschaftler beschäftigen sich schon lange und gerne mit ihnen. Seit jeher fragen sie sich: Das Rotkehlchen in der Hecke, die Meise in der Birke vorm

Haus – wo kommen die eigentlich her, also evolutionstechnisch betrachtet?

Der britische Naturforscher Thomas Henry Huxley (1825–1895), ein sehr guter Freund und Unterstützer von Charles Darwin sowie Großvater von Aldous Huxley, gehörte zu den ersten Forschenden, die die Idee der Abstammung der Vögel von Dinosauriern als echte ernstzunehmende Theorie vorschlugen. Diese Idee war zu der damaligen Zeit sehr umstritten, obwohl sie sich auf viele sehr gute Indizien stützte, die in jenen Jahren ans Licht kamen. Eines davon war das erste fossilisierte Skelett des »Urvogels« *Archaeopteryx*, das 1861 bei Solnhofen in Bayern entdeckt wurde.

Bis heute gibt es nur dreizehn fossile Exemplare, und seit 2018 kann man eins im Frankfurter Senckenbergmuseum bestaunen – das Exemplar Nummer elf mit einem ausgesprochen gut erhaltenen Federkleidabdruck. Vor hundertfünfzig Millionen Jahren lebten diese »Urvögel«, die Federn und Flügel wie ein Vogel besaßen, aber auch scharfe Krallen und einen langen Schwanz wie ein Reptil. Für die Menschen im neunzehnten Jahrhundert muss das ein ziemliches Monster gewesen sein.

Trotz all der schlüssigen Beweise und Argumente stritten sich die Leute noch weitere hundert Jahre lang darüber, ob die Vögel tatsächlich von Dinosauriern abstammten oder nicht. Und auch heute gibt es da einige Diskussionen, und zwar, ob Vögel nicht nur die Nachfahren der Dinos darstellen, sondern ob sie sogar welche *sind*.

Steve Brusatte, ein Wissenschaftler, dessen Buch *Aufstieg und Fall der Dinosaurier: Eine neue Geschichte der Urzeitgiganten* ich mit großem Genuss gelesen habe, ist der Meinung, dass sich Vögel langsam aus Dinosauriern entwickelt haben, wobei die Übergangsphase zwischen beiden Gruppen stark

verwischte. Er betrachtet Vögel als eine besondere Art von Dinos und glaubt, dass man, wenn man vor hundertfünfundzwanzig Millionen Jahren in der chinesischen Region Jinzhou spazieren gegangen wäre und einem lebenden Dinosaurier namens *Zhenyuanlong* begegnet wäre, ihn wahrscheinlich für einen großen Vogel gehalten hätte, obwohl er heute bei den Dinosauriern eingeordnet wird. Die heutige Trennung zwischen Vögeln und Dinosauriern ist in seinen Augen historisch gewachsen und nicht unbedingt auf wissenschaftlichen Erkenntnissen begründet. Natürlich wird auch diese Ansicht heftig diskutiert, und es gibt in der Paläontologie unterschiedliche Lager, von denen mal das eine Oberwasser hat, dann wieder das andere.

So oder so finde ich die Vorstellung unglaublich spannend, dass draußen vor meinem Fenster gerade sieben Dinosaurier (Krähen) auf der Stromleitung sitzen und mich beobachten.

Federn sammeln verboten

Wenn wir gerade schon bei Vögeln und Federn sind: Wusstest du, dass es in Deutschland verboten ist, Federn zu sammeln? 1899 waren die exotischen Federn in der Hutmode einer der Gründe, warum Lina Hähnle den NABU als Vogelschutzbund gründete. Es gab und gibt eine richtige Sammlerszene und einen florierenden Schwarzmarkt, vor allem natürlich für seltene Federn, die aufgrund des hohen Wertes – manche Federn können Hunderte, wenn nicht gar Tausende Euro wert sein – dazu führen können, dass Vögel wegen ihrer Federn getötet werden. Vielleicht fragst du dich jetzt: Ja gut, aber wo ist das Problem, wenn ich eine Amselfeder vom Wegrand aufhebe und mitnehme? Ganz einfach: Der Hintergrund ist der, dass ja jeder behaupten könnte, er habe eine bestimmte Vogelfeder im Wald gefunden – wie will man das nachprüfen? Deshalb hat man sich zu einem Komplettverbot entschlossen, um zu verhindern, dass Vögel wegen ihrer Federn getötet werden. Taube, Amsel, ganz egal: Die Federn müssen liegenbleiben.

Und wie erklärt man das jetzt am

besten seinen Kindern? Nun, erst einmal wird das SEK sicher nicht das Kinderzimmer stürmen, weil deine Tochter eine Vogelfeder aus dem Kindergarten mitgebracht hat. Aber das ist ein super Aufhänger, um Kindern das Thema Naturschutz nahezubringen. Man kann ihnen die Hintergründe erzählen und ihnen auch erklären, dass man Federn auch deshalb besser liegen lässt, weil andere Vögel die brauchen, um kuschlige Nester für ihre Kinder zu bauen. Stattdessen kann man dann auch schöne Fotos von den Federn machen und diese ausdrucken, um sie in das Naturtagebuch zu kleben. Ist doch auch schön, oder? Und sowieso: Wenn du so eine Feder mal unter einem Stereo-Mikroskop anschaust und siehst, wer oder was alles darauf lebt, willst du sie vermutlich sowieso gar nicht mehr mitnehmen, hehe.

Was passiert noch im Juni?

Schauen wir uns mal weiter um, was jetzt im Juni in der Natur passiert – neben Ameisen und Vögeln gibt es natürlich noch viel mehr.

Die Dachse werden erwachsen

Erinnerst du dich an den Dachs vom Anfang des Buchs? Dachse werfen einmal im Jahr Junge, meist Anfang Februar, was bedeutet, dass die Kleinen jetzt ungefähr fünf Monate alt sind.

Die ersten zwölf Wochen im Leben unserer Dachsbabys waren besonders gefährlich. Ihr Geburtsgewicht beträgt meist irgendwas zwischen siebzig und hundertzwanzig Gramm bei maximal zwölf Zentimeter Körperlänge – es

sind also wahre Winzlinge. Erst mit fünf Wochen öffnen sie die Augen und fangen langsam an, sich für die Welt um sie herum zu interessieren. Mit acht Wochen, also irgendwann im März oder April, durften sie unter der strengen Aufsicht ihrer Mutter das erste Mal den Dachsbau verlassen, um ein bisschen Außenluft zu schnuppern.

Sie beginnen, zusätzlich zur Milch feste Nahrung zu fressen, und lernen, nicht mehr im Dachsbau Häufchen zu machen, sondern bitte draußen. Das ist eine große Entlastung für die Mutter, die ansonsten dauernd damit beschäftigt ist, den Kot aus der Bude zu räumen und neues, sauberes Nestmaterial zu sammeln. Dennoch werden sie noch bis zum Alter von drei Monaten gesäugt, was eine gefährliche Zeit für die Mutter ist. Stillen ist energiezehrend, weshalb sie sehr oft rausmuss, um genug Nahrung für ihren Energiehaushalt zu finden. Bei diesem Hin und Her besteht die Gefahr, dass das Dachsweibchen im Straßenverkehr verletzt oder sogar getötet wird, was für die Dachskinder dann natürlich das Todesurteil wäre, sofern sie nicht von wohlmeinenden Menschen aufgegriffen werden.

Mit dem Erreichen der zwölften Woche ebbt die Gefahr jedoch ab. Die Kids sind jetzt groß und stark genug, um draußen zu spielen und zu toben, und jetzt im Juni wiegen sie schon fast sechs Kilo und sind weitestgehend selbstständig in der Lage, sich mit Essen zu versorgen. Dennoch wohnen sie noch bis zum Herbst zu Hause – am besten besuchen wir sie dann noch mal, oder?

Kleine Kolibris in unseren Gärten

Seit Mitte Mai können wir immer mehr Distelfalter beobachten. Das ist ein Wanderschmetterling, der im Laufe mehrerer Generationen vom afrikanischen Kontinent aus bis nach Skandinavien zieht und im Herbst wieder zurückkehrt. Die Zahl der jährlichen Distelfaltersichtungen schwankt recht stark von Jahr zu Jahr. Ebenfalls um diese Zeit gut zu beobachten sind das Kleine Wiesenvögelchen, das Waldbrettspiel, der Kleine Kohlweißling, der Kleine Fuchs, der Admiral und immer noch der Zitronenfalter.

Ganz besonders freue ich mich immer über die Taubenschwänzchen (*Macroglossum stellatarum*), ein Wanderfalter, der für viele Menschen auf den ersten Blick wie ein Mini-Kolibri aussieht.

Das ist gut nachvollziehbar, steht er doch kolibrigleich und gar nicht mal so klein vor Blüten mit tiefem Kelch, in die er seinen rund drei Zentimeter langen Rüssel taucht, um den leckeren Nektar zu schnabulieren. Das Taubenschwänzchen

fliegt dabei schnell und wendig und steuert mit dem Hinterleib sehr exakt sein Ziel an. Durch dieses Stop-and-go des Flugs ist es zudem in der Lage, in nur fünf Minuten über hundert Blüten zu besuchen. Ein längerer Aufenthalt auf einer Blüte würde dazu führen, dass die Flugmuskulatur auskühlt. Dieser helikopterartige »Stehflug« hat zudem den Vorteil, dass das Taubenschwänzchen gut vor getarnten Fressfeinden wie der Krabbenspinne geschützt ist, da es immer einen ausreichenden Abstand zur Blüte hält.

Aufgrund des Klimawandels überwintern immer mehr dieser aus dem Mittelmeerraum stammenden Falter bei uns und vermehren sich recht erfolgreich. Normalerweise sind die Schmetterlinge aus der Gruppe der Schwärmer, zu der auch das Taubenschwänzchen gehört, nachtaktiv, doch diese kleinen Kerlchen kann man auch vor der Dämmerung beobachten. Früher traf ich sie nur auf der Terrasse meiner Eltern an, mittlerweile jedoch bewirtet auch mein Dachgarten an Nachmittagen oder an lauen Sommerabenden drei oder vier von ihnen als Gäste.

Die effizientesten Jäger der Natur

Jetzt im Juni drehen die Libellen an Flüssen und Seen richtig auf. Libellen sind bekannt als die effizientesten Räuber im Tierreich – wenn du ein kleines Tier bist und dich eine Libelle jagt, hast du eine Überlebenswahrscheinlichkeit von rund fünf Prozent. Heftig, oder? Löwen und Tiger stinken dagegen so richtig ab.

Weltweit gibt es etwa fünftausend Arten, die Flügelspannweiten von bis zu vierzehn Zentimeter haben können. Ihre prähistorischen Vorfahren jedoch konnten Flügelspannweiten von bis zu siebzig Zentimeter erreichen, wobei ihr damaliger Bauplan dem heutigen sehr ähnlich ist und sich somit kaum verändert hat. Das hatte ich ja schon in dem Kapitel über die Wälder erwähnt.

Was Libellen zu so tödlichen Jägern macht, ist der Umstand, dass sie außergewöhnlich gute Flieger sind. Sie können mit ihren Flügeln schlagend wie ein Hubschrauber in der Luft stehen oder wie ein Segelflugzeug gleiten. Sie können Geschwindigkeiten von bis zu fünfzig Stundenkilometern erreichen, was wirklich verdammt schnell ist, sie sind in der

Lage, rückwärts zu fliegen, und können abrupt ihre Flugrichtung ändern.

Obwohl Libellen in den letzten Millionen Jahren sehr erfolgreich waren, sind mittlerweile rund zwei Drittel der europäischen Arten gefährdet und ein Fünftel ganz konkret vom Aussterben bedroht, aufgrund – japp, wir hatten das jetzt ja schon unzählige Male – der Zerstörung ihrer Lebensräume durch den Menschen.

Jetzt im Juni treffen wir die Frühen Adonislibellen und Frühen Schilfjäger, zwei relativ kleine Arten. Doch auch beeindruckende Großlibellen wie der Plattbauch (ein zugegebenermaßen nicht ganz so beeindruckender Name, ich weiß), die Große Blaupfeil-Libelle und die Königslibelle kreuzen unseren Weg. Auch Pechlibellen kann man jetzt entdecken, genau wie die Federlibellen, und an Flüssen fliegen nun auch die imposanten Prachtlibellen Patrouille. Die sehr bekannte Blaugrüne Mosaikjungfer tummelt sich ebenfalls im Schilf, und wenn man Glück hat, erwischt man sie bei ihrer akrobatischen Paarung.

Die Schrecken der Blattläuse

Betrete ich jetzt meinen Dachgarten und möchte in der Nachmittagssonne ein wenig lesen, kann ich sehr viele rot-schwarz-weiße Fleckchen sehen: Die Marienkäfer sind los!

Vor allem eingeschleppte asiatische Marienkäferarten und deren grauschwarze, mit orangefarbenen Seitenstreifen verzierte Larven tippeln geschäftig über meine Clematis-Blätter oder tummeln sich zwischen den Minzstängeln. Obwohl beide Arten das ganze Jahr über etwa gleich häufig vorkommen, sind Siebenpunkt-Marienkäfer im Juni etwas seltener anzutreffen. Auch, weil eingeschleppte Marienkäferarten die heimischen verdrängen. Weltweit gibt es über viertausendfünfhundert Arten, wovon man allein in Deutschland sage

und schreibe siebzig findet – hättest du das gewusst?

Marienkäfer sind überall auf der Welt heimisch und insgesamt sehr beliebt bei den meisten Menschen, gelten sie doch auch als Glücksbringer. Vor allem Gärtnerinnen und Gärtner freuen sich über die kleinen Helferlein. In der Landwirtschaft und im Gartenbau dienen sie als natürliche »Insektenschutzmittel«. Sie ernähren sich hauptsächlich von kleinen Tieren wie Blattläusen und Gallmückenlarven und können in großen Mengen von spezialisierten Firmen gezüchtet und in Gebiete mit Blattlausproblemen verbreitet werden. Eine besonders gefräßige Art ist der asiatische Harlekin-Marienkäfer, der ursprünglich nur im gewerbsmäßigen Gartenbau eingesetzt wurde, sich aber inzwischen auch in der freien Natur verbreitet hat und in vielen Regionen Deutschlands gefunden wird.

Marienkäfer gibt es in verschiedenen Größen und Farben. Der Siebenpunkt-Marienkäfer ist eine der größeren heimischen Arten und kann bis zu neun Millimeter lang werden. Der Zweipunkt-Marienkäfer hingegen ist nur halb so groß und kann rot mit schwarzen Punkten, schwarz mit roten Punkten oder auch vollständig schwarz sein. Eine weitere verbreitete Art ist der Vierzehnpunkt-Marienkäfer, der vier Millimeter lang und schwarz-gelb ist. Der Zweiundzwanzigpunkt-Marienkäfer ist zitronengelb mit schwarzen Punkten und misst fünf Millimeter. Wenn man einen Marienkäfer berührt oder in die Hand nimmt, wird man das gelbliche Sekret bemerken, das die Käfer ausscheiden, wenn sie sich bedroht fühlen. Dieses Sekret wird aus Poren in der Gelenkhaut ausgeschieden und riecht nicht nur unangenehm, sondern ist auch giftig. Es schadet dem Menschen nicht, kann aber Ameisen, die Marienkäfer angreifen und Blattläuse beschützen, in die Flucht schlagen.

Wir machen eine Foto-Lovestory!

… also ein bisschen, irgendwie. Ja, es geht um Fotos, und ja, irgendwie hat es auch mit Liebe zu tun, und zwar mit der zur Natur.

Ich habe mir überlegt, dass du für unser Juni-Projekt mal hinter der Kamera verschwindest. Du brauchst kein besonderes Equipment dafür, eine Handykamera reicht, und nein, sie muss nicht besonders teuer sein. Du kannst auch analog fotografieren, oder du greifst zu einer teureren Spiegelreflex- oder Systemkamera, das liegt ganz bei dir. Was du eben gerade dahast, ausleihen kannst und bevorzugst.

Und das ist die Idee: Was hältst du davon, eine kleine »Reportage« über einen Ort in der Natur zu machen, der dir gefällt oder der dir besonders wichtig ist? Mit Fotos und Text dazu? So gehst du vor:

1. **Überlege dir dein Motiv.** Suche dir einen Ort oder ein Ereignis aus, das du dokumentieren möchtest: ein Tag im Leben einer Eiche bei dir um die Ecke, eine Woche im »Leben« der Vegetation um die Mülltonnen hinterm Haus, der Abzug der Kraniche, ein Sonnenaufgang aus der Perspektive einer Maus – den Möglichkeiten sind hier keine Grenzen gesetzt!
2. ***Research, Baby!*** Recherchiere gründlich zu deiner Idee und informiere dich über das Thema, über das du schreiben möchtest. Nutze dazu den Rechner und such

im Internet nach relevanten Informationen. Je mehr du über das Thema weißt, desto besser kannst du dein Fotoshooting planen und deine Reportage strukturieren. Erstelle nebenbei einen Plan, welche Aufnahmen du machen möchtest und in welcher Reihenfolge du sie in deine Geschichte einfügen möchtest.

3. **Zeit für die Fotos!** Jetzt heißt es nur noch: Raus in die Natur und draufhalten. Probiere verschiedene Winkel und Kompositionen aus. Du willst einen Baum fotografieren? Super, aber versuch mal, ihn nicht einfach frontal abzulichten. Hock dich an den Fuß des Stammes und fotografiere den Stamm entlang nach oben in die Krone. Leg dich zehn Meter vom Baum entfernt hinter einen Busch und fotografiere ihn so, dass seine Blätter einen Rahmen bilden. Fotografiere die Rinde von ganz

nah, mache Detailaufnahmen der Blätter. Knie dich hin, verbieg dich, reck und streck dich – mit je mehr Perspektiven du experimentierst, umso spannender werden die Bilder!

4. **Sichtung und Bearbeitung.** Such dir die Fotos aus, die du am schönsten findest. Vielleicht kann dich auch jemand bei der Auswahl unterstützen, oder ihr macht das Projekt gleich zusammen. Denn das ist eine Idee, die man auch super als Team umsetzen kann. Wenn du magst, kannst du die Bilder nach deinem Geschmack bearbeiten, das ist aber kein Muss. Meistens sind die Bilder am schönsten, auf denen nicht noch zwanzig Filter und Presets liegen.
5. **Die Reportage.** Jetzt geht es an die finale Organisation deiner Bildauswahl. Ordne die Fotos in eine logische Reihenfolge und entscheide, wie du sie präsentieren möchtest. Du könntest sie ausdrucken und in einem Album anordnen oder einen Blogbeitrag erstellen. Du könntest auch die Fotos in der richtigen Reihenfolge auf Instagram posten, um eine Art Live-Reportage für deine Freunde und Familie zu erstellen. Wähle die Methode, die für dich am besten funktioniert und die dir am meisten Spaß macht.

Fertig!

Du könntest auch ein längerfristiges Projekt in Angriff nehmen und dich dazu entschließen, einen bestimmten Ort in der Natur oder in der Stadt über einen Zeitraum von einem Jahr fotografisch zu begleiten. Dokumentiere, wie sich Pflanzen, Tiere, Stimmung und andere Aspekte im Laufe der Jahreszeiten verändern, und erstelle daraus eine interessante Reportage. Das kannst du alles auch mit Texten oder gesam-

melten Pflanzen unterfüttern, sodass du in einem Jahr ein richtig tolles Buch hast. (Jetzt, wo ich das schreibe, kriege ich gerade total Lust, das auch zu machen. Haha! Dann leg ich mal lieber gleich los!)

JULI

Der Juli ist so ein richtig toller Sommermonat, und das nicht nur, weil meine Hündin Chloé am 5. Juli Geburtstag hat. Wenn wir durch die Landschaft wandern oder eine Radtour machen, kommen wir an farbenprächtigen Feldern vorbei, auf denen blaue Kornblumen und der wunderschöne rote Klatschmohn neben Weidenröschen und Bärenklau blühen. In den Wäldern und auf den Wiesen wimmelt es nur so von Leben, wenn die jungen Weißstörche ihre Nester verlassen und sich im Fliegen üben, um sich auf ihre erste große Reise in den Süden vorzubereiten. Die Waldschmetterlinge feiern Hochzeit, Schwimmkäfer sausen selbst durch kleinste Tümpel, Wasserläufer scheinen über die Oberfläche von Seen zu schweben.

Unsere Kaulquappen aus dem Frühjahr haben sich in kleine Frösche und Kröten verwandelt, die bereit sind, das Wasser zu verlassen und ihr neues Leben an der Grenze zwischen Land und Wasser zu beginnen. Man kann jetzt Hunderte dieser kleinen Racker auf ihren Wanderungen treffen. Auch die Libellen sind noch sehr aktiv, sie schlüpfen reihenweise aus ihren Puppen und patrouillieren an den Ufern von Bächen und Seen entlang, wobei sie die verlassenen Hüllen auf Wasserpflanzen hinterlassen. Wenn du genau hinschaust, findest du vielleicht welche an Schilfhalmen.

Bist du bereit herauszufinden, was sich im Juli alles in der Natur tut? Dann komm!

Mord ist ihr Hobby

Sicherlich hast du schon von Fingerhüten gehört und sie auch schon einmal gesehen – also die Pflanzen, nicht das Nähaccessoire. Der Rote Fingerhut (*Digitalis purpurea*) ist häufig in Gärten in Staudenrabatten zu finden, aber man trifft diese hochgiftige Pflanze auch in freier Wildbahn im Harz oder im Thüringer Wald an. Der Rote Fingerhut ist eine zweijährige Pflanze, die an Waldrändern, Waldwegen und Lichtungen auf kalkarmen, sauren Böden wächst. Im ersten Jahr ist er noch recht undercover unterwegs, im zweiten Jahr bildet er dann aber einen Stängel mit auffallenden, purpurroten oder weißen glockenartigen Blüten, die von jetzt bis zum August blühen und gern von Hummeln und Bienen bestäubt werden. Besonders hübsch: Die Blüten sind behaart und mit dunkelroten und weißen Flecken bedeckt, was eine sehr schöne Oberflächenmusterung ergibt.

Die Krimiautorin Agatha Christie war bekannt für ihr Wissen über Gifte und ihre Wirkungen, die sie oft in ihre Bücher einfließen ließ. Sie hatte als Krankenschwester gearbeitet und danach noch sechs Jahre lang in einer Apotheke – das klingt fast wie eine Grundausbildung für Kriminalschriftstellerinnen, oder? Durch ihre Berufe hatte sie ein gutes Verständnis für die Eigenschaften und möglichen Gefahren verschiedener Medikamente, Chemikalien und Gifte. In ihren Miss-Marple-Krimis tauchen häufig Figuren auf, die Gift als Mordwaffe verwenden, und Miss Marple nutzt ihr Wissen und ihre Erfahrung, um diese Verbrechen aufzuklären. Auch der Fingerhut hat mehrere Auftritte, beispielsweise in ihren Büchern *Der Tod wartet* und *Das Todeskraut*.

Fingerhüte enthalten verschiedene chemische Verbin-

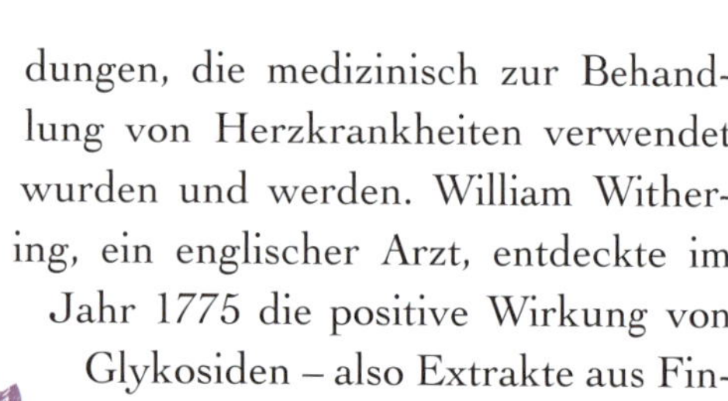

dungen, die medizinisch zur Behandlung von Herzkrankheiten verwendet wurden und werden. William Withering, ein englischer Arzt, entdeckte im Jahr 1775 die positive Wirkung von Glykosiden – also Extrakte aus Fingerhutpflanzen – auf Herzmuskelschwäche.

Obwohl es bereits frühere Hinweise auf die Verwendung von Fingerhut in der Medizin im sechsten bis zwölften Jahrhundert in nördlicheren Gebieten wie Irland gab, war es erst Withering, der die Wirkung wissenschaftlich untersuchte und damit den Einsatz von Fingerhut bei Herzinsuffizienz, also bei schwachem Herzen, einführte. In den 1930er Jahren wurde die chemische Struktur der Inhaltsstoffe von Fingerhut weitgehend entschlüsselt, von denen Digoxin und Digitoxin medizinisch wirksam sind. In hohen Dosen können diese Verbindungen jedoch extrem giftig sein und zu Symptomen wie Übelkeit, Erbrechen, Schwindel und unregelmäßigem Herzschlag führen, bis hin zu Koma und Tod. Überhaupt ist die Dosierung hier immer schwierig. Man spricht davon, dass solche Medikamente eine »geringe therapeutische Breite« haben. Das bedeutet, dass der Spielraum für eine wirksame Dosis recht gering ist: Schon ein bisschen zu wenig hat keine Wirkung mehr, aber schon ein bisschen zu viel kann giftig wirken. Heutzutage verwendet man eher andere Mittel, um Herzschwächen zu behandeln.

Auch in der Folklore hat diese Pflanze ihren festen Platz: Laut englischen und irischen Sagen dient der Fingerhut dem Elfenvolk als Kopfbedeckung. Es heißt, dass böse Feen einst den Füchsen die Blüten als Handschuhe gaben, damit diese lautlos Unheil in Hühnerställen anrichten konnten. Die

Zeichnung der Blüten soll von den Fingerabdrücken der unglückbringenden Feen stammen.

Fliegende Lichter

Jetzt im Juli kann man ein ganz besonders schönes Naturschauspiel beobachten: Glühwürmchen! Und ich möchte die Gelegenheit nutzen, dir ein bisschen über das Leuchten in der Natur zu erzählen.

Nicht nur Menschen können mit einer Handytaschenlampe herumrennen und alles erleuchten – auch einige Tiere besitzen die Fähigkeit, zu leuchten, selbst oder mithilfe von Bakterien, was als »Biolumineszenz« bezeichnet wird. Es gibt zwei Arten davon: primäres und sekundäres Leuchten.

Im ersten Fall erzeugen die Tiere Licht in ihren Leuchtorganen durch spezielle Zellen, die man als »Photozyten«, also Lichtzellen, bezeichnet. In den Photozyten befindet sich ein Enzym namens »Luziferase«, und wenn das eine Substanz namens »Luziferin« abbaut, entstehen Wärme und Licht. Wirbellose Tiere wie Insekten leuchten in der Regel selbst und tragen daher auch das Enzym und die entsprechenden Stoffe in sich. Ein schönes Beispiel für primäres Leuchten bei Wirbellosen ist das sogenannte Meeresleuchten, das früher auch als Meeresfeuer bekannt war und auch bei uns an der Nord- und der Ostsee beobachtet werden kann. Hervorgerufen wird das durch die Dinoflagellaten – kleine mit Geißeln ausgestattete Mikroorganismen – *Noctiluca miliaris* und *Pyrocystis noctiluca*. Sind sie beunruhigt, zum Beispiel bei einer sehr starken Brandung, leuchten sie auf. Ich selbst habe das noch nie live gesehen, aber ich gebe nicht auf!

Das sekundäre Leuchten ist eine andere Form der Biolumineszenz, bei der Tiere die Hilfe von leuchtenden Einzellern in Anspruch nehmen. Diese Einzeller und das Tier bilden eine Symbiose, indem das Tier in bestimmten Körperteilen, die leuchten sollen, Kammern mit den Einzellern füllt, die dann das Licht produzieren, Tintenfische zum Beispiel. Allerdings ist dieser Prozess nicht so einfach, wie er zunächst klingen mag.

Beim vorher beschriebenen primären Leuchten kann das Tier bei Bedarf selbst das Licht ausknipsen, wenn es will. Maximale Freiheit, maximale Unabhängigkeit. Strom sparen für die Umwelt, mach das Licht einfach aus!

Wenn man mit Bakterien zusammenarbeitet, geht das leider nicht so einfach, wäre ja auch zu schön. Bakterien sind wie Teenager: Man sagt denen was, aber sie tun so, als hörten sie einen nicht! Okay, ja, vielleicht können Bakterien nicht sprechen. Und ja, vielleicht haben sie keine Ohren, gut. Auch egal. Das ändert jedenfalls nichts an der Tatsache, dass man ab und zu mal ein bisschen bedeckter durch die Gegend ziehen muss, um beispielsweise nicht von Feinden entdeckt zu werden. In dem Fall bleibt einem nur eins übrig: Man muss die Gardinen zuziehen, also beispielsweise Hautlappen über das Leuchtorgan stülpen, damit man keine Moskitos anzieht. Und mit Moskitos meine ich zum Beispiel unter Wasser Fische mit viel Hunger und sehr krassen Zähnen.

Wenn man sich Vorhänge organisiert hat, ist die Zusammenarbeit mit leuchtenden Bakterien ziemlich produktiv. Und damit die eigenen Kinder später auch mal die Möglichkeit zur Symbiose mit den kleinen Rackern haben, legen Tintenfische, die zur Biolumineszenz fähig sind, diese Bakterien oft gemeinsam mit den Eiern ab, sodass sich die Babys gleich wieder »infizieren« können.

Ganz besonders beeindruckend geht meiner Meinung

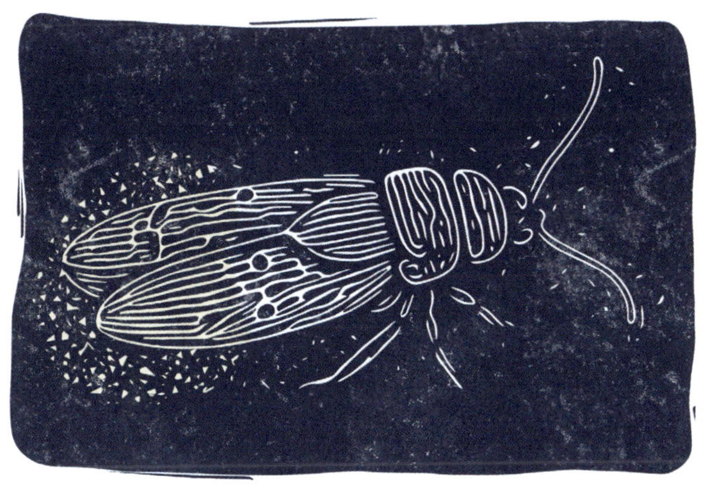

nach der Vampirtintenfisch mit Licht um: Wenn man ihn stört, stößt er eine leuchtende Wolke aus, um die Gegner zu verwirren, schaltet seine eigenen Lichter aus und macht sich vom Acker. Das nenne ich mal einen Abgang!

Aber waten wir mal wieder aus dem Meer raus und widmen uns den Tieren, von denen ich eigentlich erzählen wollte: den Glühwürmchen, wobei der Begriff »Leuchtkäfer« besser passt, denn mit Würmern haben die Kleinen nichts zu tun. In Deutschland gibt es drei heimische Arten von Leuchtkäfern: den Kleinen Leuchtkäfer, den Großen Leuchtkäfer und den Kurzflügel-Leuchtkäfer. Bei manchen Arten leuchtet das Männchen, bei anderen wiederum das Weibchen.

Hast du schon einmal ein Glühwürmchen in freier Wildbahn gesehen? Ich werde nie vergessen, als ich das erste Mal ein Glühwürmchen sah. Ich war noch ein Kind, und wir waren zu einem Fest in einer anderen Schrebergartensiedlung gegangen. Während ich auf dem Spielplatz mit anderen Kindern spielte, ging die Sonne unter. Plötzlich bemerkte ich ein Leuchten auf einem Busch. Mein bester Freund und ich liefen zusammen mit meiner Mutter hinüber, da die Ecke ziemlich dunkel und unheimlich war. Dort saß tatsächlich ein Glühwürmchen auf einem Blatt und leuchtete in die Julinacht hinaus, in der Hoffnung, von einem anderen Glühwürmchen entdeckt zu werden. Was für ein wundervoller Moment!

Glühwürmchen leben in der Regel nur wenige Wochen und verbringen ihre kurze Lebenszeit damit, Nahrung zu suchen – kleine Insekten und nektarproduzierende Pflanzen – und sich fortzupflanzen. Eines der berühmtesten Merkmale der Glühwürmchen ist ihr synchronisierter Tanz, bei dem sie gleichzeitig aufleuchten und wieder verlöschen. Von ungefähr zweitausend Leuchtkäferarten sind zwölf dazu in der Lage. Dieses Verhalten ist noch nicht vollständig verstanden, aber es wird vermutet, dass es dazu dient, potenzielle Partner auf sich aufmerksam zu machen und zu signalisieren, dass sie zur Fortpflanzung bereit sind. Und wenn wir gerade schon bei fliegenden Tieren sind, machen wir da doch direkt weiter.

Killer-Raubvögel greifen Jogger an!

… so oder ähnlich unseriös und übertrieben fallen im Juli gerne mal die Schlagzeilen in den Boulevardmedien aus.

Ja, es kommt manchmal zu Zusammenstößen zwischen Mensch und Raubvogel, vor allem jetzt während der Brutzeit.

Es ist hier jedoch wichtig, zu wissen, dass hinter diesen Angriffen keine böswilligen Absichten stecken. Greifvögel wie Mäusebussarde (*Buteo buteo*) bewachen ihre Nester sehr gründlich, und wenn sie eine Bedrohung feststellen – beispielsweise durch Menschen im Wald –, versuchen sie, uns zu verschrecken. Ist ein Bussard sehr empfindlich, kann es sogar sein, dass man einen halben Kilometer vom Nest ent-

fernt angegriffen wird, das ist aber sehr selten. In den meisten Fällen sind diese Angriffe auch nur Scheinangriffe, denn die Bussarde verlassen sich auf die Abschreckwirkung ihrer beeindruckenden Flügelspannweite, die etwa hundertzwanzig Zentimeter beträgt. Verletzungen durch Krallen, den Schnabel oder Flügel sind sehr selten und in der Regel auch gar nicht beabsichtigt. Wenn du im Juli beim Joggen also einem Bussard begegnest, ist es am besten, das Revierverhalten des Vogels zu respektieren und einen Umweg zu machen, um einen möglichen Konflikt zu vermeiden. So bist du nicht nur sicher, sondern trägst auch dazu bei, dass sich diese Raubvögel in ihrem Habitat wohlfühlen, sodass sie auch in der nächsten Saison wieder anzutreffen sind.

Streuobstwiesen: Ein bedrohter Lebensraum

Im Juli bin ich oft zu Hause bei meiner Familie, weil es in der Zeit einige Feste zu feiern gibt. Aufgewachsen bin ich in Frankfurt am Main, meine Mutter lebt aber seit rund zehn Jahren gemeinsam mit ihrem Partner in der Wetterau – dementsprechend häufig bin ich dort.

Die Wetterau liegt in Hessen, das Haus meiner Mutter und ihres Mannes ungefähr eine Regionalbahnstunde nordöstlich von Frankfurt entfernt. Diese Region ist nicht nur für ihre wunderschönen Flussauen und ziemlich guten Apfelwein bekannt, sondern auch für die vielen Streuobstwiesen, die zum Teil aus uralten Baumbeständen zusammengesetzt sind. Rund zweihundertdreißigtausend dieser hochstämmigen Obstbäumchen stehen hier in der Region herum – zur Freude von Mensch und Tier. Denn sie sehen nicht nur schön aus (vor allem während der Apfel- und Kirschblüte im Frühjahr), sondern bieten auch viele wichtige Vorteile für eine Menge Organismen in der Natur.

Wusstest du, dass es in Europa rund dreitausend Apfelsorten gibt? Als ich das zum ersten Mal gehört habe, hat es mir fast die Schuhe ausgezogen. So viele, und ich werde die alle vermutlich nie probieren! Was für eine Verschwendung. Im Handel findet man maximal sechzig Sorten, aber hier auf diesen Wiesen gibt es viele alte Regionalsorten, die man in normalen Supermärkten gar nicht kaufen kann. Diese Apfelsorten dienen aber nicht nur als Abwechslung für unsere Geschmacksknospen, sondern sind auch ein extrem wichtiges Reservoir an genetischer Diversität für unsere normalen Kultursorten. Damit wird der Genpool der Standardsorten immer mal wieder aufgefrischt, damit die Apfelbäume nicht irgendwann durch Inzuchtdepression verkümmern. Das trifft natürlich auch auf andere Obstsorten zu.

Pflanzen- und Tierarten gibt es hier in der Wetterau natürlich viele, genau wie Pilze, Flechten und Mikroorganismen. In der Krautschicht findet man Löwenzahn, Schaumkraut, Ziest, Frauenmantel, verschiedene Wegerich-Arten, viele Gräser, Gänseblümchen, Hahnenfußgewächse wie Butterblumen, auch die wohlschmeckende Knoblauchsrauke und die hübschen Taubnesseln wachsen hier überall.

An Insekten begegnen mir eine Menge Wanzenarten, Ameisen, Hummeln, Bienen und Wespen, etliche Käfer, viele unterschiedliche (Schweb-)Fliegen. Auch Schmetterlinge wie Tagpfauenauge, Kohlweißling und Admiral taumeln hier leicht angeschwipst um das Fallobst herum, und zwischen den Halmen bauen Gartenkreuzspinnen, Kürbisspinnen oder Streckerspinnen ihre Netze. Kröten und Frösche leben in der Nähe der zahlreichen kleinen Bäche, immer wieder trifft man Blindschleichen und Waldeidechsen, die sich auf kleinen Steinhaufen sonnen.

Streuobstwiesen sind also sehr artenreiche Lebensräume, die sich häufig auch durch andere die Landschaft strukturierende Elemente auszeichnen. Totholz zum Beispiel, in dem Insekten brüten, was wiederum die Vögel freut. Idealerweise findet man hier auch Trockensteinmauern, Lesesteinhügelchen und Reisighaufen. Und häufig auch sogenannte »Habitatbäume«, hast du den Begriff mal gehört?

Diese Bäume bieten besondere Lebensräume für Tiere, die an anderen Bäumen sehr selten zu finden, aber für diese Tiere von großer Bedeutung sind. Sie zeichnen sich durch ungewöhnliche Strukturen wie »günstig« ausfallende Stammverletzungen, kräftige Totäste, Rindentaschen, ausgeprägte Höhlenbildung im Stamm oder unter den Wurzeln aus. Diese Bäume sind sehr wertvoll für die Ökosysteme und daher auch geschützt.

In diesen Strukturen leben Insekten und Eidechsen, zum Teil nisten Vögel in alten, großen Totholzstämmen. Wenn man aufmerksam durch die Gegend läuft, gerne auch sehr früh oder spät, kann man Höhlenbrüter wie den Steinkauz oder auch so einige Fledermäuse treffen. Übrigens ist der Steinkauz eine Leitart für den Lebensraum Streuobstwiese. »Leitart« bedeutet, dass diese Art ganz besonders typisch für einen bestimmten Lebensraum ist. Durch das reiche Insek-

tenangebot finden wir aber nicht nur fliegende Tiere, sondern auch Kleinsäuger wie Igel, Hamster oder Mäuse, die nachts raschelnd durch die Wiese tippeln.

Überhaupt sind Streuobstwiesen (noch) Biodiversitätshotspots. Hier leben über fünftausend Tier- und Pflanzenarten, die aber mehr und mehr zurückgehen. Vor allem in den 1980er Jahren wurden viele Streuobstwiesen in Deutschland dem Erdboden gleichgemacht, um Obstplantagen mit niedrigstämmigen und ertragsoptimierten »Bäumen« (mit »Baum« haben diese mickrigen Pflanzen aber nicht mehr viel zu tun, finde ich) Platz zu machen.

Mittlerweile gehören Streuobstwiesen zu den bedrohtesten Biotopen Mitteleuropas. Zwischen 1965 und 2010 gingen sie um siebzig bis fünfundsiebzig Prozent zurück, heutzutage haben wir laut NABU nur noch rund vierzigtausend Hektar davon, was nicht viel ist. Viele der aktuellen Bestände werden nicht mehr wirklich gepflegt, oft sind sie sehr löchrig oder bestehen nur aus uralten Bäumen, auf die kein Nachwuchs folgen wird. Schlechte Agrarpolitik und ein rücksichtsloses Bau- und Siedlungswesen haben für den nachhaltigen Niedergang dieses Lebensraums gesorgt. Hoffen wir, dass die Naturschutzanstrengungen Früchte tragen und die bestehenden Wiesen erhalten werden können.

Wenn wir gerade von der Wetterau sprechen, führt an einem Tier kein Weg vorbei: dem Weißstorch.

Harte Zeiten für Amphibien

Auf dem Feld hinter dem Haus meiner Mutter brüten Weißstörche (*Ciconia ciconia*), und jedes Jahr kann man dort die Aufzucht der Jungtiere beobachten. Hier in der Gegend gibt es durch Wiederansiedelungsmaßnahmen wirklich eine richtige Storchenarmada. Diese Maßnahmen haben wohl etwas »zu gut« funktioniert: Wenn hier der Traktor das Feld umpflügt, laufen schon mal zwanzig bis dreißig Störche hinterher, um die Snacks aufzulesen. Vor allem Amphibien sind hier in der Gegend stark zurückgegangen, weil es mittlerweile vielleicht etwas zu viele Weißstörche gibt. Ist schon interessant, wie schnell so eine Maßnahme auch kippen kann. So oder so sind hier aber alle froh, den Storch wieder überall anzutreffen. Und hier und da bauen die Menschen ihre Plattformen an Häusern oder auf ihren Grundstücken zurück, um die Amphibien mal durchschnaufen zu lassen.

Bestimmt hast du schon von der Geschichte gehört, dass

der Storch die Babys bringt. Diese großen schwarz-weißen Vögel sind Glückssymbole und Stammpersonal in zahlreichen Märchen und Sagen. In vielen westlichen Kulturen kennt man ihn als Lieferservice für Babys, die er irgendwo in Höhlen oder Sümpfen findet. Wie die da hinkommen? Scheint niemanden zu jucken. Vor allem Hans Christian Andersen hat diese Story mit seinem Märchen »Die Störche« sehr beliebt gemacht. Aber wusstest du auch, dass in Thüringen die Ostergeschenke vielerorts nicht vom Osterhasen gebracht werden, sondern ebenfalls vom Storch? Ich wusste das bis vor Kurzem nämlich nicht, und das, obwohl meine Familie aus Thüringen kommt und ich mit einem Thüringer verheiratet bin. *Shame on me*.

Weißstörche sind imposante große Vögel mit einer Körperlänge bis zu einem Meter und einer Flügelspannweite von über zwei Metern. Sie sind überwiegend weiß gefärbt, mit Ausnahme ihrer charakteristischen schwarzen Schwungfedern. Ihr Schnabel und ihre Beine sind rot. Wir finden Nester in Europa, in Vorderasien und Nordafrika. Am liebsten halten sie sich in offenen und halb offenen Landschaften auf, insbesondere feuchte und wasserreiche Gebiete wie Flussauen und Grünlandniederungen werden von ihnen bevorzugt.

Die Stimme der Weißstörche ist nicht so richtig ausgeprägt und auch nicht so wichtig, da sie sich hauptsächlich über Schnabelklappern verständigen – daher haben sie auch ihren Spitznamen »Klapperstorch«. Sie klappern beispielsweise am Nest, um den Partner zu begrüßen oder um Konkurrenz abzuwehren. Auch bei der Balz wird so was von geklappert, das kann ich dir sagen.

Im Alter von etwa vier Jahren werden die Störche geschlechtsreif und brüten in der Regel von Anfang April bis Anfang August – das bedeutet, dass auch jetzt im Juli or-

dentlich Nestaktivität zu beobachten ist. Der Nistplatz der Weißstörche, wie bei vielen großen Vögeln auch als »Horst« bezeichnet, wird vom Männchen ausgewählt und befindet sich in der Nähe von ausreichend großen Nahrungsgründen, die sich in einem Umkreis von drei bis fünf Kilometern befinden. Ein Storchenpaar bleibt seinem Horst über Jahrzehnte treu und baut ihn fortwährend aus und um, weshalb so ein lange genutztes Nest auch gut und gerne mehrere Meter hoch und einige Tonnen schwer werden kann.

Die Brutzeit der Weißstörche dauert normalerweise um die dreißig Tage, in denen beide Partner abwechselnd brüten. Meistens schlüpfen zwei bis drei Küken, und die anschließende Nestlingszeit beträgt zwischen achtundfünfzig und vierundsechzig Tagen. Die Storcheneltern kümmern sich aufopfernd um ihre Kinder, allerdings kann es bei Nahrungsmangel auch zum Infantizid kommen, also zum Töten des eigenen Nachwuchses. In diesen Fällen opfern die Altvögel in der Regel das schwächste Junge, um die Überlebenschancen für den Rest der Brut zu verbessern. Klingt für uns Menschen sehr hart, solche Entscheidungen sind aber in der Natur das, was gute Elternschaft ausmacht.

Der Weißstorch ist ein Zugvogel, der jährlich von seinen Brutquartieren in Europa zu seinen Winterquartieren in Afrika südlich der Sahara fliegt. Es gibt zwei Hauptrouten, die von diesen Vögeln bevorzugt werden: die Westroute, bei der sie über Gibraltar und das Mittelmeer fliegen, um den Winter in Westafrika zu verbringen, und die Ostroute, bei der sie über den Bosporus, das Jordantal und die Sinaihalbinsel fliegen und sich dann im Sudan und Ost- bis Südafrika aufhalten.

Die anstrengende Reise dauert etwa einen bis anderthalb Monate und wird meist Mitte bis Ende August angetreten. Der Rückflug beginnt Mitte Februar in Afrika, sodass sie zwischen März und April wieder bei uns sind. Es gibt jedoch auch Weißstörche, die ihre Sommerquartiere über den Winter behalten, entweder weil sie verletzt sind und sich an menschliche Hilfe gewöhnt haben, oder weil sie ausgewilderte Tiere sind, die ein gestörtes Zugverhalten aufweisen. In letzter Zeit wurden auch vermehrt echte Überwinterer beobachtet, was dem Klimawandel zugeschrieben wird.

Perfekte Tarnung

Reisen wir mal aus der Wetterau wieder zu mir nach Hause: ab nach Hamburg. Als ich aus meiner Küche auf das Dach trete, werde ich von dem Summen Hunderter Schwebfliegen begrüßt. Ich gehe zu meinem Kräuterbeet hinüber und finde den Lavendel und die Minze umgeben von einer Wolke der winzigen bienenähnlichen Insekten. Die Julisonne scheint warm auf mein Gesicht, und eine leichte Brise trägt den süßen Duft von Kräutern in meine Nase. Als ich die Schwebfliegen genauer beobachte, stelle ich fest, dass einige von ihnen ziemlich groß sind, während andere kleiner und zarter sind. Vor allem Mistbienen und Hainschwebfliegen tummeln sich vor meinen Augen. Schwebfliegen sind Insekten, die für ihre eleganten Flugkünste bekannt sind – sie können bis zu dreihundert Mal pro Sekunde mit ihren Flügeln schlagen, um wie ein Kolibri vor einer Blüte in der Luft zu stehen. Ja, dreihundert

Schläge. Pro Sekunde. Heftig, oder? Was die für Brustmuskeln haben müssen, mein lieber Herr Gesangsverein.

Erwachsene Schwebfliegen ernähren sich von Nektar und Pollen und sind wichtige Bestäuber. Die Larven von Schwebfliegen haben recht variable Ernährungsstrategien. Es gibt Pflanzen- und Abfallfresser, Räuber oder Parasiten. Einige Larven leben in Holzmulm, futtern sich durch Blätter oder saugen sich unter der Erde an Blumenzwiebeln satt. Andere wiederum nisten sich gerne mal in Hummel- oder Ameisenbauten ein, während die auch in meinem Garten häufig vorkommende Totenkopf-Schwebfliege ihre Eier bevorzugt in Kothäufchen ablegt.

Diese kleinen Muskelprotze sind die perfekte Gelegenheit, dir den Unterschied von Mimikry und Mimese zu erklären.

Mimikry

1844 reisten die britischen Naturforscher Alfred Russel Wallace und Henry Walter Bates nach Südamerika, um Daten über den Ursprung der Arten zu sammeln. Sie beobachteten dabei vor allem die Interaktionen zwischen verschiedenen Arten und legten ein besonderes Augenmerk auf ihr Verhalten, nicht nur auf ihr Aussehen oder ihre systematische Kategorisierung. Dabei fiel Bates auf, dass bestimmte Schmetterlinge aus der Familie der Weißlinge Edelfalter imitierten, um nicht von Raubtieren gefangen zu werden. Er schloss daraus, dass die Edelfalter ungenießbar oder giftig sein mussten und die weißen Schmetterlinge sie zu ihrem Schutz nachahmten.

Dieses Prinzip kennen wir heute als Bates'sche Mimikry, was die am häufigsten vorkommende Art der Mimikry ist, und auch Schwebfliegen verfolgen dieses Prinzip. Sie geben vor, stachelbewehrte Wespen zu sein, damit man sie in Ruhe lässt – dabei sind sie einfach nur harmlose Fliegen.

Das kann man auch ganz gut erkennen, wenn man das Tier von Nahem sieht: Fliegen haben nur zwei Flügel, Bienen und Wespen vier. Außerdem haben Fliegen runde und sehr große Augen. Wespen und Bienen hingegen haben ihre ovalen und kleineren Augen relativ seitlich am Kopf.

Es gibt noch die Müller'sche Mimikry, die ein bisschen anders funktioniert. Hier sehen verschiedene Arten giftiger Schmetterlinge sehr ähnlich aus, haben sich also einander optisch angepasst. Diese »normierten« kollektiven Warntrachten sollen ebenfalls dazu dienen, Fressfeinde abzuschrecken. Wenn ein Vogel beispielsweise mal einen orangenen Schmetterling mit schwarzen Flecken gefressen hat und der giftig war, meidet er in Zukunft alle orangefarbenen Schmetterlinge mit schwarzen Flecken – unabhängig davon, welcher Art sie angehören.

Die dritte bekannte Art der Mimikry ist die sogenannte Lockmimikry, die erstmals vom Ehepaar Elizabeth und George Peckham im Jahr 1889 beschrieben wurde. Das ist eine Form der Mimikry, bei der Tiere oder Pflanzen das Aussehen anderer Arten nachahmen, um diese nicht abzuschrecken, sondern um sie im Gegenteil aus verschiedenen Gründen anzulocken. Orchideen und andere Pflanzen machen das gerne, um Bestäuber an ihre Angel zu bekommen. So imitiert beispielsweise die Spiegelragwurz mit ihrer Blüte das Weibchen einer Dolchwespe, um Männchen zu erregen, die sich mit dem vermeintlichen Weibchen paaren wollen, stattdessen aber die Pflanze bestäuben. Da bekommt der Begriff »Bienchen und Blümchen« noch mal eine ganz andere Bedeutung, oder?

Mimese

Mit der Mimikry wird häufig eine andere Form der Tarnung verwechselt: die Mimese. Im englischen Sprachraum fasst man beides gern unter dem Terminus »mimicry« zusammen, aber hier im deutschsprachigen Raum unterscheiden wir zwischen den beiden Phänomenen auch auf sprachlicher Ebene.

Die Mimese ist ein Täuschungsprozess, bei dem ein Lebewesen die Gestalt, Farbe oder Haltung so ändert, dass es sich optisch der Umgebung anpasst.

Mimese bezeichnet man umgangssprachlich auch als »Tarnkleidung«, wodurch man ganz gut den Unterschied zur Mimikry sieht, die man auch als »Warnkleidung« bezeichnet.

Es gibt drei Hauptformen der Mimese:

1. **Phytomimese**. Das Tier versucht, wie eine Pflanze auszusehen. Stabheuschrecken und Wandelnde Blätter habe ich ja eben erwähnt, es gibt aber noch andere Varianten. Falter wie der Birken-Gabelschwanz imitieren beispielsweise die Rinde von Bäumen – in seinem Fall natürlich die von Birken.
2. **Zoomimese**. Hierbei werden andere Tiere imitiert. Das erinnert ein wenig an Mimikry, allerdings geht es hier nicht um Warnung oder Abschreckung, sondern um ein optisches Untertauchen. So sehen beispielsweise die weiter vorn erwähnten Ameisengäste auch gern ein bisschen wie Ameisen aus, sodass sie sich unbemerkt unters Volk mischen können.
3. **Allomimese**. Die Tiere, die diese Form der Mimese ausüben, versuchen, nach einem Stück unbelebter Umwelt auszusehen. Manche kleinen Schmetterlinge imitieren beispielsweise Vogelkothäufchen (ein gutes Beispiel ist hier die Raupe des Ritterfalters), die »Lebenden Steine« – vielleicht kennst du diese Sukkulenten ja – geben alles, möglichst wenig nach Pflanze, dafür aber möglichst doll nach Stein auszusehen.

Wir essen Unkraut!

Weiter vorn im Buch hast du ja schon erfahren, dass in meinem Garten recht viele Pflanzen wachsen, die gemeinhin auch als »Unkraut« bezeichnet werden.

Ich persönlich betrachte »Unkraut« nicht als solches, sondern bezeichne es eher als »Beikraut«. Es handelt sich schließlich lediglich um Pflanzen, die in einem bestimmten Bereich (zum Beispiel im Gemüsegarten) wachsen, aber von dir eventuell nicht dort angepflanzt wurden. Dies können beispielsweise Löwenzahn, Wildrosen oder andere Pflanzen sein. Inzwischen ist der Begriff jedoch fest mit bestimmten Pflanzenarten verbunden. Unsere Wahrnehmung hat sich so verändert, dass wir Löwenzahn oder Brennnesseln automatisch als »Unkraut« einordnen. Dabei sind diese sogenannten »Unkräuter« keineswegs anders als andere Pflanzen. Sie sind nicht hässlicher, schädlicher oder auf sonstige Weise »schlechter«. Ich pflanze sie sogar gezielt an, weil sie hübsch und teilweise auch richtig lecker sind. Und um dich davon zu überzeugen, kochen wir diesen Monat mit Unkraut. Dafür habe ich hier drei leckere Rezepte für dich. Bevor du jedoch zur Tat schreitest, noch ein paar Hinweise zum Sammeln der Kräuter an öffentlichen Plätzen:

- Wie schon im Abschnitt über das Herbarium beschrieben, gilt auch hier: Du kannst dich gern an der Natur vor deiner Haustür bedienen, begib dich aber nicht in Gefahr und begehe auch keinen Hausfriedensbruch im Nachbarsgarten oder Ähnliches.
- Wenn du im Park oder Wald sammelst, mach es eventuell nicht unbedingt direkt am Wegrand. Ich sag nur: Hunde und Pipi.

- Sammle auch nicht direkt am Straßenrand, denn wir kochen heute mit Kräutern, nicht mit Abgasen. Die Pflanzen dort haben oft recht viele Schadstoffe gebunden, das muss ja nicht sein.
- Zu Hause ist es wichtig, die Kräuter besonders gründlich zu waschen. Du kannst sie auch einfach eine Stunde in eine Wasserschüssel legen und beim Rausholen noch mal ordentlich putzen.

Jetzt geht es los:

Sommerliche Sauerampfersuppe

Sauerampfer ist superlecker, sollte aber, genau wie Mangold, nicht täglich und nicht in zu großen Mengen gegessen werden, weil er Oxalsäure enthält, die in hohen Dosen leicht giftig wirken kann. Aber keine Angst, dafür müsstest du schon eine absurde Menge in dich reinstopfen. Am besten achtest du beim Sammeln einfach darauf, junge Blätter zu pflücken, die schmecken ohnehin auch am besten und haben wenig Oxalsäure. Hast du Rheuma, Herz- oder Nierenschäden, solltest du das Kraut aber lieber meiden. Für alle anderen ist das hier einfach ein sehr gutes Sommerrezept, das ich auch gerne koche.

Für zwei Portionen brauchst du:

- drei bis vier Hände voll selbst gepflücktem Sauerampfer, ungefähr 100 g
- 500 ml Gemüsebrühe
- 150 ml Sahne (funktioniert auch sehr gut mit veganen Alternativen)
- 2 EL Mehl
- Pfeffer und Salz
- 1 Zwiebel, in kleine Würfel geschnitten

- optional: 2 klein gehackte Knoblauchzehen
- 1 Stück Knollensellerie, ebenfalls in kleine Würfel geschnitten
- 300 g mehlig kochende Kartoffeln, gewürfelt
- einen Spritzer Zitronensaft
- eine in feine Ringe geschnittene Frühlingszwiebel
- eine Prise Muskat
- 1 EL Butter oder Margarine

Zubereitung:

1. Erst einmal schwitzt du die Zwiebelwürfelchen, die Frühlingszwiebelringe und gegebenenfalls den Knoblauch in der Butter(-alternative) an, bis sie glasig sind.
2. Gib die Selleriewürfel und die Kartoffeln dazu und röste alles ein bisschen.
3. Jetzt löschst du das Ganze mit der vorbereiteten Gemüsebrühe ab.
4. Gib Salz und Pfeffer je nach Geschmack hinzu und lasse alles zehn Minuten kochen.
5. Während der Topf auf dem Herd vor sich hin blubbert, nimmst du den gewaschenen Sauerampfer und hackst ihn in kleine Stückchen. Heb dir zwei oder drei Blätter für später als Dekoration auf, wenn du magst. Gib die (vegane) Sahne und den Sauerampfer nach dem Ablauf der eben erwähnten zehn Minuten in die Suppe und lasse alles so lange auf kleiner Stufe köcheln, bis die Sauerampferblätter weich aussehen.
6. Gib den Zitronensaft dazu – wie viel, kannst du ja selber durch Abschmecken entscheiden.
7. Jetzt kannst du die Suppe pürieren, wenn du magst, oder du servierst sie einfach so. Dekoriere sie mit ein oder zwei der Sauerampferblätter – fertig! Guten Appetit.

Bunter Löwenzahnsalat

Das ist einer meiner absoluten Favoriten und der Grund, wieso ich auf meinem Dachgarten auch ein Löwenzahnbeet habe. Ich liebe den leicht herben Geschmack von Löwenzahn und hoffe, dich auch dafür begeistern zu können. Wenn du Endivie, Radicchio oder Chicorée magst, wirst du Löwenzahn lieben!

Das brauchst du für vier Portionen:

- 4 bis 5 große Handvoll Löwenzahnblätter, so 300–400 g
- eine Handvoll Löwenzahnblüten
- eine Handvoll Kleeblüten
- eine Handvoll Gänseblümchenblüten
- andere Blattsalatsorten, wie beispielsweise Rucola oder Romanasalat, 300–400 g

Für das Dressing:

- 350 ml Wasser
- 1 TL Salz
- 1 sehr fein gehackte oder zerquetschte Knoblauchzehe
- 3–4 EL Olivenöl
- 3–4 EL Zitronensaft, musst mal schauen, wie sauer du es magst. Alternativ geht auch Essig.
- 1 TL Zucker

Und so klappt es:

1. Den Löwenzahn waschen. Schau, dass die Blätter nicht zu lange im Wasser sind, weil sie sonst sehr schnell schlapp werden.
2. Die Blätter gemeinsam mit dem Salat und den Blüten in eine Schüssel geben.
3. Das Dressing mischen und ab damit in die Schüssel.
4. Alles gut mischen – fertig! Guten Appetit.

Löwenzahnhonig

Bleiben wir doch mal beim Löwenzahn, denn mit ihm kann man einen »Honig« machen, der sich auch sehr gut für Menschen eignet, die keinen Bienenhonig verwenden möchten.

Mit echtem Honig hat das natürlich nichts zu tun, in dem Sinne, wie er hergestellt wird. Echter Honig wird von Bienen produziert, indem sie Blütennektar in ihrem Honigmagen sammeln (das ist so eine Art Kropf), den sie dann wieder hochwürgen. Technisch gesehen ist Honig also Bienenkotze, ich mein ja nur.

Wer darauf keine Lust hat, ist mit Löwenzahn»honig« gut beraten.

Du brauchst:

- 300 g Löwenzahnblüten
- 1 l Wasser
- 1 kg Zucker
- 2 EL Zitronensaft aus einer Zitrone
- Zitronenschale
- 1 Orange (Bio)
- ausgekochte Weckgläser

So stellst du ihn her:

1. Schmeiß die Blüten nach dem Waschen und Trocknen (beispielsweise in einer Salatschleuder) in einen Topf und übergieße sie mit dem Wasser. Gib die in Scheiben geschnittene Orange dazu. Das ganze Gemisch lässt du jetzt zwei bis drei Stunden ziehen.
2. Koche den Mix kurz auf und schalte den Herd dann wieder aus.
3. Das alles muss nun vierundzwanzig Stunden durchziehen.
4. Jetzt gießt du die Blüten mit einem Sieb ab und fängst die Flüssigkeit in einem Topf auf. Anschließend packst du das Blütengemisch noch mal in ein Mull- oder Küchentuch und drückst das so richtig fest aus.
5. In den Topf mit dem Löwenzahnsud gibst du jetzt den Zitronensaft und den Zucker und reibst auch ein bisschen Zitronenschale hinein. Jetzt kochst du alles ganz kurz auf. Dann reduzierst du die Hitze auf eine kleine Stufe und köchelst das alles so lange, bis die Konsistenz so zäh wie Honig wird. Schalte dann den Herd ab und nimm den Topf von der Platte.
6. Wenn du zufrieden mit der Konsistenz bist, gießt du den Honig in ausgekochte Einmachgläser, verschließt sie, wenn sie bis oben hin voll sind, und drehst sie auf den Kopf. So lässt du sie stehen, bis sie ausgekühlt sind – am besten über Nacht.
7. Fertig – jetzt hast du haltbaren »Honig« gemacht, ohne dass sich Bienen dabei irgendwie erbrechen mussten. Gut, oder?

AUGUST

Im August hat der Hochsommer Einzug gehalten, und die Parks, Gärten und Wälder wimmeln nur so vor Leben. Über ihnen kreisen Raubvögel wie Rotmilane oder Bussarde, um Ausschau nach Mäusen oder Feldhasen zu halten, die in den duftenden Wiesen oder in den goldglänzenden Weizenfeldern unterwegs sind.

Das Heidekraut hier im Norden und in anderen Teilen Deutschlands steht in voller Blüte, und die zweite Generation von Admiral- und Distelfaltern saust über die Landschaft hinweg. Vögel wie der Stieglitz schnabulieren Distelsamen, während sich Gruppen von Ringeltauben auf den schon abgemähten Stoppelfeldern treffen, um nach übrig gebliebenen Körnern zu picken.

In den warmen Sommernächten erfüllen das Summen der Mücken und die für uns Menschen unhörbaren Rufe der Fledermäuse die Luft. Letztere werden von der Fülle an Insekten angezogen, die es zu dieser Jahreszeit zu finden gibt. In den frühen Morgenstunden kann man vom Gesang der Rotkehlchen, Spatzen und Amseln geweckt werden, die den neuen Tag begrüßen. Die farbenfrohen Blütenblätter von Wildblumen wie Gänseblümchen, Luzerne, Ambrosia, Butterblumen und Hornsauerklee sprenkeln die Wiesen mit bunten Klecksen.

Der August ist eine gute Zeit, um größere Tiere wie Rehe, Füchse und Dachse zu beobachten. Wenn die Sommerhitze nachlässt, kann man diese Tiere mit etwas Glück in den kühleren Abendstunden auf der Suche nach Futter entdecken. Der Ruf des Kuckucks ist in den Wäldern zu hören und signalisiert das Ende des Sommers und den Beginn des

Herbstes – die Jung- und Altvögel brechen jetzt auf, um in die Winterquartiere zu ziehen. Auch die letzten Mauersegler machen sich auf den Weg in ihre Überwinterungsgebiete. Ich liebe diese Vögel so sehr, dass ich meinen Roman *Der Mauersegler* nach ihnen benannt habe, und sie spielen als literarisches Motiv darin eine große Rolle.

Ein ganzes Leben in der Luft

> *»Sie blickten beide hoch, als ein leises Rauschen aufkam, fast wie ein leiser Wasserfall, fast wie die Brandung des Meeres. Die Mauersegler hatten ihre allabendliche Jagdrunde begonnen und flogen unglaublich nah an ihnen vorbei. In halsbrecherischen und kunstvollen Manövern schraubten sich die Vögel, die im Dämmerlicht Schwalben zum Verwechseln ähnlich sahen, durch die Luft, sie wichen Ästen aus und umtanzten Baumwipfel, flogen mit ihren braunen, gebogenen Schwingen scharfe Kurven und jagten Fluginsekten hinterher, die so schnell in den kleinen Schnäbeln landeten, dass sie gar nicht wussten, wie ihnen geschah. Die Tiere bewegten sich so rasant, dass sie vor den Augen der Jungen verschwammen und zu gespenstischen Schatten oder flatterigen Waldgeistern wurden.«*
>
> (Aus meinem Buch: *Der Mauersegler*, Eichborn Verlag 2021)

Der Mauersegler (*Apus apus*) ist ein wahrer Meister der Lüfte und verbringt die meiste Zeit seines Lebens im Flug. Schlafen, fressen, Paarung? Wird alles hoch oben in der Luft erledigt.

Mauersegler sieht man oft in großen Gruppen, die bei gutem Wetter bis zu dreitausend Meter hoch aufsteigen. Ihre charakteristischen *Srüi Srüi*-Rufe begleiten mich sowohl in Frankfurt als auch in Hamburg durch den Sommer, und es gibt wenig Schöneres, als ihren eleganten Flugmanövern zuzuschauen. Aber auch ein Mauersegler muss irgendwann mal auf den Boden zurückkehren, und zwar um zu brüten und seine Jungen aufzuziehen – er kann sie ja schlecht im Rucksack mit sich herumtragen.

Mauersegler haben sich in Bezug auf Nistplätze sehr am Menschen angepasst und bauen ihre Nester bevorzugt in Mauerspalten oder unter Dächern. Da jedoch immer mehr Gebäude errichtet und ältere renoviert werden, und das auf eine Art und Weise, bei denen Nistmöglichkeiten verschwinden, werden – wie bei den Schwalben – geeignete Nistplätze immer seltener. Zum Glück akzeptiert der Mauersegler auch spezielle Nistkästen. Wenn du also Ambitionen hast, Mauersegler zu unterstützen, kannst du dich mal im Netz über Mauerseglerkästen informieren.

Im April kommen die Mauersegler bei uns in Mitteleuropa an und kehren zu ihren früheren Nistplätzen zurück, um zu brüten. Sind die Jungen flügge, geht es für die nächsten zehn Monate wieder ab in die Luft, ohne Pause.

Durch diesen Lebensstil können sie im Laufe ihres Seglerlebens, das schon mal bis zu zwanzig Jahre dauern kann, gewaltige Entfernungen zurücklegen. Man schätzt, dass ein einziger Mauersegler pro Jahr fast zweihunderttausend Kilometer zurücklegt – unglaublich, oder?

Schon ab Ende Juli haben sich die Mauersegler wieder auf den Weg in ihre Überwinterungsgebiete gemacht, jetzt im August ziehen noch die letzten Nachzügler los in Richtung Portugal und Afrika. Einige überfliegen die komplette Sahara und reisen sogar bis zum Kap der Guten Hoffnung – das sind zehntausend Kilometer, mindestens, je nach Route. Dort treffen sie sich mit anderen Mauerseglern und Schwalben und machen Jagd auf Termiten und Ameisen.

Im Januar werden die Mauersegler wieder unruhig, die Zeit des Abflugs ist gekommen. Nach und nach machen sie sich auf den Weg zurück in den Norden, wo wir sie im Frühjahr wieder freudig begrüßen.

Was mache ich, wenn ich einen Mauersegler finde?

Findest du einen Mauersegler am Boden, braucht er immer Hilfe – denn dort hat er normalerweise nichts zu suchen. Es kann aus verschiedenen Gründen passieren, dass sich so ein Vogel in einer hilflosen Lage befindet: Vielleicht ist er krank, wurde durch einen Kampf mit einer Katze verletzt oder ist total erschöpft, weil er nicht genug Flüssigkeit oder Nahrung zu sich genommen hat. Es kann auch sein, dass ein noch flugunfähiges Jungtier am Boden sitzt, auch das braucht unsere Hilfe und ist allein verloren. Jetzt ist es wichtig, dass du dich richtig verhältst, damit der Mauersegler eine Chance auf Rettung hat.

1. Sichere den Findling zunächst in einer Pappschachtel, die mit Luftlöchern versehen und mit einem Handtuch oder Küchenkrepp ausgepolstert ist. Bringe ihn ruhig und dunkel unter, damit er sich etwas ausruhen kann.
2. Genau wie bei anderen Vögeln gilt: Niemals Wasser in den Schnabel geben! Das fließt unbemerkt in die Lunge und kann zu Erstickung oder einer tödlichen Lungenentzündung führen. Ist der Mauersegler sichtbar dehydriert, kannst du den Finger in Wasser tauchen und ihn an den Schnabelrand halten, sodass etwas Wasser hineinkommen kann, was der Segler dann selbstständig abschluckt. Bitte gib dem Tier aber erst Wasser, wenn es wieder aufgewärmt ist, sollte es ausgekühlt sein.

3. Du kannst den Segler füttern, solltest du Heimchen, Steppengrillen oder Ähnliches zu Hause und schon *Erfahrung* mit der Aufzucht von Wildvögeln haben. Bitte **ausschließlich** Insekten geben, nichts anderes. Nein, auch nicht »ausnahmsweise« und »jetzt im Notfall«. Die Verdauung der Mauersegler ist für nichts anderes als Insekten ausgelegt, jegliche andere Nahrung kann sie töten.

Bring deinen Findling zu einer Tierarztpraxis, vor allem, wenn er sichtbare Verletzungen hat, gegen eine Scheibe geflogen ist oder so. In der Praxis muss er schnellstmöglich erstversorgt werden und braucht vielleicht auch etwas gegen Schmerzen. Normalerweise haben Tierärztinnen und Tierärzte Anlaufstellen, an die sie sich im Falle eines Mauerseglerfundes wenden. Sollte das nicht möglich sein, wende dich an die Mauerseglerhilfe. Mauersegler gesundzupflegen ist unglaublich anspruchsvoll – sie haben eigentlich nur eine Chance, wenn sie schnellstmöglich unter die Fittiche von Expertinnen und Experten kommen. Solltest du gar keine Anlaufstelle in deiner Nähe kennen, ruf bitte die Mauerseglerklinik in Frankfurt am Main an (069-35351504), die können dir vielleicht Anlaufstellen in deiner Region nennen und dir auch Auskunft über die nächsten Schritte geben.

Faustdick hinter den Löffeln

Wir haben ja schon sehr viel über Vögel und Krabbeltiere gesprochen, jetzt aber mal ein paar Infos über etwas Vierbeiniges: über die Feldhasen (*Lepus europaeus*), 2001 und 2015 Tier des Jahres – es sind also sozusagen Prominews, die jetzt folgen.

Hasen gibt es überall auf der Welt, wir finden sie in Graslandschaften, tropischen Regenwäldern, in Hochgebirgen, selbst in Halbwüsten tummeln sie sich. Es gibt eine Menge Hasenartige, bei uns in Europa gibt es den Feldhasen, den Schneehasen und das Wildkaninchen – alles übrigens keine Nagetiere.

Die kleinen Racker futtern Gras, Kräuter, Blätter, Blumen, im Winter gern auch Zweige, Rinde und Wurzeln – man muss eben schauen, was man kriegt. Um die schwer verdauliche Nahrung anständig verwerten zu können, fressen die Tiere sie zweimal: Sie scheiden die pflanzliche Nahrung erst einmal als vorbehandelten und sogenannten »Blinddarmkot«

aus, anschließend fressen sie das Ganze noch mal für eine zweite Verdauungsrunde.

Wildkaninchen (*Oryctolagus cuniculus*) sind ein sehr üblicher Anblick in Frankfurt, und ich werde nie vergessen, als sich in meiner Kindheit unser Hund losgerissen hat und auf das Gelände der Bundesbank in Frankfurt rannte, auf das wir ihm nicht folgen durften. Der Pförtner und wir schauten unserem Jack-Russell-Mix Ronny dann dabei zu, wie er ein Kaninchen jagte und auch erlegte und es seelenruhig zu uns brachte. Ich war erst zehn Jahre alt und habe natürlich fürchterlich um das Kaninchen geweint, der Pförtner war einigermaßen beeindruckt, und meine zu Tode erschrockene Mutter kaufte stehenden Fußes eine Leine, die auch einen Elefanten hätte zurückhalten können. Danach verpasste sie Ronny eine Wurmkur.

»Echte Hasen« werden oft mit jenen Wildkaninchen verwechselt, unterscheiden sich aber in einigen Punkten stark von ihnen: Sie haben längere Ohren und auch deutlich längere und kräftigere Hinterbeine. Der Kopf der Feldhasen ist schmaler, und insgesamt sind Hasen vom Körperbau her auch sehr viel größer und drahtiger. Kaninchen graben unterirdische Wohnhöhlen, Hasen hingegen haben so etwas nicht. Stattdessen leben sie in offenen Feldern und richten sich in flachen Mulden ein, die »Sassen« genannt werden.

Während Kaninchenbabys blind und nackt zur Welt kommen und deshalb »Nestlinge« genannt werden, sind neugeborene Hasen schon selbstständig: Sie haben Fell, können sehen und werden deshalb auch »Nestflüchter« genannt. Sie leben allein und werden zwei bis drei Mal am Tag von der Mutter besucht, um von ihr gesäugt zu werden. Wenn du also einen jungen Hasen irgendwo sitzen siehst: nicht anfassen, sitzen lassen, weggehen. Er kommt klar und wird versorgt. Solltest du einen verletzten Hasen finden, kannst du

ihn zu einer Wildtierstation bringen. Hasen können nicht gezähmt werden, nie, nein, auch keine Handaufzuchten. Deshalb ist es wichtig, dass sie artgerecht versorgt und wieder ausgewildert werden.

Da Feldhasen wie schon erwähnt keine Wohnhöhlen haben, ist Flucht für sie quasi ein Lifestyle. Feldhasen können bis zu achtzig Kilometer pro Stunde schnell rennen, drei Meter weit und zwei Meter hoch springen, und sie sind sogar gute Schwimmer, wenn es sein muss. Außerdem sind sie absolute Experten darin, durch atemberaubendes Hakenschlagen und plötzliche Richtungswechsel selbst den hartnäckigsten Verfolgern entkommen zu können.

Feldhasen pflanzen sich vom Jahresanfang bis Oktober fort, es kann also sein, dass du sie jetzt bei ihren Paarungskämpfen beobachten kannst. Dabei kloppen sich aber nicht nur die Männchen um die Weibchen, auch die Häsinnen kämpfen mit und teilen ordentlich aus. Wieso sie mitmachen, ist noch nicht ganz gesichert, es gibt aber ein paar plausible Theorien. Eine ist, dass das Weibchen beim Kämpfen herausfinden will, wer der ausdauerndste Rammler ist (ja, ich weiß, wie das klingt, aber nein, *so* meine ich das nicht). Ist die Berührungssperre überwunden und das Weibchen zur Paarung bereit, will sie natürlich nur den Besten haben. Außerdem gibt es auch immer wieder Rammler, die zu aufdringlich werden – die ein oder andere Ohrfeige durch das Weibchen rückt seinen Kopf wieder gerade und sorgt dafür, dass er sie in Ruhe lässt, wenn sie sich nicht paaren möchte.

Bei der Paarung gibt es aber noch eine ziemliche Besonderheit: Feldhasenweibchen sind zu etwas fähig, das man als »Superfötation« bezeichnet. Kurz gesagt: Ein Feldhasenweibchen kann gleichzeitig unterschiedlich alte Föten von unterschiedlichen Vätern austragen.

Der Eisprung der Häsin findet nicht spontan oder nach einem bestimmten Zeitplan statt, sondern wird von der Paarung ausgelöst. Paart sich das Weibchen also noch einmal, obwohl es schon schwanger ist, schwimmen die Spermien des zweiten Rammlers einfach an den schon vorhandenen Föten vorbei und befruchten neue Eizellen. Evolutionstechnisch eine sehr gute Möglichkeit, den Feldhasenbestand hochzuhalten – für die Häsinnen natürlich nicht unanstrengend, weil sie dadurch quasi dauerschwanger sein können.

Es gibt kein Bienensterben

»Bienensterben stoppen«, »Rettet die Bienen«, »Bienenschutz« – das klingt ja erst einmal gut und vernünftig. Nur die Frage ist: Ist Biene gleich Biene? Und was genau ist das eigentlich, Bienensterben?

Das »Bienensterben« bezieht sich in Wirklichkeit nur auf die Probleme, die die industriell genutzten Honigbienen haben, und diese Probleme sind von Menschen gemacht. Zum Beispiel gibt es den Befall von Bienenstöcken durch die aus Asien eingeschleppte Varroa-Milbe (*Varroa destructor* – ein ziemlich fieser und wertender Name, wie ich finde). Dieser Parasit wurde durch die Zucht immer effizienterer Bienenrassen und ihre Verbreitung durch die Welt von Asien aus über den ganzen Globus verteilt. Varroa-Milben ernähren sich von der Hämolymphe, also dem »Blut« von Bienen und ihren Larven. Deshalb gibt es in Deutschland vor allem in den Herbst- und Wintermonaten ein seuchenartiges Bienensterben, ungefähr zehn bis fünfzehn Prozent der Bienenvölker gehen jedes Jahr an den Folgen der Varrose (Infektion eines Volks mit diesen Parasiten) zugrunde. Für die Imkerei ist das unschön, für die Honigbienen selbst noch mehr, doch: Nein, die Honigbiene ist nicht vom Aussterben bedroht. Nein, auch nicht durch die Varroa-Milbe oder sonstige Krankheiten. Den Honigbienen geht es insgesamt vom Bestand her extrem gut.

Die Ursachen, die immer wieder zum Sterben von durch die Imkerei genutzten Bienenvölkern führen, sind einfach klassische Schwierigkeiten in der Haltung eines landwirtschaftlichen Nutztieres – und neben den Problemen für das individuelle Tier selbst nur von wirtschaftlicher Relevanz.

What, die Biene ein landwirtschaftliches Nutztier?

Japp, wie heißt es so schön: Klingt komisch, ist aber so. Die in der Bienenwirtschaft verwendete Honigbiene ist ein durch gezielte Zucht und auch Kreuzungen mit anderen Bienenarten genetisch verändertes Nutztier. Unsere heimische Dunkle Honigbiene (*Apis mellifera ssp. mellifera*) ist in der freien Natur in ihrer ursprünglichen Form eigentlich schon längst ausgestorben. Es gibt verwilderte Honigbienenvölker, ja, aber das ist eben nicht mehr die ursprüngliche Form.

Die in der Imkerei verwendeten Bienenrassen sind gezielt gezüchtete Hochleistungsrassen, die vor allem auf hohen Honigertrag, Verlust des Schwarmtriebs und geringe Aggressivität gezüchtet wurden – ein Beispiel dafür ist die unter Imkerinnen und Imkern recht beliebte Buckfast-Biene.

In Deutschland haben wir jedoch über fünfhundertfünfzig Wildbienenarten, von denen ungefähr die Hälfte kurz vor dem Aussterben steht. Wildbienen leiden – wie die meisten anderen Insekten auch – unter massiven Habitats- und damit auch Nistplatzverlusten, unter Landversiegelung und Flurbereinigung (Zusammenlegung von landwirtschaftlichen Arealen und Vernichtung der Pufferzonen dazwischen), unter der intensiven Turbolandwirtschaft und der damit verbundenen Nahrungsknappheit sowie dem steigenden Konkurrenzdruck.

Machen sich Honigbiene und Wildbiene Konkurrenz?

Die Studienlage deutet leider darauf hin, dass das der Fall ist. Unsere moderne Kulturlandschaft ist geprägt von intensiver Landwirtschaft mit Pestiziden und Monokulturen, die sich bis zum Horizont erstrecken. Totholz und offene sandige Untergründe gibt es kaum, sodass viele Insektenarten – auch Wildbienen – Probleme haben, einen geeigneten Nistplatz zu finden. Zwischen den Feldern gibt es zudem kaum Blüh-

streifen, und wenn, dann sind sie wenig divers. Jetzt stell dir vor, du wärst eine vier Millimeter kleine Sandbiene auf der Suche nach Nahrung und fliegst umher, um endlich eine Blühpflanze zu finden. Dann findest du eine Blüte, auf der aber schon eine fast zwei Zentimeter große Honigbiene sitzt, gegen die du dich jetzt irgendwie durchsetzen müsstest. Du hättest natürlich keine Chance. Nicht gegen sie und auch nicht gegen ihre Tausenden von Schwestern, die einen einzigen Bienenstock ausmachen können.

Die aktuelle Forschung unterstützt diese These, dass Bienenwirtschaft nicht gerade förderlich für andere bestäubende Insekten ist. Eine Studie, die 2021 an der LMU München von Prof. Dr. Susanne Sabine Renner et al. in einem botanischen Garten in München durchgeführt wurde, hat ausschließlich negative Effekte beobachtet, die Honigbienen auf die dort vorkommenden Wildbienen haben. Sie haben ihren wilden Cousinen tatsächlich die Nahrung weggeschnappt, und das an allen möglichen Blütenarten. Hier ein Auszug aus den Studienergebnissen:

> *»(…) dass sich der höhere Ressourcenverbrauch der Honigbienen in den Monaten Mai, Juni und Juli 2020 im Vergleich zu 2019 negativ auf das Auftreten von Wildbienen bei der Futtersuche auswirkte, deckt sich mit Belegen dafür, dass sich das experimentelle Hinzufügen von Honigbienenvölkern negativ auf Hummeln auswirkt, die sich bei der Ressourcennutzung mit Honigbienen überschneiden.«*

Honigbienen haben viele besondere Fähigkeiten und damit Vorteile, die Wildbienen und auch kleine Wespen, Fliegen, Käfer und andere Insekten nicht haben. Um dir eine bessere Übersicht zu geben, werde ich hier die Unterschiede zwischen Honig- und Wildbienen vergleichen. Beachte aber, dass die Auswirkungen auch auf andere bestäubende Insekten zutreffen:

- Die schiere Individuenzahl. Honigbienenvölker, die von Imkern betreut werden, bestehen aus zwanzig- bis fünfzigtausend Einzelbienen, und Imkereien haben oft mehrere Völker – manchmal sind das sogar mehrere Millionen Bienen an einem oder an zwei oder drei Standorten. Im Vergleich dazu leben viele Wildbienen solitär, also ganz allein, und versorgen als Alleinerziehende eine Handvoll Larven. Es gibt auch staatenbildende Wildbienen, und bei manchen Arten von Hummeln können Völker aus fünfzig bis zweihundert Individuen bestehen. In wenigen Ausnahmefällen sind es sogar sechshundert. Im Vergleich zu dem Honigbienenvolk nebenan ist aber selbst das größte Hummelnest ein Witz.

- Honigbienen sind Generalisten und können sich an den meisten Blüten gütlich tun. Unter den Wildbienen gibt es rund dreißig Prozent Nahrungsspezialistinnen, die sich auf eine bestimmte Pflanzenfamilie oder sogar Pflanzengattung festgelegt haben – von den anderen Insekten fange ich gar nicht erst an. Wenn diese Pflanzen jetzt von Tausenden Honigbienen abgegrast werden, kann es passieren, dass diese spezialisierten Wildbienenarten in einem Gebiet aussterben, weil sie nicht mehr genug Nahrung für sich und ihre Brut finden.
- Honigbienen werden von der Imkerin oder dem Imker versorgt, während Wildbienen auf sich alleine gestellt sind. Das bedeutet auch, dass industriell genutzte Honigbienen, wenn ein Gebiet abgegrast ist, manchmal sogar woanders hingefahren werden, um dort auszuschwärmen und die frische Tracht (Bienenfutterpflanzen) abzuernten. Man entdeckt beispielsweise immer wieder Bienenkästen in Naturschutzgebieten, die dort abgeladen wurden, damit die Tiere ungehindert weiterfuttern können. Dazu komme ich gleich noch. Wildbienen hingegen sind an einen bestimmten Ort gebunden, also: Wenn es dort nichts mehr zu essen gibt, sterben

sie. Außerdem bekommen Honigbienen einen Nistplatz gestellt, während Wildbienen unter extremem Druck stehen, irgendwo noch einen zu finden, und das in einer Kulturlandschaft, die kaum noch geeignete Orte für Insektennester bietet.

- Honigbienen haben eine erstaunlich große Flugreichweite. Sie fliegen manchmal ein bis drei Kilometer von ihrem Stock fort, um Blüten zu finden, und in einigen Fällen sogar bis zu zehn Kilometer weit, um Tracht zu suchen, falls es nicht anders geht. Wildbienen hingegen, vor allem die solitär lebenden, haben in der Regel eine viel kleinere Flugreichweite von fünfzig bis zweihundert Metern um ihr Nest herum – schließlich haben sie niemanden zu Hause, der in der Zeit nach den Kindern schaut. Wenn es in ihrer unmittelbaren Umgebung keine Nahrungsquellen gibt, gibt es eben keine neue Bienengeneration.
- Die Honigbiene hat einen sehr hohen Organisationsgrad, verglichen mit Wildbienen. Sie hat Kundschafterinnen, die sich um das Aufspüren von Nahrungsmöglichkeiten in der Gegend kümmern und die besten Futterstellen suchen, während andere für die Versorgung des Nachwuchses zuständig sind. Im Gegensatz dazu sind Wildbienen völlig auf sich selbst gestellt, auch bei der Pflege ihrer Brut. Die Honigbiene ist jetzt nicht *die* Ursache dafür, dass Wildbienen und andere Bestäuber aussterben, doch sie trägt definitiv zur Verschärfung der Situation bei.

Welche Probleme gibt es noch durch die Imkerei?

Es gibt immer wieder Imkerinnen und Imker, denen Naturschutz komplett egal ist. Solche rücksichtslosen »Naturliebhaber« stellen ihre Bienenstöcke gern auch mal illegal in ein

Naturschutzgebiet. Und sollten die dann entfernt werden, packen sie die nächsten Kästen eben an den Zaun des Gebietes, sodass die Bienen dennoch reinfliegen und dort jeden Tropfen Nektar wegtrinken.

Das ist ein bisschen so, als würde man einfach seine Rinder da hineintreiben und weiden lassen – was für eine absurde Ich-Bezogenheit. Haustiere haben in Naturschutzgebieten nichts zu suchen!

Also keinen Honig mehr kaufen?
Jein. Ich persönlich halte mich von Sortenhonig fern. Bei Rapshonig ist beispielsweise klar, dass da Bienenstöcke extra an Rapsfelder gestellt werden. Die Bienen weiden dann alles im Umkreis von drei Kilometern ab – aber nicht nur den Raps, sondern auch die sowieso schon rar gesäten Blühstreifen dazwischen, die eigentlich den dort lebenden wilden Insekten zur Verfügung stehen sollten. So ein Rapsfeld oder ein Weizenfeld sieht gern aus wie »Natur pur«, doch eigentlich sind das einfach Wüsten.

Ist die Imkerei also kein Naturschutz?
Nein, Imkerei ist keine Naturschutzmaßnahme, auch wenn sich diese Perspektive hartnäckig in den Köpfen hält. Genau genommen gehört sie zu den landwirtschaftlichen Landnutzungsformen.

Hier muss ich aber auch sagen, dass die Medien nicht ganz unschuldig daran sind, deshalb, liebe Journalismus-Kolleginnen und -Kollegen: Bitte hört auf, immer den erstbesten Imker vor die Fernsehkameras zu zerren, wenn ihr Beiträge zu bedrohten Insekten, Wildbienen oder so etwas macht. Das ist so sinnvoll, wie einen Geflügellandwirt zu interviewen, wenn es um bedrohte Vogelarten geht.

Gerne stellen sich auch Firmen Bienenstöcke aufs Dach, um »die Natur zu schützen«, und werden entsprechend von Imkereifirmen beraten. Nettes Greenwashing, aber nein.

Wusstest du übrigens, dass es vor nicht allzu langer Zeit gängig war, dass Imkerinnen und Imker wilde Honigbienenvölker, die sie in ihrem Umkreis entdeckt haben, vernichtet haben? Damit sie keine Konkurrenz zu ihren eigenen Industriebienen ausbilden. So bitter.

Das, was ich hier schreibe, bedeutet übrigens nicht, dass alle Imkerinnen und Imker verantwortungslos handeln oder dass Imkerei per se schlecht ist. Es gibt auch dort Menschen, die verantwortungsvoll Bienen halten und sich auch für Naturschutzthemen starkmachen und dafür sorgen, dass sie ihre Bienen selbst ernähren können – oft unterhalten sie tolle Gärten, Streuobstwiesen und Ähnliches. Auch in meinem Freundeskreis imkert die ein oder andere Person und setzt sich dabei sehr stark für Naturschutz, den Erhalt von Biodiversität und solche Themen ein. Und ich weiß, dass das auch viele andere machen. Dennoch hilft es nicht, die Augen davor zu verschließen, was manche Kolleginnen und Kollegen so treiben. Deshalb finde ich es wichtig, dass das Thema auch in Imkerkreisen diskutiert wird, was zum Glück mehr und mehr passiert.

Welche Tiere sind denn nun gefährdet?

Die Insekten als Ganzes. Egal ob Biene, Hummel (die übrigens auch zu den Bienen gehört), Grashüpfer, Tagfalter oder winziger Käfer. Sie sind alle gleich schlimm dran.

Und was hat das jetzt mit Greenwashing zu tun?

In Zeiten von Klimakrise und Biodiversitätsverlusten möchten sich viele Unternehmen einen grünen Anstrich geben. Dazu gehört auch das Aufstellen von Bienenstöcken auf Unternehmensdächern oder anderen Orten in der Stadt. Allerdings ist es gerade im Siedlungsbereich, wo heimische Insekten oft Schwierigkeiten haben, aufgrund der ganzen zubetonierten Flächen ein ausreichendes Nahrungsangebot zu finden, besonders absurd, Kästen mit insgesamt hunderttausend oder mehr Konkurrentinnen zu errichten.

Die Gründe für diese Maßnahmen sind vielfältig. Viele Menschen denken wirklich, es gebe ein »Bienensterben« bei der Honigbiene, dabei sind das durch Intensivlandwirtschaft verursachte Probleme, die Auswirkungen auf die Honigbiene haben, ja, die jetzt aber nicht zum Untergang unserer Welt führen werden. Es gibt genug andere Bestäuber, die sich, wenn die Honigbiene nach und nach verschwände, ebenfalls wieder stärker ausbreiten und ihren Job übernehmen würden. Auch Nahrungsspezialisten, die auf ganz bestimmte Pflanzen angewiesen sind, hätten dann wieder eine Chance.

Es gibt keine Pflanze, die nur durch die Honigbiene bestäubt werden kann. In den letzten paar Millionen Jahren kam die Natur sehr gut ohne endlos viele komplett übertrieben große, künstlich gezüchtete Bienenvölker klar – und das wird sie auch weiterhin.

Nur wissen das viele nicht. Manchen Unternehmen ist egal, was sie da anrichten, andere wiederum glauben eben bestimmten Lobbygruppen, dass es ganz toll für den Naturschutz sei, ein Bienenvolk aufzustellen. Ich meine, ist ja auch eine schöne Sache, man hat das Gefühl, wieder stärker im Kontakt mit der Natur zu stehen, fühlt sich erst einmal richtig an, auch wenn es Unsinn ist. Und viele andere Unternehmen spekulieren darauf, weil es marketingtechnisch eben gut funktioniert.

Also: Bitte hört auf, Bienenstöcke irgendwo aufzustellen, um »Naturschutz« zu betreiben. Imkerei ist kein Naturschutz per se. Die Honigbiene ist nicht bedroht. Außer Honig, bisschen Presse und weniger Biodiversität kommt da nichts bei rum.

Wenn du etwas für Insekten – und ja, dadurch auch für die Honigbiene, die ich übrigens sehr liebe – tun willst, setz dich dafür ein, dass unsere Regierung endlich wirksame Maßnahmen zum Schutz aller Insekten ergreift und sich nicht einfach noch den x-ten Bienenstock auf den Bundestag stellt.

Kuckuck!

So, nachdem ich mich ein bisschen in Rage geschrieben habe – das »Bienensterben« bereitet mir regelmäßig Kopfschmerzen –, widmen wir uns doch wieder einem ruhigeren

Thema, um die Gemüter abzukühlen, oder? Dafür bleiben wir aber bei den Wildbienen und wenden uns einer ganz bestimmten Gruppe zu, und zwar den Kuckuckshummeln. Um dieses Phänomen zu erklären, stelle ich dir zwei Hummeln vor, die Norwegische Kuckuckshummel (*Bombus norvegicus*) und ihren Wirt, die Baumhummel (*Bombus hypnorum*).

Die Baumhummel ist eine Art, die in Europa und auch bei uns an Waldrändern, in locker stehenden Wäldchen, in Parks und auch in Gärten vorkommt. Man bestimmt Hummeln am einfachsten über ihre Banden, also »Streifen«. Bei der Baumhummel ist der Brustbereich (»Thorax«) schwarz, der Rücken rötlich, der Hintern (»Abdomen«) ist weiß behaart. Wie viele andere Wildbienen auch bilden sie Staaten und leben dann mit siebzig, hundert, manchmal auch mit bis zu fünfhundert Tieren zusammen.

So weit, so normal.

Jetzt gibt es aber auch Hummeln, die diese ganze Sache ein wenig anders angehen: Sage und schreibe ein Viertel aller Hummelarten leben als »Kuckuck«. Das bedeutet, dass sie eine andere Hummelart parasitieren, die so ähnlich aussieht wie sie selbst. Die Baumhummel wird von der Norwegischen Kuckuckshummel, beziehungsweise auch von der Unterart von ihr (*Bombus (Psithyrus) sylvestris*) parasitiert. Das läuft so ab:

Die Wirtshummel-Königin, also die Monarchin der Baumhummel, hat sich für einen Standort für ihre herrschaftliche Residenz entschieden und beginnt, ihr Nest zu bauen. Es schlüpfen die ersten Arbeiterinnen, alles geht so seinen Gang. Währenddessen an anderer Stelle: Ein Kuckuckshummelweibchen ist der Meinung, dass es jetzt wirklich mal Zeit für die Familiengründung ist. Während es bei den »Standardhummeln« Drohnen (Männchen), Königinnen (Vollweibchen) und Arbeiterinnen (Weibchen, deren Fruchtbarkeit durch die Pheromone der Königin unterdrückt wird) gibt, kennen die Kuckuckshummeln nur Drohnen und Vollweibchen. Arbeiterinnen? Die brauchen sie nicht.

Die Kuckuckshummel beginnt sich jetzt umzusehen nach Hummeln, die ihr ähneln und deren Nester noch im Aufbau sind. Sie dringt dort ein und legt schnell ihre eigenen Eier ab. Die der anderen Hummelkönigin verspeist sie, genau wie die Larven – oder sie wirft sie aus dem Nest. Es kann passieren, dass die Arbeiterinnen sie entdecken und vertreiben oder sogar töten, wobei die Kuckuckshummel jedoch häufig stärker ist. Bleibt sie unentdeckt, kann sie es sich gemütlich machen, sofern die eigentliche Königin keinen Wind davon bekommt.

Was nun passiert: Die Arbeiterinnen ziehen, ohne es zu wissen, den Nachwuchs einer anderen Art auf. Der ursprünglichen Königin ergeht es schlecht, und ihr droht der Hungertod, weil ihre eigenen Arbeiterinnen (also ihre eigenen Töchter) sie vernachlässigen. Es kommen ja auch keine neuen Arbeiterinnen nach, da die eigentliche Brut getötet wurde. Manchmal wird die Königin sogar aus dem Nest vertrieben.

Die Nachwuchskuckuckshummeln, die aus den Eiern schlüpfen, arbeiten im Nest nicht mit und fliegen, genau wie reguläre Jungköniginnen, aus, um irgendwo geschützt zu überwintern und sich im Frühjahr wieder Paarungspartner und ein Nest zu suchen.

Vielleicht fragst du dich nun: *Ist das nicht total gemein?* Nein. Also klar, klingt für uns erst mal fies – die arme Königin und so weiter –, aber die Kuckuckshummel hat sich ja jetzt auch nicht ausgesucht, dass ihre Biologie nur so funktioniert. Sie sind genauso wertvolle Bestäuberinnen wie andere Hummeln, und obwohl ihr Lebenszyklus so brutal und effektiv klingt, gibt es viel weniger von ihnen als von ihren Wirten, und häufig sind sie stark gefährdet und vom Aussterben bedroht. Deshalb: Sei lieb zu Kuckuckshummeln, sie machen einfach, was sie machen müssen, um zu überleben – so wie wir alle.

Wir beobachten die Perseiden!

Wenn sich der Sommer dem Ende zuneigt und die Nächte länger werden, findet ein faszinierendes Spektakel statt: Die Perseiden geben sich die Ehre und lassen bis zu hundert Sternschnuppen pro Stunde über unseren Köpfen hinweg über den Nachthimmel flitzen. Der berühmte Meteoritenschauer ist besonders spektakulär, da die Sternschnuppen sehr hell leuchten und oft lange Fahnen hinter sich herziehen, während sie über den Himmel rasen. Sie sind daher auch als »Lichtbogenschnuppen« bekannt.

Benannt nach dem Sternbild Perseus, scheinen sie sich aus dem Zentrum dieser Konstellation heraus in alle Richtungen zu ergießen. In Wahrheit stammen die Sternschnuppen aber vom Kometen *Swift-Tuttle*, dessen abgeplatzte kleine Teilchen sich entlang der Kometenbahn als Staubwolke im All verteilt haben. Wenn die Umlaufbahn der Erde diese Wolke kreuzt, gibt es einen für uns gut sichtbaren Sternschnuppenfall, denn sobald diese kleinen Partikel in die Erdatmosphäre eintreten, verglühen sie aufgrund der hohen Reibungshitze und

hinterlassen eine leuchtende Spur am Himmel, die als Sternschnuppe bezeichnet wird.

Dieses Schauspiel erreicht jedes Jahr in der Nacht vom 12. auf den 13. August gegen drei Uhr seinen Höhepunkt. Wenn du den Perseidenschauer beobachten möchtest, beachte bitte folgende Dinge:

1. Nimm dir Zeit, denn zum Sternschnuppenschauen braucht man Geduld. Das Handy hat jetzt mal Sendepause, deine Augen sollten an den Himmel geheftet bleiben. Ich hatte schon viel Erfolg zwischen Mitternacht und ein Uhr früh, aber vor allem die ganz frühen und noch dunklen Morgenstunden sind ein guter Zeitpunkt, viele Sternschnuppen zu sehen. Zu der Zeit hat sich die Erde nämlich so weit gedreht, dass wir quasi in den herannahenden Kometenstaub reingucken.
2. Such dir eine gute Stelle, um den Sternschnuppenschauer zu sehen. Schau, dass du möglichst weit weg von Lichtverschmutzung bist, fahr also gern ein wenig raus aus dem Siedlungsgebiet. Dort drehst du dich in Richtung Osten und positionierst dich so, dass dich das Mondlicht nicht stört – also raus aus dem Sichtfeld mit dem kalten Gesteinsbrocken.
3. Jetzt scannst du den Himmel gründlich nach Leuchtspuren ab. Sternschnuppen sehen aus wie kleine, ganz ganz kurz aufleuchtende Funken mit einem kleinen Schweif. Viel Spaß!

SEPTEMBER

Der September markiert den Beginn des Herbstes und ist vielleicht sogar mein Lieblingsmonat im Jahr, neben dem Mai. Die Wärme des Sommers schwindet langsam, die Tage werden kürzer und die Nächte spürbar kühler. Die Bäume färben sich in Gold-, Orange- und Rottönen. Die letzten Früchte reifen heran und sind bereit, geerntet und in Salate geschnippelt oder direkt vom Strauch genascht zu werden. Wenn sich die Vegetationsperiode dem Ende zuneigt, bereiten sich Tiere wie Eichhörnchen, Igel und Dachs auf die nun bald folgende kalte Jahreszeit vor. Auch die Rothirsche sind im September sehr aktiv, denn dann beginnt für die Männchen die Brunftzeit. Sie kämpfen um die Vorherrschaft in der Herde und demonstrieren ihre Stärke mit lautem Röhren. Einerseits wollen sie die Weibchen damit beeindrucken, andererseits möchten sie ihren Konkurrenten signalisieren, dass man sich lieber nicht mit ihnen anlegt.

Wespen und Hornissen sind jetzt auch mit am aktivsten und erfüllen die Luft mit ihrem Summen, während sie Nahrung für den Winter sammeln. Bald wird ihre Aktivität jedoch versiegen, wenn das Ende des Sommers das Leben der meisten dieser fordert.

Sieben Hornissenstiche töten einen Menschen!

Nein, keine Sorge. Tun sie nicht, auch wenn es immer wieder behauptet wird. Das passiert nur, wenn du allergisch auf ihr Gift bist, und dann braucht es auch nicht unbedingt sieben Stiche, da kann schon einer reichen. Streich dieses Märchen also am besten gleich aus deinem Kopf.

Vor allem wenn wir im Sommer Grillgut oder süße Leckereien wie Kuchen oder Eiscreme im Freien genießen, ziehen wir diese ungebetenen Gäste oft an: Wespen und Hornissen. Sie werden von den unwiderstehlichen Gerüchen angelockt und können bei Allergikern oder Menschen, die einfach Angst vor ihnen haben, Probleme verursachen. Nur wenige sind mit ihrer Lebensweise vertraut, was zur Entstehung von zahlreichen Mythen und Vorurteilen führt – viele Menschen sehen sie als »Schädlinge« (ein Begriff, den ich für alle Lebewesen ablehne, immer) und halten sie für gefährlich. Vor allem über Hornissen kursieren viele Horrorstorys wie die in der Überschrift.

Falls du nicht sowieso schon Wespen- oder Hornissenfan bist, bekommst du jetzt von mir ein paar Fakten, die deine Meinung hoffentlich ändern werden.

- Wespen sind Allesfresser und ernähren sich hauptsächlich von Nektar, Pollen und Insekten. Ein kleines Wespenvolk kann sieben Kilogramm Stechmücken und anderes Getier pro Sommer vertilgen – starke Leistung, würde ich sagen. Es gibt jedoch auch Arten, die eine

Vorliebe für Aas oder süße Speisen haben, was sie dann an unseren Picknicktisch einlädt. Von den Hunderten bei uns vorkommenden Wespenarten sind das aber nur zwei oder drei Arten.

- Hornissen sind ebenfalls (große) Wespen, genau wie Hummeln (große) Bienen sind. Im September erreichen ihre Völker ihren Entwicklungshöhepunkt und können bis zu siebenhundert Tiere umfassen, wenn es sich um ein großes Volk handelt. Jetzt im Herbst legt die Königin Eier, aus denen nur noch Drohnen und Jungköniginnen schlüpfen. Letztere werden von den Drohnen befruchtet, damit sie im nächsten Frühjahr ein neues Volk gründen können. Die einheimische Hornisse ist eine geschützte Art und darf nicht getötet oder ihr Nest zerstört werden. Es ist jedoch wichtig, zu beachten, dass Hornissen im Allgemeinen friedlich sind. Ich mag sie sehr gerne und bezeichne sie liebevoll immer als »die Wale unter den Wespen«.
- Erwachsene Wespenweibchen haben eine Lebenserwartung von zwei bis drei Wochen, männliche Wespen ein paar Wochen mehr, und die Königin lebt ein Jahr.
- Wespen können Drogen und Sprengstoff aufspüren. Nein, das ist kein Scherz. Eine Studie hat gezeigt, dass winzige Wespen (*Microplithis croceipes*) dazu dressiert werden können, bestimmte Gerüche mit Futter zu verbinden. Die Tiere werden dann in Plastikröhrchen gesetzt und laufen auf die Duftquelle zu, wenn sie den vorher antrainierten Geruch von Drogen oder Sprengstoff wahrnehmen. So etwas Ähnliches hat man auch schon mit Bienen gemacht, bei so kleinen Tieren gibt es aber ein Problem: Man hat die Mini-Fahnder zwar innerhalb von fünf Minuten trainiert, allerdings leben sie nur rund zwanzig Tage, es müssten also dauernd

neue »Einsatzkräfte« gezüchtet und ausgebildet werden – stressig.

- Sie können Gesichter erkennen und einzelne Wespen voneinander unterscheiden. Das hat man an Goldwespen festgestellt, diese Art hat nämlich, wie die meisten Wespen, ein recht komplexes Sozialleben mit einer bestimmten Hierarchie. Um so eine Hackordnung durchsetzen zu können, sollte man natürlich wissen, wer wer ist. Experimentell konnte man feststellen, dass die Gesichtserkennung ähnlich wie bei uns Menschen abläuft.
- Nur weibliche Wespen haben einen Stachel, den sie nach einem Stich wieder herausziehen und erneut einsetzen können. Im Gegensatz dazu können Bienen nur einmal stechen und sterben danach. Männliche Wespen können zwar ähnlich stechende Bewegungen mit dem Hinterleib ausführen, um Eindruck zu schinden und zu drohen, haben aber keinen Stachel und damit keine Möglichkeit, zu stechen oder Gift zu spritzen. Sie können allerdings zubeißen und tun dies auch gerne mal. Es ist wichtig, zu beachten, dass der Stichreflex der Wespe nach ihrem Tod noch eine Weile erhalten bleibt. Das bedeutet, dass Verstorbene oder sogar auch nur das Hinterteil einer Wespe immer noch eine Gefahr darstellen können, wenn sie festgehalten oder gequetscht werden.
- Blattlausexkremente ziehen Wespen stark an. Solltest du also viele Blattläuse im Garten haben, hast du vermutlich auch jede Menge Wespen am Start, die, genau wie Ameisen, auf den Honigtau extrem steilgehen. Übrigens töten Wespen Ameisen nicht, die »ihre« Blattläuse verteidigen – sie tragen sie kurzerhand einfach davon und setzen sie woanders ab, um ihre Ruhe zu haben.

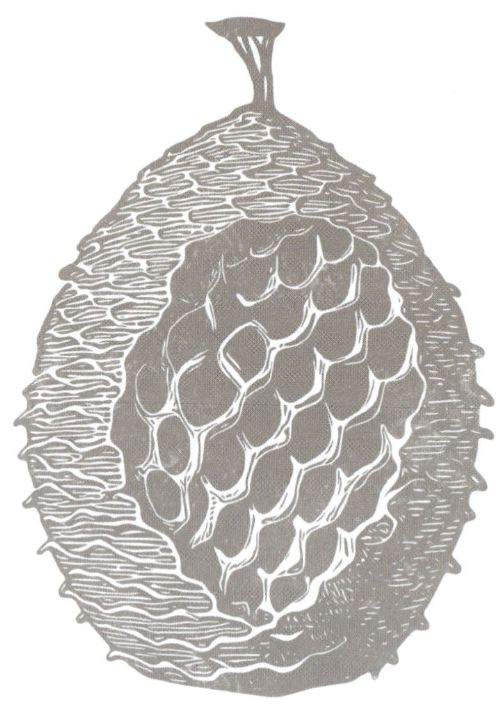

- Ja, in bestimmten Feigenarten findet sich aufgrund der Bestäubungsbeziehung zwischen beiden Arten eine tote Wespe. Allerdings wird sie meist vollständig von Enzymen der Feige zersetzt, Feigen können also in jedem Fall bedenkenlos auch von sich vegan ernährenden Menschen gegessen werden.

Wie verhalte ich mich bei Wespen?

Es ist ein weitverbreitetes Missverständnis, dass man Wespen vertreiben kann, indem man sie anpustet. Im Gegenteil: Pustet man sie an, kann dies dazu führen, dass sie durch den hohen CO_2-Gehalt in der Ausatemluft Panik bekommen und somit die Wahrscheinlichkeit für Stiche erhöht wird. Man sollte daher niemals, wirklich *niemals* ein Wespennest anpusten.

Bunte Kleidung macht Wespen außerdem an. Sehen sie dein bunt geblümtes Shirt, denken sie sich: *Ist das vielleicht ein Snack? Ich müsste mal kurz riechen, werte Dame!* Wenn sie sich von der Ungenießbarkeit des Shirts überzeugt haben, ziehen sie wieder ab. Solltest du Angst vor Wespen oder eine Allergie haben, sind gedeckte Farben eventuell besser, wenn es irgendwo in Wespennähe geht.

Und der Klassiker, den du vielleicht nicht mehr hören kannst: ruhig bleiben. Fuchtelei verängstigt sie nur und lässt die Wahrscheinlichkeit für Stiche rasant ansteigen. Stattdessen sollte man versuchen, sich unaufgeregt zu verhalten und zu entfernen, wenn einem die Anwesenheit von Wespen unangenehm ist.

Feingliedrige Baumeisterinnen

Wenn wir schon mal bei unbeliebten Tieren wie den Wespen sind, machen wir doch direkt da weiter: mit Spinnen!

Der kühle Herbst gehört den Schnecken, Wanzen und Spinnen, und vor allem Letztere tun es mir in dieser Jahreszeit immer sehr an. Wenn ich morgens das Haus verlasse, um mit den Hunden spazieren zu gehen, sehe ich die mit Tau überzogenen Netze im Sonnenlicht glitzern – die Dame des Hauses sitzt dann meist noch nicht in der Mitte, weil sie wohl lieber wartet, bis ihr Meisterwerk etwas getrocknet ist.

Nicht alle Spinnen bauen Netze, doch die, die es tun, sind echte Künstlerinnen. Es gibt eine breite Variation dieser Gebilde.

Das klassische Radnetz

Die regelmäßigen Radnetze der Kreuzspinne sind vermutlich die »Bauwerke«, die die meisten Menschen direkt vor ihrem inneren Auge sehen, wenn sie das Wort »Spinnennetz« lesen. Die Spinnen platzieren sie so, dass Insekten auf ihrer Flugbahn abgefangen werden und hängenbleiben. Aufgebaut ist so ein Fangnetz aus drei Hauptbestandteilen:

1. Aus den Rahmenfäden, mit deren Hilfe das Netz aufgehängt wird.
2. Aus den Speichenfäden, die von der Netzmitte strahlenförmig nach außen laufen.
3. Aus den Fangfäden, die kreisförmig um das Netz laufen und an den Speichenfäden befestigt sind. Behaftet sind sie mit kleinen Leimtröpfchen, an denen Beute kleben bleiben kann.

Wenn ein Insekt in das Netz der Spinne gerät, bleibt es zunächst in den klebrigen Leimfäden hängen. Je mehr es zappelt und versucht, sich zu befreien, umso ärger klebt es fest. Die Spinne selbst sitzt meist außerhalb des Netzes in Lauerposition und ist über einen der äußeren Rahmenfäden mit dem Netz verbunden. Wenn sich nun Beute im Netz bewegt, wird die Spinne aufmerksam und kann schnell in die Netzmitte flitzen, um nachzusehen, was sich da verfangen hat. Sobald die Spinne bei der Beute angekommen ist, spinnt sie sie schnell ein und lagert sie entweder noch ein wenig oder saugt sie direkt aus.

Häufig vorkommende radnetzbauende Spinnenarten sind bei uns verschiedene Kreuzspinnenarten oder Herbstspinnen. Letztere haben bei manchen Arten ein sehr interessantes Balzverhalten: Sitzt ein Weibchen in ihrem hübschen selbst gebauten Netz, drücken sich mehrere paarungsbereite Männchen in der Nähe herum und warten, bis das Weibchen frisst. Dann beginnt die Balz: Wie bei vielen anderen Spinnenarten bringen die Männchen dem Weibchen ein Brautgeschenk – aber kein selbst gefangenes, sondern eins aus den Vorräten des Weibchens. Es ist ein wenig so, als hätten wir ein Date und das Gegenüber würde uns einen schönen kühlen Weißwein als Gastgeschenk überreichen, den die Person jedoch gerade erst aus unserem eigenen Kühlschrank genommen hat. Die *extra mile* wird hier also nicht gelaufen, nun ja. Um auf sich aufmerksam zu machen, gibt es spezielle Balzfäden am Netz des Weibchens. Die werden auf eine bestimmte Art und Weise kunstvoll gezupft, damit das Weibchen versteht: ah, keine Beute, sondern ein Gitarre spielender Sexualpartner. Dennoch traut sich ein Männchen erst an die etwas größere Angebetete heran, wenn diese wieder mit Fressen beschäftigt ist – nicht, dass es doch zu Verwechslungen kommt, im Eifer des Gefechts. Dann wird schnell kopuliert, und das Männchen schaut, dass es wieder wegkommt, bevor die Dame des Hauses aufgegessen hat.

Baldachinnetze

Baldachinnetze sind der bei uns am häufigsten verbreitete Spinnennetztyp. Vor allem jetzt im September findet man diese filigranen Kunstwerke überall auf Wiesen und im Gebüsch. Die Netze selbst sehen nicht wie das klassische Radnetz aus, sondern bilden ein dichtes Gewebe, das zwischen Pflanzenteilen aufgespannt wird. Unterhalb dieses Baldachins sitzt die Spinne und wartet darauf, dass sich kleine Insekten in ihm verheddern. Spinnenarten, die Baldachine bauen, haben eine spezielle Färbung. Es ist natürlich gut, wenn man als Spinne optisch nicht so auffällig ist, wenn ein Vogel über einen drüberfliegt oder wenn sich eben Beute dem Netz nähern soll. Deshalb haben sie die sogenannte »Verkehrtfärbung«, was aber nichts mit »falsch« zu tun hat, sondern eher mit »ins Gegenteil verkehrt«. Das bedeutet, dass die Spinnen dieser Gruppe einen hellen Rücken und eine dunkle Bauchunterseite haben. Das macht Sinn, da sie ja meist »kopfüber«, also mit dem Rücken zum Erdboden gewandt, unter dem Netz hängen und lauern. Dadurch, dass der nach oben zeigende Bauch dunkel ist, verschmilzt die Spinne aus der Vogelperspektive betrachtet optisch mit dem darunterliegenden Erdboden. Smart!

Trichter- und Falltürnetze

Das Trichternetz ist eine sehr spannende Form des Fangnetzes. Die Hauswinkelspinne baut diese Netze beispielsweise gerne in unsere Keller und Garagen, was vielen Menschen gar nicht so lieb ist. Dabei kann so eine Spinne eine sehr gute Hausfreundin werden. Und keine Sorge: Nachwuchs dezimiert sich in der Regel erst gegenseitig ein bisschen und wandert dann ab. Bis zu sieben Jahre kann so eine Spinne alt werden, kann uns also lange begleiten und Motten, Stechmücken, Fliegen und andere Tiere aus unseren Behausungen fernhalten. Um ihre Beute zu fangen, baut die Spinne einen

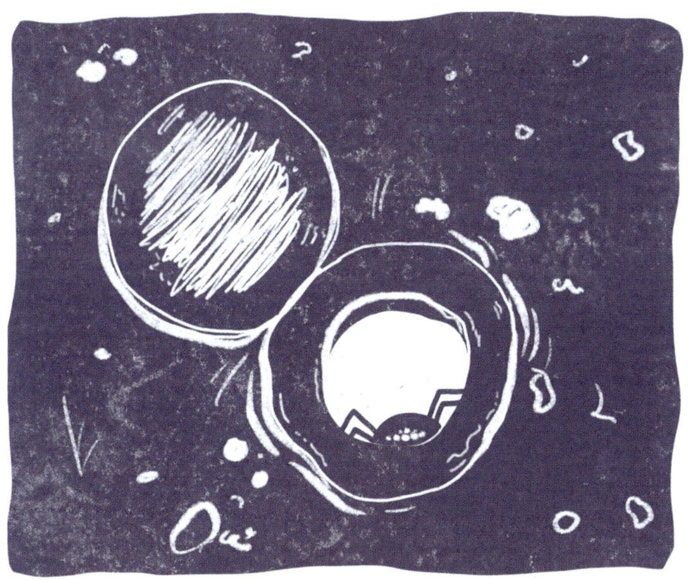

großen Gespinstteppich, der am Ende in eine trichterförmige Öffnung mündet, die Wohnröhre. Dort lauert die Spinne still und reglos, häufig gucken dabei nur die vorderen Beinchen heraus. Landet nun ein Insekt auf diesem Gespinst oder läuft darüber, wird die Spinne durch die Vibration darauf aufmerksam und schießt aus ihrer Röhre – bereit, die sich in Sicherheit wähnende Beute zu schnappen.

Falltürnetze kennst du vielleicht aus Dokumentationen, aus dem Zoo oder wenn du selber exotische Spinnen hältst. Tropische Falltürspinnen leben in Röhren im Boden. Die Seitenwände tapezieren sie mit ihrer Spinnenseide aus, und das offene Ende verschließen sie mit einer beweglichen Tür, die sogar ein richtiges Scharnier hat. Von innen hält die Spinne die Tür zu und guckt durch einen Spalt nach draußen, von außen ist der Mechanismus gut getarnt, sodass die Falle schwer von der Umgebung zu unterscheiden ist. Kommt (meist nachts) Beute vorbei, fliegt die Tür auf, die Spinne schießt raus, schnappt sich ihr Nachtmahl in spe und zieht es mit in die Röhre.

Unregelmäßige Raumnetze

Die unregelmäßigen Raumnetze der Zitterspinnen kennst du mit hoher Wahrscheinlichkeit aus deinen eigenen vier Wänden. Diese Art des Netzes wirkt relativ chaotisch und folgt keiner festen Struktur. Stattdessen bilden viele kreuz und quer gewebte Fäden einen losen Teppich, an dem die Zitterspinne mit dem Rücken nach unten und Bauch nach oben hängt und auf Beute wartet.

Anders als bei den Radnetzen unserer Kreuzspinnen greifen Zitterspinnen jedoch nicht auf Leimfäden beim Beutefang zurück, sondern behelfen sich hier eher mechanisch: Sogenannte Schraubfäden sind so gebaut, dass sich die Fäden wie eine Falle um die Beine der Beute wickeln, sobald diese so einen Faden berührt. So ist es für das gefangene Tier kaum noch möglich, zu entkommen. Die Zitterspinne eilt dann zur Beute und wickelt diese mit Spinnenseide ein, sodass sie ihren so hergestellten »Burrito« in aller Ruhe aussaugen kann.

Sonderformen

Es gibt noch mehr spannende Netztypen, aber eins finde ich besonders toll: das der Käscher- oder Wurfnetzspinnen.

Diese tropischen Spinnen arbeiten, wie der Name schon verrät, mit kleinen mobilen Wurfnetzen, als seien sie winzige Gladiatoren. Sie hängen sich kopfüber von einem Haltenetz oder von einem Pflanzenteil hinab und spinnen sich dabei ihr Wurfnetz zurecht. Das halten sie aufgespannt zwischen den Vorderbeinen, und sobald unter ihnen ein Insekt vorbeikommt, werfen sie das Netz auf die Beute und schnappen sie sich.

Hightechmaterial Spinnenseide

Womit Spinnen diese Wunderwerke in oft atemberaubender Geschwindigkeit bauen, ist ebenfalls sehr interessant.

Spinnenseide besteht aus Proteinen, die die Tiere aus ihrer Insektenkost ziehen. Hergestellt wird sie in den Spinndrüsen, an die die superbeweglichen Spinnwarzen angeschlossen sind – das sind diese Knubbel am Hintern der Spinne, aus denen die Seide kommt.

Bei den Webspinnen, die die Seidenproduzentinnen unter unseren achtbeinigen Freundinnen sind, findet man vier bis sechs Spinndrüsen unter den Spinnwarzen am Hintern, und je nach Spinnenart und auch je nach Aufgabe kommen dort verschiedene Typen von Spinnseide raus – beispielsweise für Leimfäden fürs Netz, für das Spinnen eines Kokons oder zum Fesseln der Beute. Diese Fäden unterschiedlicher Konsistenz und Dicke ergeben sich durch verschieden geformte sogenannte Spinnspulen. Eine Spinnwarze kann mehrere dieser Spulen aufweisen, wobei man die ein wenig mit unterschiedlichen »Aufsätzen« vergleichen kann. Je nachdem, was für ein Faden gebraucht wird, wird ein anderer Aufsatz verwendet. Es gibt Spinnenarten, die bis zu fünfzigtausend dieser Aufsätze am Hintern tragen können – dagegen sieht jedes Schweizer Taschenmesser blass aus.

Stärker als Stahl

Nun ist es nicht so, dass die Spinne in ihrem Körper einen fertigen Faden bildet und dieser dann einfach rauskommt. Die Bestandteile der Spinnenseide gluckern in einer salzigen Flüssigkeit in den Spinndrüsen herum. Wird ein Faden gebraucht, presst die Spinne das Sekret aus den Drüsen heraus, wobei das Salz zurückbleibt und nur die Seidenbestandteile den Spinnenkörper verlassen. Sobald diese Substanz in Kontakt mit der Luft kommt, härtet sie sofort zu einem Faden aus. Durch eine spezielle Anordnung der Aminosäuren, die sich beim Auspressen ergibt, erzeugt die Spinne ein Gewebe, das extrem reißfest, aber dennoch sehr elastisch ist.

Spinnenseide ist eine der stärksten Fasern, die wir aus der Natur kennen, sie kann beispielsweise drei Mal mehr Zug standhalten als das superstabile Hochleistungsmaterial Kevlar, das auch in der Raumfahrt Verwendung findet. Lange schon versuchen Wissenschaftlerinnen und Wissenschaftler, diese Faser im Labor nachzubauen – bislang vergeblich. Ja, es gibt durchaus Produkte, die dem schon nahekommen, allerdings fehlt immer so das letzte Fitzelchen, um die Perfektion einer von einer Spinne produzierten Seide zu erreichen. Das liegt unter anderem daran, dass wir noch gar nicht richtig wissen, wie die Spinne die Moleküle der Seide so angeordnet kriegt, dass sie diese wunderbaren Eigenschaften erhält. Und auch auf molekularer Ebene ist dieser Vorgang unglaublich komplex. Je nach Fadenart ist die chemische Zusammensetzung unterschiedlich, mal ist der Faden klebriger, mal nicht, und das wird alles von der Spinne gesteuert.

Perlmutt und Maulbeerseide

Spinnen sind nicht die einzigen Tiere, die Seide produzieren. Sogar im Wasser wird Seide hergestellt. Wenn man die Schalen bestimmter Muscheln analysiert, stellt man schnell fest, dass die innerste Schicht aus Perlmutt besteht, was ebenfalls Seidenproteine beinhaltet. Und auch die Ausscheidungen einiger junger Muscheln, mit denen sie sich an Steinen und anderen Oberflächen anheften, bezeichnet man als »Muschelseide«. Dieser Stoff ist recht ähnlich zu der Seide, die Gliederfüßer herstellen können, zeichnet sich aber durch einen anderen Molekülaufbau und eine etwas andere Zusammensetzung aus.

Bei den Seide produzierenden Insekten ist vermutlich die Seidenraupe am bekanntesten, die Larve des Seidenspinners.

Die Raupen sind in ihrer Nahrungsauswahl recht wählerisch: Ausschließlich Blätter des Maulbeerbaumes lassen das Wasser in ihren kleinen Mündern zusammenlaufen. Die zwölf bekannten Gattungen der Maulbeerbäume waren ursprünglich in den Subtropen außerhalb Europas heimisch, wurden jedoch schon zur Zeit der Römer aufgrund ihrer gut schmeckenden Früchte nach Europa eingeführt. In unseren Parks und Gärten findet man häufig kultivierte Formen der Weißen Maulbeere.

Ungefähr einen Monat nach dem Schlupf aus dem Schmetterlingsei ist die Raupe des Seidenspinners so weit, den von der Modeindustrie heiß geliebten Stoff zu produzieren. Ihre Spinndrüsen haben die Form eines in sich gewundenen Schlauchs, an dessen Ende sich kleine Öffnungen befinden, durch die die Seide herauskommt. Den Seidenfaden webt die Raupe mithilfe ihres Kopfes sehr schnell und zielsicher um ihren Körper herum, bis sich aus bis zu neunhundert Laufmetern ein dichtes Gespinst um sie geformt hat – der Kokon. Acht Tage später bildet sich die Raupe zur Puppe um, und ungefähr eine Woche später schlüpft dann der fertige Seidenspinner.

Die unterschiedlichen Seidenraupenarten produzieren ihre Seide in verschiedenen Farben. Um bestimmte für uns Menschen interessante Färbungen zu erzielen, werden sie von Züchterinnen und Züchtern miteinander gekreuzt. Durch genetische Anpassungen bei den Tieren ist es sogar möglich, fluoreszierende Seide zu erhalten. Dafür hat man sich bei Quallen bedient, die Fluoreszenzproteine herstellen können. Im normalen Licht sieht diese spezielle Seide einfach hell gefärbt aus, strahlt man sie jedoch mit UV-Licht an, leuchtet sie bunt.

Insgesamt findet man die Fähigkeit, Seide zu spinnen, in den meisten Insektenordnungen, vor allem bei Tieren, die eine Metamorphose durchlaufen, wie beispielsweise Wespen, Schmetterlingen, Fliegen, Ameisen, Motten oder Käfern. Auch der Stamm der Tausendfüßer, der zwar zu den Gliederfüßern, aber, genau wie Spinnen, nicht zu den Insekten gehört, hat diesen Skill drauf. Die Männchen spinnen ein zartes Nest aus Seide, in das die Eier gebettet werden.

Anders als bei den Spinnen produzieren Insekten ihre Seide jedoch meistens nicht am Hintern, sondern am Kopf oder sogar mit den Füßen. Während eine Spinne mehrere Arten von Seide in ihrem Repertoire hat, können Insekten und andere Tiere in der Regel nur eine Variante Seide spinnen. Und da es energietechnisch verdammt teuer ist, Seide zu produzieren, verlegen sich die meisten Nicht-Spinnentiere darauf, diese anstrengende Tätigkeit nur in der Larvenphase ihres Lebens auszuüben – also dann, wenn die kleinen Racker ununterbrochen am Futtern sind.

Die Spinnen kommen

Wenn man die meisten Menschen fragt, würden die vermutlich lieber Schmetterlinge statt Spinnen in ihren Hausecken sitzen haben. Und gerade im Herbst suchen diese achtbeinigen Freunde wegen der sinkenden Temperaturen und steigenden Luftfeuchtigkeit ein warmes und trockenes Plätzchen in einer Ecke, um gut durch den Winter zu kommen. Meistens sind das Zitterspinnen, kleine Kugelspinnen, Hauswinkelspinnen oder auch in letzter Zeit häufiger die Nosferatu-Spinne, die der Hauswinkelspinne ein wenig ähnelt, mit ihrem Biss aber durch dünnere Haut kommt. Das zwiebelt dann ungefähr so stark wie ein Bienenstich. Unangenehm, aber nicht gefährlich.

Und wusstest du, dass alle Spinnen bis auf die Kräuselradnetzspinnen Giftdrüsen besitzen? Aber keine Sorge, nicht alle können uns beißen. Für die meisten Spinnen ist menschliche Haut viel zu dick, das wäre so, als würden wir versuchen, an einem Baumstamm die Rinde zu durchbeißen. Und selbst wenn eine heimische Spinne es mal schaffen sollte, hat ihr Biss in der Regel keine schlimmen Auswirkungen.

Bisher waren drei Arten in Deutschland unterwegs, deren Gift medizinisch relevante Reaktionen bei uns Menschen auslösen kann: der Ammen-Dornfinger, die Wasserspinne und die Kreuzspinne. Und damit meine ich jetzt nicht Tod, sondern eben Schmerzen und, im Fall des Dornfingers, auch ab und zu mal ein leichtes Unwohlsein.

Mittlerweile haben sich aber wegen der durch den Klimawandel steigenden Temperaturen noch weitere für uns relevante Giftspinnen in unseren Breiten angesiedelt. Einerseits ist da die eben erwähnte Nosferatu-Spinne, aber auch die Schwarze Witwe, die Mächtige Fischernetzspinne, die Gemeine Tapezierspinne oder die Edle Kugelspinne wurden schon in Deutschland nachgewiesen. Wichtig hierbei ist erst einmal, sollte man unverhofft auf eine von ihnen treffen: keine Panik. In den Medien werden die Auswirkungen der Bisse oft extrem aufgebauscht, und es klingt, als würden wir von ihnen überrannt werden. Das sind Spinnenarten, bei denen man nach einem Biss durchaus eine Ärztin oder einen Arzt aufsuchen sollte, jedoch sind diese Tiere so selten, dass es vermutlich wahrscheinlicher ist, beim Aufs-Handy-Schauen vom Auto überfahren zu werden.

Klingt alles nicht so toll? Verstehe ich, auch wenn ich ausgewiesene Spinnenfreundin bin und die Kolleginnen im Winter sogar mit meinen Asseln füttere, wenn ich merke, dass eine schon länger nix mehr hatte. Hier mal ein paar Gründe, wieso du Spinnen bitte nicht totschlagen oder mit dem Staubsauger einsaugst, sondern wenn, dann wieder einfach nach draußen tragen solltest. (Bitte sauge generell niemanden ein.)

Spinnen sind niedlich

Das magst du vielleicht anders sehen, aber immer, wenn ich einer Spinne in ihr ehrliches Gesichtchen blicke, denke ich mir: KÖNNEN DIESE ACHT AUGEN LÜGEN? Bei einer Spinne weiß man immer, woran man ist. Sie frisst Insekten und sitzt herum. Sie lässt dich in Ruhe und guckt zwischendrin halt ein bisschen verpeilt in der Gegend rum. Keine Spielchen, keine falschen Signale.

Nein, wir essen keine sieben Spinnen pro Jahr

Das ist ein urbaner Mythos, und diese Zahl und die Behauptung sind frei erfunden. Für Spinnen sind wir zwar durchaus so was wie ein Stein oder eine bekletterbare Pflanze, die nehmen uns, wenn wir stillsitzen, kaum als Lebewesen wahr. Aber wenn eine Spinne, wieso auch immer, auf uns landet, merkt sie sehr schnell, dass hier etwas nicht stimmt. Ein schlafender, atmender Mensch ist ungefähr das LETZTE, auf das eine Spinne Lust hat. Wenn sie einen Menschen bemerkt, will sie nur noch eins: weg. Und sicher nicht in den feuchten Mund, in dem es so elendig zieht. So stellt sich eine Spinne vermutlich die Hölle vor, also sei unbesorgt: Spinnen umfahren uns im Schlaf weiträumig.

Spinnen halten Motten, Stechmücken, Milben und Fliegen in Schach

Wenn du über zu viele Spinnen in deiner Wohnung stöhnst, solltest du vielleicht mal kurz innehalten und dich fragen, wovon die sich eigentlich ernähren. Wenn die nämlich so viel Nahrung bei dir finden, dass sie sich wohlfühlen, wäre es wohl hilfreich, sich zu überlegen, wie es in der Wohnung aussähe, wenn keine Spinnen da wären. Und wer sich dann alles so in deinen vier Wänden ausbreiten würde, denn es ist ja nun einmal so: Spinnen ernähren sich nicht von Müsli. Und vielleicht bist du ja auch dankbar, gar nicht so genau wissen zu müssen, wen oder was dir dein achtbeiniger Hausgast so vom Leibe hält. Eine Kreuzspinne frisst beispielsweise rund zwei Kilo Insekten im Jahr. Ganz ehrlich, ich glaube nicht, dass ich die zwei Kilo gerne frei krabbelnd und fliegend in meiner Wohnung hätte, da nehme ich doch lieber die kostenfreie Serviceleistung der Spinne in Anspruch.

Die Schnapsnasen unter den Insekten

Wie ich eingangs schrieb, gibt es im September richtig viel Obst zu ernten, was aber auch eins bedeutet: Es gibt Fallobst. Und Fallobst gärt. Und wenn Fallobst gärt, entsteht Alkohol. Deshalb erzähle ich dir jetzt mal von saufenden Insekten.

Dass nicht nur wir Menschen gerne mal einen über den Durst trinken, wissen vielleicht einige schon – genau, auch Tiere langen an der Minibar ordentlich zu. Ein besonders prominentes und vielen Menschen bekanntes Beispiel sind hier Schmetterlinge, deren taumelnder Flug nicht immer unbedingt nur an der Anatomie ihres Flugapparates liegt.

Schmetterlinge leben die meiste Zeit ihres Lebens als Raupe, während ihr Dasein als erwachsenes Tier meist nur von kurzer Dauer ist. Während sich die Raupen wirklich ununterbrochen Blätter und Ähnliches in ihre kleinen Schnuten stopfen, üben sich ausgewachsene Falter eher in Zurückhaltung. Viele von ihnen haben nach der Metamorphose, also der Verwandlung von Raupe zu Schmetterling, nur einen kleinen Saugrüssel, um ein wenig Nektar, Pflanzensäfte oder Wasser aufzunehmen – wenn überhaupt. Sie haben dann zwei oder drei Wochen Zeit, sich zu paaren, und dann sterben sie.

Kleiner Fun Fact an dieser Stelle: Wusstest du, dass es Schmetterlinge gibt, die Blut trinken? Ja, so habe ich damals auch geschaut, als ich es erfahren habe. Meist sind das tropische Arten, doch die Wiesenrauten-Kapuzeneule kommt zum Beispiel in Skandinavien vor und sagt auch bei Menschenblut nicht unbedingt Nein. Es gibt jedoch auch Schmetterlinge, die als Erwachsene gar nichts mehr essen –

sie haben sich als Teenies Reserven angefuttert, die ein paar Tage halten, sodass man sich paaren und dann verenden kann. Wäre für mich jetzt nichts, aber gut.

Doch zurück zu unseren Schnapsnasen. Schmetterlinge trinken gerne den Saft faulenden Obstes, und wenn Obst fault beziehungsweise gärt, entsteht Alkohol. Den führen sich unsere kleinen farbenfrohen Freunde wirklich in rauen Menge zu Gemüte.

Der Alkohol hilft männlichen Schmetterlingen dabei, ihr Spermatophoren-Paket von der Qualität her aufs nächste Level zu bringen. Falls du dich gerade fragst: Spermato-was? Das sind kleine Spermienpakete, die die Männchen bei der Paarung an die Weibchen übertragen. Man hat festgestellt, dass die Qualität des Spermas besser ist, wenn der feine Herr sich vorher ordentlich einen reingestellt hat. Bei Menschen ist das genau andersherum, aufgepasst: Häufiger Alkoholkonsum senkt die Produktion lebensfähiger Spermien.

Fruchtfliegen ertränken Liebeskummer in Alkohol

So könnte man ausdrücken, was bei diesem kleinen Räuber unserer Obstkörbe passiert, wobei das natürlich eine vermenschlichte Perspektive auf die Geschehnisse ist. Aber dennoch: Man hat in Studien herausgefunden, dass Fruchtfliegenmännchen, die von Weibchen zurückgewiesen wurden, versuchten, mit Alkohol ihre Stimmung zu heben. Während nämlich ihre Kumpels, die sich erfolgreich gepaart hatten, einen hohen Level des ein Zufriedenheitsgefühl vermittelnden Botenstoffes Neuropeptid F aufzeigten, wiesen ihre einsamen Kollegen nur die Hälfte seiner Konzentration im Gehirn auf. Sie waren sogar so frustriert durch ihren Sexmangel, dass sie, wenn sie dann doch endlich auf ein paarungsbereites Weibchen trafen, kein Interesse an ihm zeigten und nur deprimiert vor sich hin brüteten. Sie interessierten sich in dieser Phase nämlich nur noch für eins: Drinks.

Es ist jetzt aber bei Weitem nicht so, dass sich nur abgewiesene Fruchtfliegenmännchen für das runde Bouquet eines Merlot begeistern können. Alle Menschen, die in Laboren arbeiten, wissen: Sobald Fruchtfliegen Zugang zu Alkohol haben, besaufen sie sich hemmungslos. Wobei man für diese Feststellung nun wirklich kein Labor braucht: Wenn du selbst mal jetzt im Spätsommer ein Glas Wein über Nacht hast stehenlassen und währenddessen durch Fruchtfliegenbesuch »beehrt« wurdest, fandest du am nächsten Morgen vermutlich so einige dieser Schnapsnasen im Nektar der Götter schwimmen. Tatsächlich können Fruchtfliegen, die während Studien freien Zugang zu Alkohol haben, nach einer Weile ein Verhalten an den Tag legen, das einen Hinweis auf eine sich entwickelnde Alkoholsucht geben kann.

Übrigens produzieren auch wir Menschen einen ähnlichen Botenstoff: Neuropeptid Y (ja, ich weiß, bei der Namensgebung hat man sich jetzt nicht so mega die Mühe gegeben). Es gibt Hinweise darauf, dass bei uns Depressionen, posttraumatische Belastungsstörungen und auch eine Affinität für Drogen- oder Alkoholsucht mit einem niedrigen Spiegel dieses Stoffes einhergehen. Allerdings sind die Prozesse im Gehirn bei Suchterkrankungen wahnsinnig komplex, sodass man jetzt nicht direkt von einer Kausalität ausgehen kann. Es kann auch eine Korrelation sein, also eine wechselseitige Beziehung, oder zumindest nur ein Puzzleteil im komplizierten Zusammenspiel all der unzähligen Faktoren, die zur Sucht führen können.

Bitte lass dich jetzt aber nicht von Insekten inspirieren, dir ebenfalls kräftig einen Schnaps nach dem anderen in den Korpus zu knallen, um etwas »für die Gesundheit« zu tun. Denn Schmetterlinge und Fruchtfliegen sind besser für Alkohol ausgelegt. Sie haben keine Lebern wie wir, keine komplexen Gehirne und auch kein so ausgeprägtes Privat- oder Berufsleben, das man als Mensch lieber nicht gegen die Wand fährt. Bei uns empfiehlt sich tatsächlich eher, beim nächsten Fußballspiel mal alkoholfreies Bier auszuprobieren, wenn man möglichst lange etwas von einem funktionierenden Körper und seinen Liebsten haben möchte. Ich selbst trinke auch keinen Alkohol mehr, weil ich mit Mitte dreißig jetzt schon immer nach einem Bier verkatert bin und es einfach keinen Zweck mehr hat, doch glaub mir: Nicht zu trinken ist eigentlich ganz geil.

Superhelden und Aliens

Sie sind überall. Sie leben in Wäldern, im Garten, in unseren Häusern, unter Wasser. Wir finden sie auf Pflanzen, im Meer und sogar im ewigen Eis, aber auch im Kühlschrank, im Supermarkt, im Kuchen, auf unseren Haustieren und sogar in uns! Klingt gruselig, oder? Das, vom dem ich hier spreche, sind Organismen, die von den meisten Menschen gern spontan als »irgendwas Pflanzenmäßiges« eingeordnet werden: von Pilzen. Und die sind natürlich große Akteure im Herbst und schießen überall aus dem Boden.

Tatsächlich sind Pilze für mich eigentlich das spannendste Reich der Lebewesen; und ja, das schreibe ich, obwohl den Wirbellosen mein Herz gehört. Die Gründe sind einfach auf-

gezählt: weil Pilze Superhelden, Aliens und fast schon mythische Zauberwesen in einem sind.

Seit vielen Millionen Jahren legen sie eine evolutionäre Erfolgsgeschichte hin, die ihresgleichen sucht. Manche Pilze sind Parasiten, während andere symbiotische Beziehungen mit anderen Organismen eingehen, ihre Lebensweisen sind unglaublich kreativ.

Früher dachten Menschen: Es ist sesshaft, läuft nicht rum, muss also eine Pflanze sein. Doch Pilze haben mehr mit Tieren als mit Pflanzen gemein. Es wird angenommen, dass sich Pilze aus Vorfahren entwickelt haben, die den heutigen Algen ähnelten. Wie Algen sind Pilze heterotroph, das heißt, sie müssen Nährstoffe aus anderen Quellen beziehen, da sie ihre Nahrung nicht selbst herstellen können. Im Gegensatz zu Algen haben Pilze jedoch keine Chloroplasten, die den grünen Farbstoff Chlorophyll enthalten, und können daher keine Photosynthese betreiben. Heutzutage geht man deshalb davon aus, dass sie sogar noch vor den Pflanzen die Landflächen unseres Planeten besiedelt und den Pflanzen den Landgang überhaupt ermöglicht haben. Vor Kurzem wurde ein Pilz-Fossil der Art *Ourasphaira giraldae* entdeckt, dessen Alter die Forschung auf ungefähr eine Milliarde Jahre schätzt. Heftig, oder?

Eins der größten und ältesten Lebewesen der Welt

Der Hallimasch ist ein Pilz, der zur Gattung der Honigpilze gehört und oft als Speisepilz gesammelt wird – auch in unseren Wäldern findet man Hallimascharten. Und auch in meinem Buch *Abschied von Hermine*, wo ich unter anderem über ihn und andere Lebewesen spreche, die besonders alt werden.

Bei dieser Pilzart sollte man aber bedenken, dass Hallimasche im rohen Zustand giftig sind, hier gilt also: *handle with care*. Obwohl dieser Pilz auf den ersten Blick gewöhnlich erscheint, ist er in Wirklichkeit eine besonders eindrucksvolle Erscheinung. Allerdings kann sein Appetit für den Wald gefährlich werden, da seine Hauptnahrung lebende Bäume sind. In der Vergangenheit rätselte man im Malheur National Forest in Oregon, USA, warum dort so viele Bäume großflächig abstarben. Bis man schließlich ein riesiges Pilzmyzel der Hallimaschart *Armillaria ostoyae* fand, das sich über beeindruckende neunhundert Hektar erstreckte – was der Fläche von über eintausendzwanzig Fußballfeldern entspricht! Sein Alter: rund zweitausendvierhundert Jahre, und trotzdem ist er noch ein Jungspund, dem es sehr gut geht. Sein Kampfgewicht: sechshundert Tonnen. Und ja, dies ist tatsächlich ein Individuum – ein einzelner Pilz. Denn was wir so gerne im Wald sammeln und in die Pfanne hauen, sind niemals einzelne Pilze. Es ist den meisten von uns nicht bewusst, aber wenn wir Pilze sammeln, dann nehmen wir nur die Fruchtkörper mit. Also die Fortpflanzungsorgane der Pilze, nicht die Pilze selbst. Lässt das leckere Pilzomelett, das du dir gestern Abend zubereitet hast, in einem ganz anderen Licht erscheinen, oder? Jedenfalls, der eigentliche Pilz schlummert oft im Waldboden oder im Holz: das Myzel. Versteckt vor den Blicken neugieriger Pilzsammlerinnen und Pilzsammler lebt der Pilz im Dunkeln, wo er sich unbeirrt ausbreitet, man könnte schon sagen: fortbewegt. Und zwar immer in Richtung Nahrung.

Pilze bilden ein gigantisches unterirdisches Informationsnetzwerk, das den ganzen Waldboden durchzieht, sind also so etwas wie die Datenautobahn des Waldes, weil damit sehr viele Stoffe und dadurch auch Informationen von einem Ort zum anderen transportiert werden – und das tausende Jahre lang. Wer weiß, was da schon alles entlanggewandert ist, und, na ja, wer. Ich sag, wie es ist: Pilze sind Leichen gegenüber auch nicht gerade abgeneigt. Gegessen wird, was schmeckt, und schmecken tut alles (oder jeder), das oder der auf den Tisch kommt (oder in einer Nacht- und Nebelaktion verbuddelt wird). Räusper.

Die Badenixen unter den Pilzen

Wenn wir an einen Pilz denken, denken wir häufig an irgendwas mit Stiel und Hut oder an schwammige Gebilde im Herbstlaub oder auf Totholz, doch Pilze haben unendlich viele Formen und Größen. Es wird geschätzt, dass es derzeit über drei Millionen verschiedene Pilzarten gibt, von denen

viele in Formen existieren, die wir vielleicht gar nicht als Pilze erkennen würden. Ein gutes Beispiel dafür sind die aquatischen Pilze, über die wir so wenig wissen wie über kaum eine andere Organismengruppe. Aus diesem Grund werden sie auch oft als »mikrobielle schwarze Materie« bezeichnet. Lange waren sie für die Forschung nicht sehr spannend, weshalb es da einigen Nachholbedarf gibt. Problematisch ist hierbei natürlich auch, dass es deshalb kaum entsprechende Schutzprogramme für diese Organismengruppe gibt, sodass wir so gut wie gar nicht auf dem Schirm haben, wer da wie vom Aussterben bedroht ist. Konzepte, um aquatische Pilze zu schützen, fehlen massiv.

Das ist schade, denn diese unscheinbaren Kollegen sind sehr spannend: Ob kleine Pfütze oder großes Meer, sie sind in nahezu allen Wassermassen anzutreffen. Dabei spielen die besonderen Lebensbedingungen eine große Rolle für ihren Lebenszyklus, denn anders als ihre terrestrischen Artgenossen müssen sich aquatische Pilze an ein Leben in ständiger

Nässe anpassen. Dabei ist es ihnen auch möglich, in Salzwasser, Eis und Schnee zu überdauern. Wie das funktioniert? Ganz einfach: Die kleinen Organismen sind mit besonderen Stoffen ausgestattet, welche sie kälteresistent machen und folglich für ein Überleben auch bei Minusgraden sorgen.

Pilze sind ein wesentlicher Bestandteil der Zersetzung von Biomasse nicht nur an Land, sondern auch in Gewässern – beispielsweise verdauen sie Nahrung vor, die andere kleinere Lebewesen dann weiter verstoffwechseln können. Auch dienen sie selbst als Nahrung, wie wir schon im Kapitel über Ameisen gesehen haben. Durch die Verwendung von Fungiziden in der Landwirtschaft gelangen jedoch immer mehr für aquatische Pilze gefährliche Stoffe ins Wasser, was die Nahrungsnetze (zer-)stört und das ganze ökologische Gleichgewicht eines Gewässers bedroht.

Appetit auf Kunststoff

Dass sich Pilze auf nahezu allen Oberflächen ansiedeln können, wissen wir jetzt. Studierende von der Yale University hatten vor einigen Jahren etwas Spannendes im Dschungel des Amazonas entdeckt: *Pestalotiopsis microspora,* der erste uns bekannte Pilzorganismus, der den schwer abbaubaren Kunststoff Polyurethan (PUR) zersetzen kann.

PUR (nein, nicht die Band) landet meist auf der Mülldeponie und bleibt über viele Generationen hinweg in seiner Form beständig. In der Zeitschrift *Applied and Environmental Microbiology* beschreiben der Exkursionsleiter Jonathan Russell und seine Studierenden, wie sie aus Pflanzen, die während der zweiwöchigen Frühjahrsexkursionen des Kurses gesammelt wurden, einen Pilz isolierten, den sie als *Pestalotiopsis microspora* identifizierten, der schon seit Ende des neunzehnten Jahrhunderts bekannt ist. Doch was nicht bekannt war: wie gern er Plastik snackt.

2017 wurde auf einer Müllhalde in Pakistan dann der Plastikhunger eines weiteren, eigentlich schon bekannten Pilzes entdeckt: *Aspergillus tubingensis*, auch bekannt als »Tübinger Gießkannenschimmel«. Auch er kann in wenigen Wochen Polyurethan zersetzen. Ohne diesen Pilz würde es mehrere Jahre oder sogar Jahrzehnte dauern, bis der Kunststoff zerfällt. Die Forschung versucht gerade, dieses Prinzip irgendwie auf einen größeren Maßstab zu bringen, um damit unserem Plastikproblem einen weiteren Lösungsbaustein entgegenzusetzen.

Der beste Freund des Baumes

Du merkst schon: Pilze können mehr als nur gut schmecken oder giftig sein und sind nicht nur eine kurze Herbsterscheinung, es sind ganz und gar beeindruckende Lebewesen, die in aller Stille die Welt managen. Das obige Beispiel des Hallimasch klingt nun so, als seien Pilze für den Wald gefährlich, so ist es aber nicht. Meist sind sie extrem hilfreich und können auch sehr gute Baumfreunde werden: zum Beispiel die Mykorrhizapilze, die auch bei uns in Parks und Wäldern die Kiste am Laufen halten.

Das Wurzelwerk des Baumes ist nicht nur für seinen unerschütterlichen Halt von großer Bedeutung, sondern es ist auch unerlässlich für den Stoffaustausch mit der Umwelt. Die Wurzeln ziehen sich in Form von dicken, sich später verzweigenden Fäden durch die Erde und sind somit in der Lage, Nährstoffe und Wasser aufzunehmen, was für den Baum lebensnotwendig ist, um zum Beispiel Photosynthese durchführen zu können. Doch die Wurzeln eines Baumes können nur an die Nährstoffe gelangen, die in Reichweite liegen und auch von der Beschaffenheit her zugänglich sind. Daher ist es unmöglich für den Baum, an alle Snacks zu gelangen, die tief in der Erde liegen oder gar nicht in der Nähe vorkommen. Dies ist jedoch kein Problem, wenn Pilze ins Spiel kommen und dem Baum helfen.

Die Hyphen (also die kleinen Fäden, aus denen das Pilzmyzel besteht) dieser Pilze verbinden sich mit den Wurzeln der Bäume und bilden eine gemeinsame symbiotische Lebensgemeinschaft, die man als Mykorrhiza bezeichnet und die einen Überlebensvorteil bildet. Pilze kommen nämlich an Nährstoffe, von denen der Baum selbst nur träumen kann, sie zu erreichen: Sie können sogar Gesteine aufbrechen und verdauen und die darin gebundenen Mineralien für die Pflanze aufbereiten, sodass sie sie aufnehmen kann. Krass, oder? Schon junge Keimlinge suchen in den ersten Tagen ihres Lebens den Kontakt zu Pilzen, um sich einen Startvorteil zu verschaffen.

Bewusstlos durch den Winter

Jetzt im September sind die Weichen bereits in Richtung Winterschlaf gestellt. Viele Tiere bereiten sich auf die karge und kalte Zeit vor, die da kommt. Um einigermaßen bewusstlos und mit dem Körper auf Sparflamme durch den Winter zu kommen, gibt es verschiedene Strategien, die ich dir jetzt mal vorstellen werde.

Winterschlaf

Murmeltiere (*Marmota*) sind niedliche Bergbewohner, die vor allem durch ihren Winterschlaf bekannt sind. Sie gehören zur Gattung der echten Erdhörnchen und sind in Europa in Hochgebirgslagen zu finden, während in den Vereinigten Staaten das Waldmurmeltier verbreitet ist. Da Murmeltiere Wärme meiden, gibt es sie nicht in wärmeren Regionen der Welt. Eine alte Bauernregel besagt, dass das Verhalten des Murmeltiers am Groundhog Day, der am 2. Februar in Nordamerika begangen wird, etwas über den weiteren Verlauf des Winters aussagen kann. Der Brauch, Murmeltiere aus ihren Bauen zu locken und zu schauen, ob sie ihren eigenen Schatten sehen (es geht einfach darum, ob die Sonne scheint), bildet auch die Grundlage des Films *Und täglich grüßt das Murmeltier*. Obwohl man heute nicht mehr wirklich an diese Regel glaubt, hat sie sich gehalten. Solche Bauernregeln sind auch in Deutschland bekannt, hier heißt es zum Beispiel: *Sonnt sich der Dachs in der Lichtmesswoche, geht auf vier Wochen er wieder zu Loche.* Das soll heißen, dass der Winter dann noch einen Monat anhält.

In Gebirgszügen wie den Alpen, Pyrenäen, Karpaten und dem Balkan findet man in Höhen zwischen ein- und dreitausend Metern das Alpenmurmeltier (*Marmota marmota*). Mit ihren stämmigen Körpern, kurzen Beinen und dreieckig anmutenden Köpfen sind diese Murmeltiere perfekt für kalte, hochgelegene Gegenden gemacht. Ihr dickes, doppellagiges Fell hält sie auch im scharf wehenden Bergwind warm. Die

Oberseite der Tiere ist dunkelbraun, die Unterseite heller und mit einem auffälligen weißen Streifen verziert.

Diese Murmeltiere sind tagsüber aktiv und ernähren sich von Gräsern und anderer Vegetation. Im Winter verkriechen sie sich in ihren ausgeklügelten Höhlen und versetzen sich in eine Art Winterschlaf, um in Zeiten von Nahrungsmangel und kalten Temperaturen Energie zu sparen.

Alpenmurmeltiere sind nicht nur zähe Überlebenskünstler, sondern auch soziale Tiere. Sie nutzen ihre Höhlen für die Aufzucht ihrer Jungen, die Lagerung von Nahrung und eben den Winterschlaf.

Murmeltiere sind echt die Schlafkönige. »Ausgedehnter Winterschlaf« heißt bei den Rackern meistens so fünf bis sechs Monate, gelegentlich auch gerne mal ein Dreivierteljahr. Um gut durch den Winter zu kommen und genügend Fettreserven zur Verfügung zu haben, fressen sie sich im Sommer richtig voll. Damit es schön gemütlich wird, graben sie sich einen Schlafkessel, den sie mit Gras auspolstern. Wenn es kalt wird, begeben sie sich in Winterschlaf und werden durch steigende Außentemperaturen wieder geweckt. Im Winter verkleinern sich bei Murmeltieren Darm, Leber und Nieren um dreißig Prozent, während der Herzschlag von rund hundert Schlägen pro Minute auf nur noch zwei bis vier sinkt. Insgesamt sparen Murmeltiere während ihres Winterschlafs fast neunzig Prozent ihres Energiehaushalts ein. Stell dir einmal vor, wie effektiv ein Murmeltier als Finanzminister wäre!

Die meisten Tiere sind poikilotherm (wechselwarm), nehmen also ihre Umgebungstemperatur an. Insekten und Reptilien müssen sich zum Beispiel morgens in der Sonne aufwärmen, um in Gang zu kommen. Winterschlaf und Winterruhe hingegen sind Verhaltensweisen, die von Säugern und einigen Vögeln praktiziert werden, die über ein homoiothermes

System verfügen, das heißt, dass sie ihre eigene Wärme produzieren und aufrechterhalten können. In unseren zugebauten Städten haben es diese Tiere jedoch schwerer, genügend Nahrung zu finden, um für den Winterschlaf oder die Winterruhe genügend Fettreserven aufzubauen. Das Resultat ist, dass man im Winter dünne, schwache Tiere sieht, die Nahrung suchen, weil sie keine Energiespeicher mehr haben.

Wenn der Herbst beginnt, suchen die Winterschläfer einen sicheren Unterschlupf für die nächsten Monate. Sicherheit hat oberste Priorität, da die Tiere im Winterschlafzustand hilflos und damit potenziellen Räubern ausgeliefert sind, wenn sie gefunden werden. Murmeltiere sind soziale Winterschläfer und kuscheln sich in Gruppen von etwa zwanzig

Tieren zusammen, um den Winter gemeinsam zu überstehen. Dies erhöht die Überlebenswahrscheinlichkeit insbesondere für kleine und junge Murmeltiere bei sehr niedrigen Temperaturen.

Der Winterschlafzustand, auch als Torpor bekannt, ist eine Möglichkeit für Tiere, ihren Energieverbrauch zu minimieren, indem sie den gesamten Körper auf Sparflamme setzen. Allerdings schlafen sie nicht ununterbrochen während dieser Zeit – der Winterschlaf ist vielmehr in regelmäßige Schlaf- und Wachphasen unterteilt. Beispielsweise dauert der Torpor bei Igeln etwa ein bis drei Wochen. Während dieser Zeit wird der Stoffwechsel abgesenkt, und es kommt zu einem starken Rückgang der Körpertemperatur auf durchschnittlich zehn Grad, manchmal sogar bis auf nur noch ein Grad. Der Herzschlag verlangsamt sich erheblich, und die Atmung ist stark reduziert – in extremen Fällen atmen Winterschläfer sogar nur noch einmal pro Stunde. Es ist wichtig, dass diese Tiere nicht zu oft aus ihrem Winterschlaf geweckt werden, da ihre Fettreserven sonst möglicherweise nicht bis zum Frühjahr reichen. Winterschlaf ist sehr wichtig für die Tiere, und wenn man bestimmte Winterschläfer davon abhält, Dachse zum Beispiel, können sie sogar sterben.

Winterschläfer sind nicht wirklich empfänglich gegenüber Reizen von außen, aber auch nicht von innen. Wer schläft, kann nicht wirklich aufs Klo gehen. Die Ausscheidungsprodukte, die aufgrund der fehlenden Nahrungsaufnahme sowieso schon minimal sind, sammeln sich am Ende des Darms an, und sobald das Tier aufwacht, geht es erst mal aufs Töpfchen. Ist ja auch klar – nach einem halben Jahr ist Druck dahinter!

Lange Zeit wurde angenommen, dass der Winterschlaf von sinkenden Außentemperaturen und verkürzten Tageslängen ausgelöst wurde, aber mittlerweile hat sich herausgestellt, dass auch viele andere Faktoren eine Rolle spielen. Im Herbst wird die UV-Strahlung schwächer, was eine direkte Auswirkung auf den Vitamin-D-Haushalt hat. Dies kann bei Menschen zu Herbst- oder Winterdepressionen führen, während bei Winterschläfern die Produktion von sogenannten Erstarrungshormonen angeregt wird, die den Winterschlaf auslösen. Die sogenannte innere Uhr kann auch eine Rolle spielen, indem sie die Bildung von Fettdepots unterstützt und den Körper dazu anregt, sich auf den Winterschlaf vorzubereiten. Es wird auch diskutiert, ob der erhöhte Kohlendioxidanteil in den Winterschlafhöhlen zur Aufrechterhaltung des Winterschlafs beitragen könnte. Es gibt aktuell noch viele offene Fragen, die die Forschung hoffentlich bald lösen kann.

Was ebenfalls noch ein Rätsel ist: warum Winterschläfer im Frühjahr aufwachen. Denkbare Auslöser sind steigende Temperaturen in der Umgebung und die Ansammlung von Stoffwechselendprodukten im Körper. Wenn diese Wecksignale vorliegen, werden von der Hypophyse Hormone ausgeschüttet, die das braune Fettgewebe aktivieren, um Wärme zu produzieren. Sobald die Körperkerntemperatur auf etwa fünfzehn Grad Celsius angestiegen ist, kann Muskelzittern dazu beitragen, sie weiter zu erhöhen. Dabei wird zuerst der Kopf- und Rumpfbereich mit den lebensnotwendigen Organen erwärmt, bevor die Beinchen oder der Schwanz folgen.

Winterruhe

Der Winterschlaf und die Winterruhe sind zwei unterschiedliche Phänomene, die oft miteinander verwechselt werden. Der Winterschlaf ist ein Zustand tiefer Betäubung, in dem das Tier seine Körperkerntemperatur senkt und seine Aktivität reduziert – das haben wir ja eben besprochen. Die Winterruhe hingegen ist ein Zustand verringerter Aktivität, in dem das Tier jedoch mehrere Wachphasen hat, in denen es essen und Kot und Urin absetzen kann. Die Körperkerntemperatur sinkt während der Winterruhe ebenfalls nicht wirklich ab.

Es gibt auch andere Phänomene, die oft mit dem Winterschlaf verwechselt werden, wie die Kältestarre. Dies ist ein Zustand, in dem das Tier in sehr kalten Temperaturen vollständig starr wird, während seine Augen geöffnet bleiben. Die Kältestarre ist eine Methode, um sehr niedrige Temperaturen über kurze oder auch längere Zeit zu überdauern, und tritt vor allem bei Insekten, Reptilien, Schnecken und Amphibien auf. Aber das geht auch nur bis zu einer gewissen Temperatur, was auf die Tierart ankommt. Während der Winterschlaf bei zu geringen Temperaturen beendet wird und das Tier aufwacht, kann ein Tier in Kältestarre nichts machen und erfriert dann gegebenenfalls.

Wir basteln eine Natur-Collage

Ich sag es gleich: Im Kindergarten und in der Grundschule war ich richtig gut im Zeichnen, aber sagenhaft schlecht im Basteln. Also wirklich richtig, richtig schlimm. Sobald Kleber und Scheren in einem Gestaltungsprozess involviert waren, war ich verloren.

Auch heute hasse ich Basteln, nur eine Sache mache ich gerne: Natur-Collagen. Und ich könnte mir vorstellen, dass das auch was für dich wäre. Und deshalb machen wir das jetzt zusammen. So geht's:

1. Sammle Materialien aus deiner Umgebung: Für deine Collage brauchst du verschiedene Naturmaterialien

wie Blätter, Zweige, Blumen und andere Gegenstände, die du interessant findest. Pflanzenmaterial kannst du trocknen, wie wir es schon im Kapitel zum Herbarium gelernt haben. Wichtig beim Sammeln: keine geschützten Pflanzen, nicht in Nachbars Garten, nix aus Naturschutzgebieten mitnehmen, du weißt schon. Das hatten wir ja schon besprochen. Ach so, und: keine Federn! Weißt du ja, ne?

2. Wähle den richtigen Trägergrund für deine Collage. Wenn du eher leichte Sachen wie Blätter und Blüten hast, funktioniert dickes Papier oder Pappe. Sind schwerere Sachen dabei wie Zweige oder Steinchen, bietet sich vielleicht sogar Holz als Untergrund an.
3. Ordne deine gesammelten Schätze an. Du kannst sie in einem strengen Muster auslegen, vielleicht wie ein Mandala, oder du gibst allem einen natürlichen und organischeren Look. Die Kreativität liegt hier ganz bei dir! Wenn du magst, kannst du auch noch Fotos vom Standort unterbringen, Sticker dazutun, kleine Texte schreiben, tob dich einfach aus.
4. Jetzt wird, ich traue mich kaum, es zu sagen, gebastelt. Wenn du mit der Anordnung der Naturschätze zufrieden bist, kleb alles fest. Ich habe gute Erfahrungen mit schnell trocknendem Holzleim gemacht, du kannst aber natürlich auch tackern oder tapen, ganz, wie du magst.
5. Wenn ich viel puscheliges Zeug in meiner Collage habe, benutze ich gerne noch mal Fixativ oder Haarlack, um Samen und Pollen irgendwie zu sichern. Jetzt ist die Collage fertig, und du kannst sie aufhängen oder verschenken!

OKTOBER

Der Monat Oktober ist der König unter den Herbstmonaten mit seinen strahlenden Farben und der frischen, kühlen Herbstluft. Büsche und Bäume präsentieren sich in ihrem herbstlichen Gewand und bieten einen atemberaubenden Anblick mit ihren Rot-, Gold- und Brauntönen. Das Trompeten der Kraniche erfüllt die Luft und erinnert uns daran, dass uns so langsam Frost und Kälte auf den Fersen sind. Während wir durch den Laubwald spazieren, dringt das Sonnenlicht durch die Blätter und taucht alles in ein warmes, gol-

denes Licht. Dies ist die Zeit des Jahres, die auch als Indian Summer bekannt ist, ein letztes malerisches Aufbäumen, bevor der Winter mit seinen kalten, grauen Tagen Einzug hält.

Außerdem wird im Oktober Halloween gefeiert, also heutzutage, eine aus Amerika auch zu uns rübergeschwappte Tradition, die sich hauptsächlich um ausgehöhlte Kürbisse, jede Menge Süßigkeiten und originelle Verkleidungen dreht. Dabei hat das Gruselfest eigentlich einen ganz anderen Ursprung: Am 31. Oktober feierten die irischen Kelten traditionell nämlich das vorchristliche Samhain-Fest, bei dem sie die Ernte, den Start in ein neues Kalenderjahr und den Übergang in eine neue Jahreszeit mit großen Feuern und vielen Ritualen zelebrierten. Außerdem sollen laut Mythologie die Schleier zwischen unserer Welt und der der Toten zu dieser Zeit besonders dünn sein, sodass die Toten die Lebenden aufsuchen konnten, die im folgenden Jahr sterben sollten.

Ich muss gestehen, dass ich das etwas charmanter finde als den modernen Halloween-Brauch. Aber wenn wir schon gerade beim Fest des Grauens sind, steigen wir doch direkt mit einer entsprechenden Thematik ein.

Parasiten, oder auch: *Resistance is futile*

Parasiten haben einen sehr schlechten Ruf bei uns, assoziieren wir sie doch häufig mit Krankheitserregern und einer »unfairen« Verbreitungsstrategie. Doch Parasiten und Parasitoide sind unfassbar faszinierende Lebewesen, weshalb wir uns diese Phänomene jetzt etwas genauer anschauen. Und passend zum Gruselmonat Oktober gibt es jetzt wieder ein bisschen Zombie-Feeling:

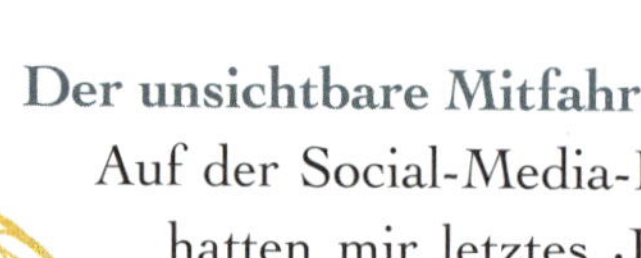

Der unsichtbare Mitfahrer

Auf der Social-Media-Plattform Twitter hatten mir letztes Jahr einige Leute Fotos von Wespen geschickt, bei denen aus dem Rücken etwas herauszulunsen scheint. Die an mich gerichtete Frage war: Was ist das?

Auf den Bildern waren hauptsächlich Haus-Feldwespen (*Polistes dominula*) abgebildet, die jedoch ein ziemlich großes Problem hatten: Sie waren von *Xenos vesparum* befallen, einem Parasitoiden, der ihren Körper besiedelt hat. Der Unterschied zwischen Parasiten und Parasitoiden besteht darin, dass Parasiten sich vom Wirt ernähren, ihm keinen Nutzen bringen, ihn aber nicht töten wollen. Bei Parasitoiden hingegen führt der Befall des Wirtstieres am Ende zu dessen Tod, da der Tod des Wirts Teil des Lebenszyklus des Parasitoiden ist.

Xenos vesparum setzt sich aus den Worten »Xenos«, was auf Altgriechisch »Fremder« oder »Kriegsfeind« bedeutet, und »vesparum«, dem lateinischen Wort für »Wespe«, zusammen. Es handelt sich hierbei also um einen »Feind der Wespe«.

Der Lebenszyklus des Parasitoiden beginnt damit, dass eine Larve eine Wespe entdeckt und sich in ihren Hinterleib bohrt. Die Weibchen leben in der Wirtswespe, bis sie erwachsen sind, was manchmal bis zu einem Jahr dauern kann. In dieser Zeit ernähren sich die Larven von der Hämolymphe – also dem Blut – der Wespe. Lebenswichtige Organe werden dabei aber nicht beschädigt, der Wirt soll ja noch eine Weile leben. Die Wespe wird dadurch jedoch extrem geschwächt und kann ihren Pflichten im Nest auch nicht mehr nachkommen.

Nach etwa einem Jahr bringt der Parasitoid die Wespe dazu, zu einem bestimmten Treffpunkt zu fliegen, an dem sich viele dieser »Zombiewespen« zusammenrotten. Die weiblichen Parasitoiden schieben ihren Hinterleib aus der Wespe heraus, während die männlichen Tiere aus ihren eigenen Wirtswespen krabbeln (im Gegensatz zu den Weibchen haben sie Beine), um die Ladys zu begatten. Während der Wirt des männlichen Tieres stirbt, nachdem das erwachsene Männchen den Wespenkörper verlassen hat, lebt der Wirt des weiblichen Tieres erst einmal weiter.

Die Eier von *Xenos vesparum* wachsen zunächst in der Leibeshöhle des Weibchens heran, bevor sie in die Bruthöhle des Wespenkörpers gelegt werden. Bei den stylopisierten (also befallenen) Wespen, in denen die Eier heranreifen, setzt jetzt eine weitere Verhaltensänderung ein. Normalerweise halten unbefallene Arbeiterinnen der Wespen keinen Winterschlaf, sondern sterben nach dem Sommer. Doch von diesem Parasitoid befallene Wespen verhalten sich wie Königinnen und überwintern im Wespennest.

Die Eier reifen derweil weiter, und aus ihnen entwickeln sich die Larven, die etwa einen viertel Millimeter groß werden, bevor sie den Wirtsorganismus verlassen. Die Larven von *Xenos vesparum* haben Punktaugen und Beine und können sich selbstständig fortbewegen – das ist wichtig, da sie sich ja einen neuen Wirt suchen müssen. Sie werden schließlich an Orten freigesetzt, wo sich viele Wespen befinden, damit sie sich eine neue, äh, »Wirkungsstätte« aussuchen können.

Parasitismus ist wichtig

Klingt grausam? Stimmt. In der Natur gibt es jedoch kein Konzept von Moral oder »Gut« und »Böse«. Diese Kategorien sind menschliche Konstruktionen, die auf unseren eigenen Werten, Erfahrungen und Überzeugungen beruhen. In der Natur handeln die Organismen nach ihren Instinkten und ihrem Überlebenstrieb. Wenn *Xenos vesparum* das macht, was er macht, handelt dieser Parasitoid nicht aus einem Gefühl der Moral oder Unmoral heraus. Er ist nicht »böse«, sondern erfüllt einfach seine natürliche Rolle im Ökosystem und folgt seinem Überlebensinstinkt.

Parasiten und Parasitoide sind jetzt nicht unbedingt Sympathiemagneten, wir richten unsere Blicke lieber auf niedliche Koalas oder majestätische Blauwale, die durch unsere Meere ziehen und denen unsere Liebe und Bewunderung gilt. Und für diese Tiere öffnen wir auch gerne die Geldbörse und spenden, doch wer spendet für Schnecken, Würmer oder Milben? Da wird es mit der ganzen Tierliebe und dem Artenschutz bei vielen Leuten eng.

Doch was viele Menschen nicht wissen: Ungefähr die Hälfte aller Lebewesen auf unserer Erde leben in irgendeiner Form parasitär, auch wenn wir das lieber nicht wahrhaben wollen. Das ist aber auch logisch: So ziemlich jedes Lebewesen kann von mehreren Arten von Parasiten befallen werden, und Parasiten sind oft sehr spezifisch in ihrer Wirtswahl – dementsprechend muss es viele geben. Man muss sich vor Augen halten: Selbst Parasiten werden parasitiert. Beispiel gefällig? Da habe ich ein nettes für dich aus einer Veröffentlichung des Entomologischen Vereins Krefeld:

Die Gemeine Rosengallwespe *Diplolepis rosae* verursacht Gallen an Wildrosen. Das sind diese Knubbel, die sich an Blättern bilden und die zeigen: Hier ist eine Larve drin. Auf der Zeichnung siehst du so eine Rosengalle.

So weit, so gut. Doch falls du jetzt denkst: Okay, da sitzt jetzt eine Larve drin, die die Rose parasitiert, fein – haha, nein. Denn die Schwarze Rosengallwespe *Periclistus brandtii* benutzt gern die fertigen Gallen der Gemeinen Rosengallwespe, um dort ebenfalls ein Ei reinzulegen, was die ursprünglich eingesetzte Larve schädigt. Das war es aber noch nicht. Denn die Schwarze Rosengallwespe, die die Gemeine Rosengallwespe parasitiert, wird ebenfalls parasitiert – von der Erzwespe *Eurytoma rosae*. Deren Larve frisst nämlich die schon vorhandene Larve auf, zack. Aber, haha, auch diese Wespe wird wiederum parasitiert: von *Torymidae Glyphomerus stigma*, und langsam wird es echt eng in der Galle, denn, unglaublich, aber wahr: Das war es immer noch nicht! Es kann sein, dass die Ursprungswespe auch noch von einem anderen Parasiten befallen wird, und zwar von der Schlupfwespe *Orthopelma mediator*, welche wiederum von der Wespe … Das geht noch eine Weile so weiter, und es kann sein, dass Forschende eine Galle entdecken und darin einfach mal sieben unterschiedliche Larven, die sich gegenseitig in Zeitlupe massakrieren.

Parasiten und Parasitoide haben definitiv spannende Lebenszyklen, außerdem sind sie wichtige Bausteine in unseren Ökosystemen. Sie helfen dabei, die Population ihrer Wirte zu kontrollieren, wie es eben auch Löwen und Tiger bei den Gazellen oder Gnus tun. Andere Tiere hängen im Nahrungsnetz wiederum von den tot vom Parasiten zurückgelassenen Tierkörpern oder durch sie abgestorbenen Pflanzen ab, weil sie Destruenten (also Zersetzer) oder Aasfresser sind. Beispielsweise hängt eine japanische seltene Forellenart zu sechzig Prozent von durch Parasiten ferngesteuerten Grillen ab, die sich ins Wasser stürzen, damit der Parasit genau dort weiterleben kann.

Die Lebenszyklen von Parasiten bereiten uns Unbehagen, kommen uns teilweise wie aus einem Science-Fiction-Horror vor. Doch ein Kuckuck ist auch nicht grausamer als ein Löwe, der auch nicht grausamer ist als eine Würmer jagende Amsel, und so weiter. Denn genau wie alle anderen Lebewesen wollen Parasiten niemandem bewusst schaden, sondern nur eins: einfach überleben.

Der Zug der Kraniche

Jetzt beginnt die Zeit, in der ich mich immer besonders auf ein spektakuläres Naturschauspiel freue: den Zug der Graukraniche (*Grus grus*). Wenn du die Gelegenheit hast, solltest du dieses Spektakel am Himmel im Oktober und November auf keinen Fall verpassen. Glücklicherweise hat ihre Population in den letzten Jahren zugenommen, sodass sie derzeit nicht als gefährdet gelten – eine erfreuliche Nachricht. Laut NABU gibt es momentan über elftausend Kranichpaare in Deutschland. Graukraniche können im Durchschnitt vierzig Jahre alt werden, aber in freier Wildbahn erreichen sie dieses Alter selten – zu viele Gefahren lauern in der Natur.

Sümpfe, Nieder- und Hochmoore sowie andere Feuchtgebiete in Nord- und Osteuropa und Teilen Nordasiens sind die Heimat dieser Vögel. Sie ernähren sich sowohl von Pflanzen als auch von Tieren und sind oft auf landwirtschaftlich genutzten Feldern auf der Suche nach Nahrung zu sehen. Wenn es gefährlich wird, ziehen sie sich gerne in Gewässer mit niedrigem Wasserstand zurück, um sich vor möglichen Angreifern zu schützen.

Kraniche haben ein ausgezeichnetes Gehör und verwenden eine Vielzahl von Rufen, um miteinander zu kommunizieren. Zu diesen Rufen gehören laute, trompetenartige Töne, die mit Hilfe ihrer langen, resonierenden Luftröhre erzeugt werden. Sie haben auch einen »Doppelruf«, der aus zwei verschiedenen Tonhöhen besteht, einer höheren und einer tieferen. Dieser Ruf wird oft von Kranichpaaren oder größeren Gruppen verwendet, insbesondere wenn sie nach Gefahren Ausschau halten oder sich auf den Zug vorbereiten. Es gibt auch einen markanten, lauten Ruf, den sie ausstoßen, wenn

Sichtkontakt nicht möglich ist – wahrscheinlich kennen die meisten Menschen diesen Ruf und wissen, wenn sie ihn hören: »Aha, Kranich!«

Vor einem großen Zug – der von Faktoren wie Windrichtung, Nahrungsangebot und Temperatur beeinflusst wird – werden Kraniche sehr lebhaft und energiegeladen. Sie rufen und tanzen mehr und sind nachts unruhig.

Seit dem frühen neunzehnten Jahrhundert wurden die Zugrouten von Kranichen in Europa untersucht. Es gibt detaillierte Erkenntnisse über die westeuropäische und die nördliche baltisch-ungarische Route. Einer der größten Rastplätze für Kraniche in Europa befindet sich in Brandenburg. Kraniche fliegen in einer V-förmigen Formation, wobei starke und erfahrene Tiere die Führung übernehmen und Familien mit Jungen folgen. Sie können ohne Zwischenstopp bis nach Südeuropa fliegen, machen aber häufig Pausen, um sich immer wieder zwischendrin zu sammeln, sodass niemand vergessen wird. Kraniche aus Mitteleuropa, Skandinavien und den baltischen Staaten ziehen in den Westen, wo sie in Frankreich, Spanien und Nordafrika überwintern. Das Hauptüberwinterungsgebiet befindet sich in Westspanien, wo sich dann rund hundertdreißigtausend Kraniche in mediterranen Eichenwäldern von den Früchten von Stein- und Korkeichen ernähren.

Begnadete Tänzer

Die Balz der Kraniche, die in der Morgendämmerung auf offenem Gelände das ganze Jahr über stattfindet, ist ein wunderschönes und lebhaftes Spektakel und der »Kranichtanz« ein wichtiger Teil des Balzrituals. Dabei springen, rennen und strecken sowohl die Männchen als auch die Weibchen ihre Flügel aus und lassen laute Trompetenrufe durch die Luft schallen. Der Tanz wird im Frühjahr immer intensiver

und gipfelt schließlich in der Paarung. Währenddessen stellen sich die Männchen zur Schau, laufen mal in geraden Linien und dann wieder in Kurven und schleudern auch mal die ein oder andere Pflanze durch die Gegend, während die Weibchen ihre Flügel beugen und gurrende Laute von sich geben, um ihre Bereitschaft zur Paarung zu signalisieren. Nach der Paarung springt das Männchen oft über den Kopf des Weibchens, und das Paar stimmt Duettrufe an und putzt sich. Dieser Duettruf ist während der gesamten Brutzeit und darüber hinaus zu hören und signalisiert ihre enge Bindung zueinander – Kranichpaare sind nämlich meistens ziemlich monogam.

Die Eier, die die Kranichweibchen dann in ein am Boden aus Schilf und Gras gebautes Nest legen, sind bräunlich gefleckt, haben eine ovale Form und variieren in Größe, Farbe und Muster. Am Ausbrüten der Eier beteiligen sich beide Eltern abwechselnd: Erst brütet der eine, und der andere sucht Nahrung, dann wird gewechselt. Perfekte Arbeitsteilung! Wenn die Küken bereit für den Schlupf sind, helfen die Eltern ihnen dabei, die Schale zu durchbrechen, indem sie sanft gegen die Eier treten. So ein Verhalten ist für Vögel sehr ungewöhnlich, normalerweise sind die Küken dabei auf sich gestellt.

Die Schönheit der Kraniche, ihre spektakulären Balztänze und ihre leicht zu beobachtenden Zugbewegungen haben die Menschen schon seit frühester Zeit fasziniert. In der griechischen Mythologie wurde der Kranich mit den Göttern Apollo, Hermes und Demeter in Verbindung gebracht. Er war ein Symbol für Wachsamkeit und Klugheit und galt als Glücksvogel.

Schöne Scheiße

Um den Zug der Kraniche zu beobachten, stehe ich auf einer leeren offenen Weide und bin umgeben von: Kacke. Japp, genau, Kuhfladen *all over the place*.

Entgegen der landläufigen Meinung ist Kuhmist jedoch kein Müll. Tatsächlich haben wir Menschen alle möglichen kreativen Verwendungszwecke für ihn gefunden, wie beispielsweise als Beimischung zu Baumaterialien, als natürlicher Bodenbelag oder als Grundstoff für Biogas. Aber Kühe helfen nicht nur den Menschen mit ihren, ähm, Beiträgen. Ihr Mist ist sowohl Wohnung als auch Festmahl für alle möglichen Kleintiere.

Im Vergleich zu uns gehen Kühe ganz schön oft aufs Klo, wobei die Zahl von Kuh zu Kuh unterschiedlich ist. So fünf bis sieben Mal am Tag dürfte das aber schon sein. Und bei über zehn Millionen Kühen allein in Deutschland sind das eine ganze Menge Kuhfladen. Die meisten Kühe werden leider im Stall gehalten, aber selbst eine kleine Gruppe von siebenhundert Kühen, die auf einer Weide grasen, kann tausend Tonnen Mist pro Jahr produzieren. Und all dieser Mist liegt nicht einfach nur da – er ist ein lebhaftes Ökosystem, in dem es von allen möglichen Mikroorganismen wie Insekten und Würmern wimmelt. Diese Krabbeltiere sind ein Festmahl für noch mehr Lebewesen, wie seltene Fledermäuse und gefährdete Vögel wie Wiedehopfe und Neuntöter. All die Kuhfladen tragen also tatsächlich dazu bei, die Artenvielfalt zu erhalten und unsere Ökosysteme gesund zu halten – klasse, oder?

Wo kommt er her, der Fladen?

Doch wie entsteht so ein Kuhfladen eigentlich?

Auf der grünen Weide (also in der Idealvorstellung jetzt, meist steht sie halt im Stall) frisst die Kuh Gras und Kräuter, schluckt sie runter und versetzt die Mische mit Speichel. Vom Maul landet dieser Salat mit Dressing erst einmal im Netzmagen, der sich vor dem Pansen befindet, einem der drei Vormägen der Kuh. Hier wird das Futter vorsortiert – kleinere Stücke werden in den Blättermagen weitergeleitet, während größere Stücke im Pansen landen. Der ist riesig und kann bis zu hundertachtzig Liter Futter aufnehmen – das entspricht einer ganzen Badewanne. Hier wird jetzt die schwer verdauliche Zellulose von einer Gemeinschaft von Bakterien aufgespalten, weil sie mit der Kuh in, na? Genau, in einer Symbiose leben. Diese winzigen Helfer wandeln die Kohlenhydrate und Proteine der Pflanzen in Stoffe um, die die Kuh verwerten kann, und schaffen ein saures Milieu, das die weitere Aufspaltung der Moleküle in Nährstoffe fördert.

Wenn du spazieren gehst und eine Kuh siehst, die einfach nur herumsteht und kaut, ist sie mit einem Prozess beschäftigt, den man »Wiederkäuen« nennt. Anstatt wie ein Pferd ständig neues Gras zu fressen, hat eine Kuh nämlich Fress- und Ruhephasen. Während des Wiederkäuens würgt sie Nahrung vom Pansen ins Maul, kaut und schluckt sie dann wieder herunter. Dieser Prozess kann eine ganze Weile dauern, und Kühe verbringen mehrere Stunden am Tag mit dem Wiederkäuen, wobei sie bis zu zweihundert Liter Speichel produzieren können. Ja genau, du hast auch gerade die Badewanne vor Augen – nur diesmal gefüllt, oder?

Nach ein bis drei Tagen Wiederkäuen, wenn das Futter im Pansen ausreichend aufgeschlossen und dabei mehrfach zerkleinert wurde, geht die Reise des Nahrungsbreis weiter durch die Kuh. Er gelangt jetzt vom Netz- in den Blätter-

magen, dem letzten der drei Vormägen der Kuh. Hier wird die Flüssigkeit aus dem Nahrungsbrei gepresst, und eine weitere Bakteriengemeinschaft hilft der Kuh bei der Verdauung. Anschließend gelangt der Brei in den letzten Magen: den Labmagen, der ähnlich wie ein menschlicher Magen funktioniert. Dort senkt Salzsäure den pH-Wert auf etwa 3,0 und schafft so eine sehr saure Umgebung, die den Abbau der Proteine noch weiter unterstützt. Anschließend übernehmen Dünn- und Dickdarm die Aufgabe, Wasser und Nährstoffe aus dem Nahrungsbrei freizusetzen. Schließlich fallen die Reste der Mahlzeiten der Kuh als Exkremente auf die Wiese.

Eine Metropole für alle Krabbler

Da ist er nun, der Fladen. Es kann Wochen oder Monate dauern, bis er vollständig zersetzt ist, das kommt ein bisschen auf die Witterung und das Klima an. Je feuchter und wärmer, umso besser. Insekten, Würmer, Pilze und Mikroorganismen brauchen schließlich ein Klima, das nicht zu kalt, heiß oder trocken ist, um ihre Arbeit zu tun, und das bedeutet: den Fladen wegsnacken. Wenn die Bedingungen ideal sind, wird der Haufen zu einem Hotspot an Aktivität: Fliegen krabbeln übereinander, Larven wühlen sich durch den Dung, Tausendfüßer jagen nach Milben, und Käfer starten und landen auf dem Hügel. Hunderte verschiedene Insektenarten werden von so einem Meisterwerk der Verdauung angezogen, und alle haben ein eigenes Interesse an den jeweiligen Zersetzungsstadien. Fliegen und Käfer kommen schnell herangeeilt, sobald der Fladen ganz frisch den Boden berührt. Der gemeine Dungkugelkäfer beispielsweise – von Natur aus ein Wasserkäfer – hat sich eine Nische im flüssigen, frischen Kuhmist geschaffen. Diese Käfer leben, fressen und legen sogar ihre Eier in den Exkrementen ab und schwimmen durch die Gülle, als ob das eine Olympia-Schwimmbahn wäre. Auch wenn das für uns Menschen nicht besonders ansprechend klingt, ist es in den Facettenaugen eines Käfers ein wahr gewordener Traum.

Auch andere Insekten nutzen die Gülle als Brutstätte: Fliegen- und Käferlarven wühlen sich durch den Haufen und hinterlassen ein Netz von Tunneln. Vielleicht kennst du den glänzenden, blauschwarzen Gemeinen Mistkäfer, den man oft dabei trifft, wie er eine kleine Kugel vor sich herrollt. Auch an warmen Oktobertagen kann man diesem kleinen Kerl noch begegnen. Wenn er seine Kugel fertig hat, hat er es immer ziemlich eilig, denn er will nicht, dass jemand seinen unter Schweiß und Tränen geformten Schatz stiehlt.

Aber auch gefährliche und filmreife Szenen spielen sich am Fladen ab: Raubinsekten nutzen ihn als Jagdrevier, und Spinnen schnappen sich ahnungslose Beute vom Fladen. Vögel stochern in der Gülle herum, um nach den saftigsten Larven zu suchen, und Fledermäuse fliegen nachts ganz dicht über den Fladen hinweg, um Fliegen und Käfer zu fangen. Wenn der Misthaufen nach ein paar Tagen oder Wochen voller Löcher von all den Fress- und Brutaktivitäten ist, tauchen Regenwürmer auf, um die Reste zu beseitigen und den Boden darunter mit Nährstoffen anzureichern, die das Wachstum der Pflanzen fördern. Aber nicht nur Würmer findest du unter dem Misthaufen – es gibt auch ein unterirdisches Tunnelnetz, das von Käfern bewohnt wird, darunter der Mondhornkäfer, ein seltener und geschützter Mistkäfer mit einem blau schimmernden Exoskelett und einem markanten Horn auf dem Kopf. Diese Käfer kann man nicht nur sehen (wenn man Glück hat), sondern auch hören, weil er durch das Reiben an seinem Exoskelett laute Zirplaute erzeugen kann.

Der Kuhfladen ist ein bedrohter Lebensraum

Obwohl Kuhfladen ein alltäglicher Anblick sind, wissen wir immer noch nicht viel über die Insekten, die sie beheimaten. Aber eines ist klar: Die Populationen vieler dieser Tiere sind im Rückgang begriffen. Natürlich, wie sollte es auch anders sein. Menschen, dies und das, das hatten wir ja jetzt schon häufiger.

Die Landwirtschaft hat sich in den letzten Jahrhunderten stark verändert. Früher liefen die Kühe frei auf saftig grünen Wiesen herum, aber heute sind sie dank der Massentierhaltung meist in Ställen eingesperrt. Bad News für Insekten, die auf Kuhfladen angewiesen sind. In Deutschland zum Beispiel sind neun von zehn Kühen ihr ganzes Leben lang in Ställen eingesperrt, sodass ihre Ausscheidungen den Insekten, die sie brauchen, nicht zur Verfügung stehen. Selbst wenn Landwirte Kuhmist auf den Feldern ausbringen, um sie zu düngen, ist die Qualität der Nährstoffe nicht mehr so gut wie zuvor. Außerdem fehlt oft die feste »Haufenstruktur«, die manche Insekten brauchen, um Tunnel zu bauen und ihre Jungen aufzuziehen. Und na ja: Antibiotika und andere Medikamente, die den Kühen in der Massentierhaltung verfüttert werden, machen das alles auch nicht unbedingt besser.

Vorbereitungen für den Winter

Im Oktober gehen die Vorbereitungen von Pflanzen und Tieren für den Winter so richtig los.

Bäume

Die Veränderungen an den Bäumen sind vermutlich die offensichtlichsten: Laubbäume beginnen, sich ihres Laubs zu entledigen. Dafür ziehen sie erst einmal Bestandteile des grünen Pflanzenfarbstoffs Chlorophyll aus ihren Blättern ab und lagern diese im Stamm ein. Das ist ziemlich smart, denn so muss der Baum nächstes Jahr nicht so viel davon herstellen, was relativ energieaufwendig wäre. Ist halt praktisch, manche Essentials immer im Haus zu haben, oder?

Wenn dadurch das ganze Chlorophyll jetzt aus den Blättern verschwunden ist, kommen die anderen Farbpigmente zum Vorschein, die ansonsten quasi im Schatten des Blattgrüns stehen – deshalb leuchten die Blätter so schön bunt.

Sobald die wichtigen Stoffe aus den Blättern gezogen wurden, ist der Baum bereit zum Abwurf: Es bildet sich zwischen Blatt und Ast eine feine, instabile Korkschicht. Die Verbindung zum Blatt wurde also gekappt, sodass es durch den Wind einfach samt der Stoffe, die der Baum nicht mehr braucht, weggeweht werden kann.

Falls du dich fragst: *Okay, aber wieso machen Bäume das überhaupt?*, hier die Antwort: Blätter haben Spaltöffnungen, über die ziemlich viel Wasser verdunstet. Im Winter ist das ein Problem, da durch den häufig gefrorenen Boden nicht mehr so viel Wasser zur Verfügung steht – der Baum kann es also nicht einfach hochtransportieren. Damit er nicht vertrocknet, wirft er die wasserverbrauchenden Blätter ab und kommt so mit wenig Wasser gut durch den Winter.

Nadelbäume behalten jedoch meist ihre Nadeln. Das ist so, weil die Nadeln, die vom Aufbau her auch nichts anderes als Blätter sind, mit einer dicken Wachsschicht überzogen sind, die den Baum vor der Verdunstung schützt. Die Spaltöffnungen gehen dann einfach zu, und der Baum ist »dicht«.

Zugvögel

Die Hälfte unserer heimischen Vögel sind Zugvögel, überwintern also in wärmeren Gefilden – rund hundert Millionen Vögel kommen uns dann zeitweise abhanden. Die meisten sind schon weg, aber die Spätzünder machen sich jetzt noch auf den Weg und ziehen in wärmere Gebiete in Südeuropa, Afrika oder Indien. Dabei unterscheiden wir zwischen Lang- und Kurzstreckenziehern: Erstere können noch weit hinter die Sahara ziehen. Küstenseeschwalben legen beispielsweise schon für den Hinweg zum Winterquartier rund zwanzigtausend Kilometer zurück. Da viele Langstreckenzieher so eine unglaublich lange Anreise haben, verbringen sie oft nur ein paar Wochen bis Monate bei uns, bis sie dann ja schon wieder losmüssen. Dazu gehören beispielsweise die schon erwähnten Mauersegler und Weißstörche, aber auch die Nachtigall ist so eine Kandidatin.

Kurzstreckenzieher hingegen starten nur in wärmere Gegenden, die ein paar hundert bis wenige tausend Kilometer entfernt sind, das kann beispielsweise irgendwo in Westeuropa oder im Mittelmeerraum sein. Unsere Hausrotschwänze machen das zum Beispiel, wobei deren Zugbewegungen wegen der kleinen Strecke recht spontan und wetterabhängig ablaufen können. Bei Langstreckenziehern ist das alles hingegen ein pingelig geplantes Vorhaben mit relativ festen Daten.

Dass es Zeit zum Aufbrechen ist, bemerken die Vögel an verschiedenen Faktoren, aber recht dominant ist die Feststellung, dass es irgendwann einfach nur noch wenig Futter gibt. Dann heißt es: Sachen packen und aufbrechen.

Säugetiere

Ende Sommer, Anfang Herbst beginnt das große Schlemmen – denn viele Tiere haben in den nächsten Wochen eine wichtige Aufgabe: sich Winterspeck anfressen. Den brauchen sie, sofern sie den Winter mithilfe des Winterschlafs durchstehen, den ich vorhin schon behandelt habe. Aber wie beginnt Winterschlaf eigentlich, und wie wachen die Tiere wieder auf?

Früher dachte man, dass Winterschlaf vor allem durch sinkende Außentemperaturen und kürzere Tageslängen ausgelöst wird. Mittlerweile hat man jedoch herausgefunden, dass auch viele innere Faktoren eine Rolle spielen. Im Herbst ist die Sonne weniger stark, was bedeutet, dass die UV-Strahlung minimiert wird, was wiederum eine direkte Auswirkung auf den Vitamin-D-Haushalt hat. Wir Menschen kennen Vitamin-D-Mangel dann als Herbstblues. Bei Winterschläfern wird durch das Fehlen des Vitamins die Produktion sogenannter Erstarrungshormone in Gang gesetzt, welche den Winterschlaf auslösen sollen. Auch soll die sogenannte innere Uhr eine Rolle spielen. Diese scheint die Bildung von Fettdepots zu unterstützen, was wiederum den Körper anregt, sich zum Winterschlaf bereitzumachen. Man diskutiert mittlerweile auch, ob der steigende Kohlendioxidanteil in den Winterschlafhöhlen zum Beibehalten des Winterschlafs beiträgt, da wird also noch eine Menge geforscht.

Und wieso wachen die Tiere dann wieder auf? Nun ... so richtig weiß man das tatsächlich gar nicht. Man vermutet die steigenden Umgebungstemperaturen oder bestimmte Stoffwechselprodukte als Signalgeber, sicher ist man sich aber nicht. Aber sobald das Tier Wecksignale empfängt, schüttet die Hypophyse im Hirn der Tiere Hormone aus, durch die das braune Fettgewebe mit Wärmebildung beginnt. Ist der Körper dann auf rund fünfzehn Grad Celsius angewärmt, beginnt das Tier zu zittern, was die Wärmeerzeugung steigert und es letztlich aufwachen lässt.

Winterschlaf ist superwichtig für die Tiere. Wenn man einige Arten Winterschläfer jedoch davon abhält, Dachse zum Beispiel, können sie sogar sterben.

Also: Bitte schön leise am Dachsbau vorbeischleichen, unsere Freunde aus dem Frühjahr schlafen jetzt.

Werde zum *Nature Writer*

Nature Writing ist eine Literaturgattung, die sich mit der Natur (*surprise, surprise*) und der Beziehung zwischen Mensch und Umwelt beschäftigt. Die Form kann dabei variieren: Roman, Sachbuch, Essay, Gedicht – alles ist möglich.

Vor allem in Großbritannien ist das ein Genre, das sehr beliebt ist. *Nature Writing* ist eine fantastische Möglichkeit, über die uns umgebende Natur nachzudenken, das Naturerleben zu reflektieren und sich mit der natürlichen Welt zu verbinden. Und genau deshalb machen wir das jetzt.

Vielleicht schreckst du jetzt zurück und denkst dir: Halt, stopp, ich kann gar nicht schreiben!

Erst einmal: Das glaube ich dir nicht. Man muss keine preisgekrönte Schriftstellerin sein, kein begnadeter Poet, um *Nature Writing* zu praktizieren. Niemand wird den Text je sehen, wenn du das nicht möchtest, also: Entspann dich. Außerdem helfe ich dir mit ein paar Tipps.

1. Wortsafari

Wenn ich einen neuen Text schreibe, gehe ich meistens erst einmal auf Wortsafari. Vielleicht fragst du dich gerade: Was'n das? Erzähl ich dir, habe ich nämlich erfunden.

Für eine Wortsafari setze ich mich an meine Wörterbücher und suche mir Wörter raus, die ich toll finde. Manchmal einfach so, dann mache ich Listen mit Wörtern, die ich irgendwann mal in einem Buch benutzen will. Die komisch klingen oder fast vergessen sind oder die Widerwillen in mir auslösen. Oder die ich einfach nur gut finde. Manchmal wühle ich auch assoziativ: hundert Wörter, die mit Landschaft zu tun haben, *go!* Egal, welche Wortart, egal, wie ungewöhnlich und auf den ersten Blick vielleicht nicht passend. Je weiter weg davon, umso spannender. Landschaft und schmatzend? Wirkt nicht sinnvoll. Wenn man durch ein Moor läuft, passt es aber plötzlich doch. Und dumpf? Ist das nicht eher für ein Geräusch? Ja, aber vielleicht ist die Landschaft, die ich beschreibe, ja ein Geräusch. Oder wie eins. Oder meine Protagonistin sieht nichts. Vielleicht ist es ja Nacht. Vielleicht mag ich aber auch nur den Aufprall dieser zwei Wörter.

Ich habe ein Notizbuch, das einfach nur mit Wörtern gefüllt ist, nach Kategorie geordnet. Im Bereich Natur gibt es diese:

Landschaft allgemein, Berge, Meer/Gewässer, Tiere, Pflanzen.

Das sieht dann so aus:

Landschaft

alpin	herb
Acker	Hochebene
Ausläufer	hügelig
durchziehen	idyllisch
durchstreifen	ragen
erodiert	rau
Erosion	winterlich
erstrecken	Wipfel
felsig	wund
Fjord	zerborsten
fahl	usw.

Wenn ich dann einen Text schreiben will, blättere ich durch meine hunderten gesammelten Wörter und lasse mich inspirieren. Deine erste Aufgabe ist also: Begib dich auf Wortsafari und durchstreife Wörterbücher, Romane, Gedichte, was auch immer. Schreibe die Wörter raus, die dich ansprechen, egal, wie banal sie sind. Bau dir einen Wortschatz auf, der was mit Natur zu tun hat.

2. Entscheide dich für ein Thema

Jetzt musst du überlegen, worüber du schreiben willst. Über den Park bei dir ums Eck? Das Moos neben den Mülltonnen? Den Fluss, der sich durch den Wald in der Nähe schlängelt? Über das Eichhörnchen, das du jeden Tag vom Bürofenster aus im Baum siehst? Über deinen Hund, wie er morgens beim Gassi die vielen Gerüche in sich aufsaugt, eine Welt, die dir Standardnasling verborgen bleibt?

Idealerweise schnappst du dir die Schuhe, gehst ein wenig spazieren und denkst darüber nach, was dein Schreibobjekt werden soll.

3. Entscheide dich für eine Form

Du weißt, worüber du schreiben willst? Perfekt! Doch wie? Um dich ein bisschen inspirieren zu lassen, kannst du mal lunsen, wie andere es machen. Hier meine liebsten Literaturtipps:

- Marlen Haushofer: *Die Wand*
- Rachel Carson: *Der stumme Frühling*
- John Lewis-Stempel: *Im Wald*
- Robert MacFarlane: *Im Unterland*
- Laura Gilpin: *Two-Headed Calf* (ein Gedicht, bei dem ich JEDES Mal weinen muss. Jedes. Mal. Uff. Aber es ist toll!)

Und drei Ideen für eine Form:

Erlebnisbericht

Den schreibst du in der ersten Person und gibst deine eigenen Erfahrungen wieder. Was nimmst du wahr, wenn du durch deinen Lieblingspark läufst? Welches Gefühl hast du dabei, wenn du den Kranichen bei ihrem Abzug zuschaust? Löst der Anblick was in dir aus? An was erinnert er dich?

Gedicht

Gedichte sind Texte, die in der Regel darauf ausgelegt sind, Emotionen hervorzurufen, ein Bild heraufzubeschwören, eine kurze Geschichte zu erzählen. Die Sprache ist oft sehr bildhaft, und es werden Stilmittel wie Metaphern, Gleichnisse, Alliterationen und Ähnliches benutzt. Es kann sich reimen, muss es aber nicht. Es kann ein Versmaß haben, muss es aber auch nicht. Reim, Metrum, Strophen, liegt alles bei dir. Manche Gedichte sind dazu gedacht, vorgetragen zu werden, andere hingegen sollen nur in deinem Kopf beim Lesen aufblühen. Sonette, Haikus, Slam Poetry – deiner Kreativität sind hier keine Grenzen gesetzt. Mach, wozu du Lust hast.

Belletristik

Nature Writing kann natürlich auch belletristisch sein, zum Beispiel in Form eines Romans oder einer Kurzgeschichte, die sich irgendwie mit Natur befasst. Meinen Roman *Der Mauersegler* kann man auch zum *Nature Writing* zählen, aber du musst nicht gleich zweihundertfünfzig Seiten auf den Tisch hauen. Du kannst einfach eine kurze Geschichte erzählen. Wie sieht der typische Tag eines Dachses aus, was passiert ihm Spannendes? Erzähle es aus der Ich-Perspektive, werde selbst zum Dachs. Wie war das, als du als Kind einen Vogel gerettet hast? Wieso musst du, wenn du Ameisen siehst, immer an deine Mitbewohnerin denken? Erzähl die Geschichte, als ihr Ameisen in der Küche hattet! Oder schlüpfe in die Perspektive einer Eiche, die schon seit zweihundert Jahren auf einem Hügel steht, und verfasse ihren Lebensbericht. Es gibt viele Möglichkeiten, tob dich aus.

Einen Text zu verfassen, wenn man das vielleicht seit der Schule nicht mehr getan hat oder wenn man denkt, dass man das eh nicht kann, kann sich einschüchternd anfühlen. Aber: Du musst ihn nie jemandem zeigen, und das ist eine fantastische Möglichkeit, dich selbst und dein Verhältnis zur Natur zu reflektieren. Also: Trau dich!

NOVEMBER

Es ist November, und die Luft ist nebelverhangen, während der Herbst nach und nach von Bunt in Grau übergeht. Die Bäume werden immer kahler, und das Herbstlaub am Boden ist für viele Lebewesen ein willkommener Lebensraum.

Winterfeste Wildfrüchte sind bei den Vögeln jetzt heiß begehrt: Sie suchen nach Eberesche, Schlehe oder Hagebutte. Viele Vogelarten sind auf eine vielfältige Auswahl an Beeren und Früchten angewiesen, um sich in der kalten Jahreszeit zu ernähren. Auch die letzten Fledermäuse, Siebenschläfer und Igel ziehen sich die Decke final über den Kopf und verabschieden sich in ihren Winterschlaf. Hirsche, Rehe und Füchse werfen ihr Sommerfell ab, um sich ein dichtes, isolierendes Winterfell zuzulegen und den Winter über wach zu bleiben.

Frostige Leckereien

Hast du noch nicht geerntetes Obst oder Tomaten draußen stehen, solltest du schnell handeln, bevor der Frost kommt. Denn wenn so zarte und temperaturempfindliche Früchte einfrieren und wieder auftauen, sind sie meist Matsch, weil Eiskristalle ihre Zellwände zerstört haben. Manche heimischen Wildpflanzen werden durch den Frost jedoch erst so richtig schön reif und schmackhaft, wie beispielsweise die Hagebutte.

Wusstest du, dass Hagebutten die Früchte verschiedener Rosenarten sind? Bei uns findet man sehr oft die Früchte der Hundsrose (*Rosa canina*) an Waldrändern oder an Böschungen. Das Fruchtfleisch, das jetzt erst so richtig lecker wird, ist vollgepackt mit allerlei gesunden Inhaltsstoffen. Vitamin C, A, B1 und B2 – alles drin. Diese Wildrosenfrüchte sind zudem Nahrungs- und Schutzgehölze für viele Tierarten, und vor allem die Stadtvögel, die im Winter bei uns bleiben, sind auf Pflanzen wie Hagebutten angewiesen, da sie sie bis in den Frühling des nächsten Jahres fressen können.

Aber auch für uns Menschen sind Hagebutten interessant. Man kann sie roh essen oder zu verschiedenen Speisen und Getränken verarbeiten. Klassische Gerichte sind Marmeladen und Gelees, Tees, Pürees oder Suppen. Auch Fruchtwein oder Liköre werden aus Hagebutten hergestellt.

Die Schlehen und Berberitzen werden jetzt ebenfalls reif, und auch hier ist es wichtig, sie nicht zu früh zu ernten, da sie dann bitter schmecken. Aber warum verbessert sich ihr Geschmack eigentlich bei Frost? Nun, das liegt daran, dass die eisigen Temperaturen biochemische Reaktionen im Inneren der Beeren auslösen, bei denen Enzyme die Gerbstoffe abbauen, die für den bitteren Geschmack verantwortlich sind. Durch diesen Prozess werden die Beeren bekömmlicher und auch deutlich süßer und leckerer. Dennoch bleiben einige Gerbstoffe erhalten, was ja auch eine gute Sache ist – geben sie doch Hagebuttentee und Schlehensaft erst ihren charakteristischen, süß-herben Geschmack. Es ist aber auch wichtig, nicht zu lange mit der Ernte im Winter zu warten, da der Vitamin-C-Gehalt der Beeren mit der Zeit abnimmt.

Das größte Landraubtier Deutschlands

Die Kegelrobben liegen entspannt am Sandstrand von Amrum, ihre geschmeidigen Körper glänzen in der Morgensonne. Einige ruhen sich aus, während andere mit ihren Jungen kuscheln und sie liebevoll anstupsen. Die Jungtiere sind klein und flauschig und haben runde, neugierige Augen. Aufgeregt robben sie zwischen den großen Körpern der Erwachsenen herum, um die Welt um sie herum zu erkunden.

Einst vom Aussterben bedroht, haben die Kegelrobben (*Halichoerus grypus*) an den Ostseeküsten ein triumphales Comeback gefeiert und sind jetzt wieder in küstennahen Gewässern zu finden. Dank eines Jagdverbots und einer verbesserten Wasserqualität gedeihen diese majestätischen Tiere, die bis zu zweieinhalb Meter lang und dreihundertdreißig Kilogramm schwer werden können, prächtig. Früher wurden sie gnadenlos gejagt – unter anderem, weil die Fischer sie als Konkurrenz beim Fischfang ansahen –, aber heute leben schätzungsweise wieder rund dreißigtausend Kegelrobben an unseren Küsten unter anderem in der Deutschen Bucht und auf Amrum. Diese großen Säugetiere sind oft auf der Helgoländer Düne zu finden, wo sie zwischen November und Januar auch ihre Jungen zur Welt bringen.

Aus dem Wasser ans Land … und wieder zurück

Robben sehen vielleicht nicht mehr so aus, aber ursprünglich waren sie mal Landtiere, wenngleich das auch schon richtig lange her ist. In den letzten Millionen von Jahren haben sie sich an das Leben im Meer angepasst, auch wenn sie immer noch Lungenatmer sind. Eigentlich auch witzig, oder? Evo-

lutionstechnisch kommen die Tiere ans Land, passen sich an, und dann dachte sich die Robbe aber so nach einer Weile: *Ach ne, komm, ich geh wieder zurück.*

Wahrscheinlich, weil die laufenden Anpassungen an ihren Lebensraum im Wasser dazu geführt haben, dass sie an Land ziemlich unbeholfen sind. Andererseits: Wie würde ich wohl aussehen, wenn ich nicht laufen könnte, sondern meinen kompletten Körper mit meinen schwachen Puddingärmchen hinter mir herziehen müsste? Eben.

Dafür sind Kegelrobben verdammt gute Schwimmer. Auf der Suche nach Nahrung können sie bis zu fünfzig Kilometer weit schwimmen und bis zu dreißig Minuten lang tauchen, was auch mal 'ne Hausnummer ist. In den ersten Minuten ihres Tauchgangs schwimmen die Robben sehr aktiv und mit viel Schwung nach unten, danach begeben sie sich in eine Art »Sinkflug«. Ihr Körper ist perfekt an diese langen und tiefen Tauchabenteuer angepasst. Das Blut von Kegelrobben kann viel mehr Sauerstoff binden als unseres, außerdem können sie ihre Herzfrequenz während ihres Abstiegs extrem verringern: Normalerweise schlägt ein Robbenherz ungefähr vierzig Mal pro Minute in Ruhe, während des Tauchgangs schlägt es jedoch, falls nötig, nur einmal in der Minute. Dadurch, dass ihr ganzer Stoffwechsel so heruntergefahren wird, müssen sie kaum atmen, da sie nur wenig Sauerstoff verbrauchen. Nach der Rückkehr an die Wasseroberfläche erhöht sich die Herzfrequenz der Robben auf etwa hundertzwanzig Schläge pro Minute, damit die Organe schnell wieder mit sauerstoffreichem Blut versorgt werden.

Robben schlafen an Land, aber sie können das auch im Wasser erledigen. Wenn sie dort ihr Nickerchen machen, schwimmen sie in der Regel im »Stehen«, also aufrecht wie ein Mensch, oder sie treiben waagerecht auf der Wasseroberfläche. Während sie schlafen, können Robben ihren Atem noch länger anhalten, als wenn sie aktiv unter Wasser jagen. So ein nettes Unterwasserschläfchen kann dann schon mal dreißig Minuten andauern, wenn es eins von der ausführlicheren Art ist. Ansonsten reicht den Rackern meist auch ein Fünfzehn-Minuten-Powernap.

Speck ist nett

Wir haben ja gerade November, und wenn wir Robben auf Amrum beobachten, sind wir vermutlich ziemlich dick eingepackt. Die Kegelrobben watscheln vor uns aber gemütlich im Adamskostüm herum, und da stellt sich natürlich die Frage: Wieso frieren die nicht?

Robben haben eine dicke Speckschicht, die den größten Teil ihres Körpers isoliert und die man als »Blubber« bezeichnet. Während der Körper also schön gepolstert ist, haben ihre Flossen und der Kopf jedoch nur eine mäßige Isolierung. Wenn es zu kalt wird, unterbrechen Robben die Blutzufuhr zur Haut und sparen dadurch Wärme ein. Ähnlich wie die Enten weiter vorn im Buch haben auch sie immer kalte Füße, weil sie über ihre Flossen viel zu viel Wärme verlieren würden. Damit das nicht passiert, lassen sie sie einfach auskühlen, fertig. Wäre ja auch ungünstig, wenn man mit warmen Flossen auf Eisschollen herumläuft. Wenn ihnen die Mauken doch mal zu kalt werden, sorgen sie dafür, dass sie aus dem kalten Wasser draußen bleiben, und halten sie stattdessen in die Sonne, um sich aufzuwärmen. Und sollte ihnen hingegen zu warm werden, tauchen sie Flossen und Kopf einfach ins Wasser für eine frische Abkühlung zwischendurch.

Kegelrobben ernähren sich von dem, was sie gerade finden: Ausgewachsen brauchen sie rund fünf Kilogramm Fisch, Krusten- oder Weichtiere am Tag. Wenn man sie so am Strand faulenzen sieht, denkt man oft nicht daran, dass das eigentlich ganz schön gefährliche Jäger sind. Doch falls du eine kleine Erinnerung daran brauchst, dass du dich nicht mit diesen Meeressäugern anlegen solltest: In den letzten Jahren beobachtet man immer häufiger, dass sie auch Seehunde erbeuten. Und, ganz wichtig: Wenn du eine Kegelrobbe siehst, die sich sonnt, solltest du unbedingt mindestens fünfzig Meter respektvollen Sicherheitsabstand halten und dich niemals, also wirklich *niemals*, zwischen ein Muttertier und sein Junges stellen, wenn du an deinem Leben hängst.

Kuschelig kalte Kinderstube

Auf den ersten Blick wirkt es vielleicht wie eine nicht ganz so kluge Entscheidung, ausgerechnet die Wintermonate zwischen November und Januar auszusuchen, um Nachwuchs in die Welt zu setzen. Für die Kids ist das aber kein Problem, da auch sie perfekt an die Kälte angepasst sind: Das flauschig weiße Fell hält sie – zumindest an Land – warm. Sobald sie auf der Welt sind, haben sie nur noch eine Aufgabe: Fressen. Erst wenn sie sich eine möglichst dicke Fettschicht angefuttert haben, sind sie gut gegen das kalte Wetter gewappnet.

Zum Glück haben ihre Mamas Milch mit einem Fettgehalt von über fünfzig Prozent, die den kleinen Kerlen hilft, pro Tag sage und schreibe zwei Kilogramm zuzunehmen. Gut, schaffe ich in der Weihnachtszeit auch, bin ich ehrlich.

Während der Paarungszeit kommen Kegelrobben in Gruppen an die Küste und gründen kleine Kolonien, die meist aus sechs oder sieben Robbenweibchen und einem Männchen bestehen. Ist die Kolonie etwas größer, kann es sein, dass mehrere Männchen um ihren eigenen Harem mit Weibchen und deren Babys wetteifern.

Viele Menschen haben Mitleid, wenn sie Robbenbabys ganz allein auf einer Sandbank sehen. Aber ihre Mütter müssen auf Nahrungssuche gehen, um vom ganzen anstrengenden Stillen nicht komplett ausgezehrt zu werden, und solange die Sandbank vor Überschwemmungen sicher ist, ist mit dem Baby alles in Ordnung. Und sowieso verfliegt die Zeit in der Kinderstube wie im Flug: Nach nur vier bis sechs Wochen sind die Babys entwöhnt und weit genug entwickelt, um sich in die Fluten zu stürzen und selbstständig nach Nahrung zu suchen.

Der Boden der Tatsachen

Am Boden liegt im November jetzt eine dicke Schicht Herbstlaub – einerseits ein gutes Winterquartier für Igel und Co., andererseits ein wahres Festmahl für Bodentiere. Und für mich eine gute Gelegenheit, mit dir ein bisschen über Boden und Bodenbildung zu sprechen.

Der Boden wurde lange Zeit nicht als wichtiger Faktor im Umweltschutz und Klimaschutz betrachtet. Das Ziel des ersten Paragrafen unseres Bodenschutzgesetzes ist es, die Funktionen des Bodens nachhaltig zu sichern oder wiederherzustellen. Als Landlebewesen ist uns bewusst, dass der Boden von grundlegender Bedeutung ist. Wir laufen darauf herum und ernähren uns durch den Anbau von Pflanzen, die fast alle ihren Ursprung im Boden haben. Böden sind außerdem große Kohlenstoffspeicher und deshalb auch für den Klimaschutz von immenser Bedeutung.

Es dauert sehr lange, bis sich neuer Boden bildet – etwa zweitausend Jahre müssen vergehen, bis wir zehn Zentimeter neuen Boden haben! Deshalb ist es so wichtig, sowohl den vorhandenen Boden als auch die Prozesse, die ihn schaffen, zu schützen. Weiter vorn in diesem Buch bin ich auf die Entstehung des Lebens eingegangen. Die Erdoberfläche existierte anfangs nur als Steinebene, ohne organisches Material. Das hat sich erst mit der Zeit gebildet, indem Lebewesen gestorben sind und dann, wie man Kindern so schön erklärt, zur Erde geworden sind. Doch wie funktioniert das genau?

Nun, die Bodenbildung ist das Ergebnis einer Kombination aus physikalischen, chemischen und biologischen

Prozessen, die die Zusammensetzung und Struktur des Materials auf der Erdoberfläche verändern. Diese Prozesse werden von einer Reihe von Faktoren beeinflusst, zum Beispiel durch das Klima, die Vegetation, durch die Topografie und das Gestein, auf dem sich der Boden bildet. Folgende Punkte sind dafür wichtig:

Das Material: Der Ausgangspunkt für die Bodenbildung sind Stoffe wie Gestein, Sedimente oder organische Verbindungen. Je nach Art des Ausgangsmaterials erhält der daraus entstehende Boden unterschiedliche Eigenschaften.

Verwitterung und Erosion: Nun wird dieses Material durch physikalische, chemische und biologische Mechanismen in kleinere Teile zerlegt. Physikalische Verwitterung findet statt, wenn das Ausgangsmaterial durch die Kraft von Wind, Wasser oder Eis zerrieben und zersetzt wird. Auch chemische Reaktionen können das Ausgangsmaterial auflösen oder verändern. Biologische Verwitterung tritt auf, wenn Pflanzen und Tiere das Ausgangsmaterial abbauen. Die Erosion trägt dazu bei, das verwitterte Material an neue Orte zu transportieren, wo es sich ablagern und Teil des Bodens werden kann.

Zersetzung organischen Materials: Wenn Pflanzen und Tiere leben und sterben, fügen sie dem Boden organische Stoffe in Form von Ausscheidungen, Verlust von Haaren und Schuppen usw. – und letztlich eben durch ihre toten Körper – hinzu. Diese organische Substanz wird von Zersetzern wie Bakterien und Pilzen abgebaut und somit zu Erde umgewandelt.

Der Boden selbst ist noch einmal in Bodenhorizonte aufgeteilt. Das sind die verschiedenen Schichten, aus denen das

Bodenprofil besteht. Jeder Horizont hat seine eigenen Merkmale, die auf den Prozessen beruhen, die in dieser Schicht stattgefunden haben. Der oberste Horizont wird als Oberboden bezeichnet und ist der fruchtbarste und wachstumsaktivste Teil des Bodens. Der Unterboden ist die Schicht unter dem Oberboden – ja, Sherlock, ich weiß. Er ist in der Regel weniger fruchtbar und enthält mehr Ton und Mineralien. Das Ausgangsmaterial befindet sich in der untersten Schicht und ist der am wenigsten verwitterte und intakteste Teil des Bodens. Dann gibt es noch das Bodenprofil. Das ist der vertikale Schnitt durch den Boden, von der Oberfläche bis hinunter zum Ausgangsmaterial. Es zeigt die verschiedenen Horizonte und ihre Eigenschaften. Das Bodenprofil spiegelt die Geschichte des Bodens und die Prozesse wider, die ihn geformt haben. Fossilien, Gesteinsschichten, all das finden wir da.

Was krabbelt denn da?

Nur: Wer oder was lebt denn jetzt alles im Boden? Um das herauszufinden, muss man eine Lupe und ein Mikroskop zur Hand nehmen und sich den Boden genauer anschauen. Wenn man eine schöne, große Handvoll Erde nimmt, hat man in der Regel ungefähr zehn Milliarden Lebewesen in der Hand. Hättest du das gedacht?

Wie du mittlerweile weißt, bin ich seit jeher fasziniert von kleinen Lebewesen, weil diese wirklich überall zu finden sind. Während man sich bei Hirschen, Füchsen und ähnlichen Tieren auf die Lauer legen und sich anschleichen muss, reicht es bei Insekten und anderen Krabblern, sich einfach nur zu bücken. Bodenlebewesen sind oft so klein, dass man viele von ihnen nicht einmal mit bloßem Auge erkennen kann.

Der Boden ist genauso artenreich wie die Oberfläche und beherbergt Mikroorganismen, Algen, Pilze, Würmer, Schnecken, kleine Krebstiere, Spinnen, Tausendfüßer, Springschwänze, Hundertfüßer und etliche kleine Käfer. Es gibt auch einen Fachbegriff für diese Gesamtheit von Bodenorganismen, er lautet »Edaphon«. Auch hier unterscheidet man zwischen der Flora, also den Pflanzen, und der Fauna, also den tierischen Lebewesen.

Die Bodenflora beinhaltet zum Beispiel Bakterien, Pilze, Algen und Flechten. Das ist auch die größte Masse der Bodenlebewesen, und sie sind an vielen Zersetzungsprozessen beteiligt.

Die Bodenfauna besteht aus tierischen Einzellern und vielfältigen Organismen, die man nach ihrer Größe ordnet: In der Mikrofauna leben zum Beispiel Amöben, winzige Fadenwürmer, Wimperntiere und Geißeltiere. In der Mesofauna tummeln sich Springschwänze, Rädertierchen, Milben und ähnliche Lebewesen. Und in der Makrofauna gibt es Tiere, die man gut erkennen kann, wie Asseln, Insekten und größere Würmer. Auch Wirbeltiere leben im Boden und bilden die sogenannte Megafauna, zu der zum Beispiel Spitzmäuse, Maulwürfe und auch die im Boden lebenden Dachse gehören. Ja, die sind jetzt nicht so groß wie die Wollmammuts von vorhin, aber du musst das mal aus der Perspektive einer Assel sehen: Eine Spitzmaus ist dann eine Art Godzilla, der über einen hereinbricht.

Auf der Kinder-Wissensseite »Geolino« habe ich eine interessante Aufstellung gefunden: In 0,3 Kubikmeter Erdreich, was etwa einer Fläche von 1 Meter x 1 Meter und einer Höhe von dreißig Zentimetern entspricht, leben 1,6 Billionen Lebewesen. Unter anderem sind das:

2,5 Millionen Mikroorganismen,
also Bakterien, Pilze und Algen
1 Million Fadenwürmer
100.000 Milben
50.000 Springschwänze
25.000 Rädertierchen
10.000 Borstenwürmer
100 Käferlarven
100 Zweiflüglerlarven
80 Regenwürmer
50 Schnecken
50 Spinnen
50 Asseln

Das nenne ich mal amtlich.

Hörst du die Regenwürmer husten?

Im Kindergarten haben wir gerne das Regenwurmlied »Hörst du die Regenwürmer husten« gesungen. Vielleicht kennst du es. Man könnte das Lied auch mit anderen Tieren fortsetzen, aber schon als Kind fand ich Regenwürmer besonders toll. In meiner Wohnung habe ich auch zwei Wurmkomposter stehen, die neben allerhand winzigen Bodentierchen vor allem von *Eisenia hortensis*, dem Riesen-Rotwurm, bewohnt werden. Dieser kann eine Größe zwischen zehn und fast zwanzig Zentimetern erreichen. Wie bei allen Kompostwürmern variieren die Länge, die Dicke und die Aktivität jedoch sehr je nach Nahrungsangebot, Feuchtigkeit und anderen Faktoren.

Und wusstest du, dass Regenwürmer wie winzig kleine Müllschlucker agieren? Sie fressen alle Arten von organischem Material, wie totes Laub und Gras, zerkleinern es in winzige Stücke und reichern den Boden mit Nährstoffen an. Sie sind sogar so gut darin, dass sie manchmal als »Pflug der Natur« bezeichnet werden! Diese zappeligen Tiere wühlen sich durch den Boden und durchlüften ihn, während sie ihn bearbeiten, wodurch der Boden gesünder und fruchtbarer wird.

Der Körper eines Regenwurms teilt sich in kleine Segmente, die man erkennen kann, wenn man sich das Tier genau anschaut. Man kann eine Stelle erkennen, die wie ein Sattel aussieht und als Clitellum bezeichnet wird. In diesem Bereich befinden sich die sogenannten Pubertätsleisten, die bei der Paarung eine Rolle spielen. Regenwürmer sind Zwitter und brauchen immer einen Partner, um sich fortpflanzen zu können. Dabei befruchten sie sich gegenseitig.

Regenwürmer haben keine Augen, aber sie haben lichtempfindliche Zellen, mit denen sie Licht wahrnehmen können. Außerdem befinden sich Sinneszellen an ihrem Kopf, die ihnen helfen, Nahrung zu finden und sich in ihrer Umgebung zurechtzufinden.

Eine tolle Sache an den Würmern in meinen Wurmkompostern ist, dass sie mir wunderbare Blumenerde und Dünger produzieren. Da ich kein Fleisch esse, habe ich immer Pflanzenabfälle übrig, die ich in meine Terrarien gebe. Auch meine Regenwürmer bekommen einen Teil davon zu fressen, zusätzlich kriegen sie von mir auch Karton und ähnliche Materialien, da sie Ballaststoffe brauchen, um eine gute Verdauung ausführen zu können. Meine Komposter riechen auch nicht unangenehm, wenn man sie öffnet. Sie duften eher wie Waldboden. Unten kommt sogenannter Wurmtee heraus, eine Flüssigkeit voller Nährstoffe, die man für die Pflanzen verwenden kann. Die Erde selbst eignet sich auch sehr gut für den Pflanzenbau.

DEZEMBER

Jetzt ist so richtig Winter, und im Dezember wartet sogar der kürzeste Tag des Jahres auf uns. Wir sind gemeinsam durchs ganze Jahr gewandert, haben Frösche, Insekten und Bäume besucht, und nun sind wir wieder fast da angekommen, wo wir gestartet sind.

Viele Leute, die Weihnachten feiern, hoffen auf Schnee, doch statt einer weißen Weihnacht bekommen wir seit einiger Zeit meist eher bisschen trüb-grau-grüne Weihnachten.

Auch im Dezember lohnt es sich, Ausschau nach Wintergästen aus dem Norden zu halten, wie beispielsweise die Seidenschwänze. Schwärme von Buch- und Grünfinken hüpfen durch die kahlen Baumkronen und lassen sich gut beobachten. Auf den Feldern treffen wir jetzt häufiger die Saatkrähe, und auch Dohlen und Raben bleiben uns im Winter erhalten.

Aber die Pflanzenwelt ist ebenfalls nicht ganz tot – hier und da findest du vielleicht ein vorlautes Gänseblümchen, das trotzig blüht, und die Christrose und die Forsythie durchbrechen das Grau und Braun der Winterlandschaft mit kleinen Farbflecken.

Kahlköpfe

Besonders gern beobachte ich im Winter die Kopfweiden, hast du schon einmal eine gesehen? So sehen sie aus:

Eine Kopfweide ist ein Baum, der als Jungbaum auf einer Höhe von etwa ein bis drei Metern eingekürzt wurde und dessen Zweige regelmäßig auf eine ganz bestimmte Art und Weise beschnitten werden, für die man sich den irgendwie witzig klingenden Begriff »Schneitelung« ausgedacht hat.

Bei diesem Prozess werden Weidenbäume – meist Silberweiden (*Salix alba*) oder Korbweiden (*Salix viminalis*) – beschnitten, um neues Wachstum zu fördern. Aber auch andere Baumarten wie Eschen, Pappeln oder Linden können durch Schneitelung zu Kopfbäumen werden. Der Baum treibt an der Schnittfläche viele neue Triebe aus, die von uns Menschen leicht erreicht und geschnitten werden können, da sie recht niedrig ansetzen. Verwendet werden sie als Flechtruten für Körbe, als Pfähle oder Stiele für Besen und andere Haushaltsgeräte.

Hat man einmal begonnen, einen Baum zu schneiteln (hihi), erfordert er fortan regelmäßige Pflege, wobei der Schnitt je nach Verwendungszweck alle drei bis zehn Jahre erfolgen sollte. Anderenfalls kann der Baum, aufgrund der unnatürlichen und dadurch ungünstigen Statik, auseinanderbrechen, wenn er zu lange ohne Schnitt wächst.

Das Schneiteln von Kopfweiden ist aus wirtschaftlichen Gründen nicht mehr üblich, da industrielle Ersatzprodukte den Platz eingenommen haben. Einige Naturschutzorganisationen pflegen jedoch immer noch Kopfweiden, da viele seltene Tierarten von ihnen profitieren. Vor allem für Fledermäuse und Eulen, die die oft hohlen Stämme als Unterschlupf und Nistplatz nutzen, sind alte Kopfweiden ein unglaublich wertvoller Lebensraum. Außerdem liefern die Weiden mit ihren Kätzchen im Frühjahr wichtige Nahrung für Bienen – und in so einem hohlen Stamm kann es sich auch ein kleines Bienenvolk richtig gemütlich machen.

Hirsche

Die knospenbesetzten Zweigspitzen eines jungen Baums wurden sauber weggeknabbert, sodass nur noch das holzige Ende übrig ist. Im Schnee sieht man Hufabdrücke, die darauf schließen lassen, dass hier Hirsche auf der Suche nach der spärlichen Nahrung im Winter entlanggezogen sind.

Der Rothirsch (*Cervus elaphus*) ist ursprünglich in offenen und halb offenen Landschaften beheimatet, aber bei uns findet man ihn nur noch in Wäldern. Diese größten unserer Säugetiere haben ein charakteristisches rötlich-braunes Fell, das in den Wintermonaten richtig schön dick und fluffig wird, um der Kälte zu trotzen. Im Sommer wird das Fell wieder dünner und hat eine eher kastanienbraune Farbe.

Rothirsche sind für ihr großes Geweih bekannt, das – leider – bei Jägern als Trophäe und Beweis für die erfolgreiche Jagd sehr beliebt ist und von den Tieren jedes Jahr abgeworfen wird, sodass es wieder nachwachsen kann. Diese Kampf- und Drohgeräte können unglaublich groß werden, manche Exemplare haben eine Spannweite von rund zwei Metern.

Im Herbst ist die Brunft der Rothirsche, sodass man bei Waldspaziergängen oft das Röhren oder sogar Kampfgeräusche hören kann. Hat sich ein Verehrer für ein Weibchen qualifiziert, erfolgt die Paarung. Ungefähr zweihundertvierzig Tage später erblicken ein oder zwei Hirschkälber das Licht der Welt, mit geflecktem Fell und der Fähigkeit, schon ein paar Stunden nach der Geburt laufen zu können. Ein Jahr lang begleiten sie ihre Mütter durch unsere Wälder, bis sie schließlich selbstständig werden und ihr eigenes Leben in Angriff nehmen.

Rothirsche sind Pflanzenfresser und ernähren sich hauptsächlich von Gräsern, Blättern, Knospen, zarten Zweigen, Samen und allem möglichem anderen. Jetzt im Winter, wenn das Gras knapp ist, nehmen sie auch mit Rinde und Zweigen vorlieb.

Der Hirsch ist bei seinen kulinarischen Raubzügen durch die Natur nicht auf sich allein gestellt – genau wie die Kühe ist auch er ein Wiederkäuer, dem kleine, einzellige Mikroben wie Bakterien dabei helfen, die Zellulose in der abgeknibbelten Pflanzennahrung aufzuspalten. Viele dieser kleinen Kerlchen haben sich wahrscheinlich in den letzten fünfundfünfzig Millionen Jahren seit der Entstehung des Pansens entwickelt.

Der Pansen von Wiederkäuern beherbergt viele Mikroorganismen, die keinen Sauerstoff vertragen. Sie haben sich in einer Zeit entwickelt, als die Atmosphäre der Erde noch sehr sauerstoffarm war. Mit der Entwicklung der Photosynthese vor etwa zweieinhalb Milliarden Jahren, wovon ich ja schon erzählt habe, kam Sauerstoff in die Luft – pures Gift für diese kleinen Lebewesen. Deshalb haben sich einige Organismen in sauerstofffreie Umgebungen wie Teichböden, Sümpfe und in den Boden gerettet, um zu überleben. Mit der evolutionären Entwicklung des Tierdarms fanden sie zudem einen neuen Unterschlupf, der ziemlich viele Vorteile im Gegensatz zu anderen Lebensräumen hat: So ein Hirschdarm ist nicht nur relativ sauerstofffrei, sondern bietet auch einen konstanten Strom an fein gemahlener Nahrung – was für ein Luxus!

Das Problem, dass diese kleinen Mikroben in der extrem sauren Umgebung eines »normalen« Magens nicht überleben konnten, lösten die Wiederkäuer mit einem Umbau ihres Verdauungstrakts, sodass sie als die einzigen großen Tiere pflanzenverdauende Mikroben aufnehmen konnten. Der Schlüssel zum Erfolg waren hier die vorgeschaltete Position und der neutrale pH-Wert des Pansens – die perfekte Brutstätte für freundliche Mikroorganismen.

Insgesamt ist die Symbiose zwischen einem Hirsch und seinem Mikrobiom für beide Seiten extrem nützlich, da beide die notwendigen Ressourcen für den jeweils anderen bereitstellen. Das Wirtstier bietet Nährstoffe wie Zellulose und andere pflanzliche Verbindungen sowie eine Luxuswohnung für die Mitglieder seines Pansenmikrobioms. Im Gegenzug bauen die Mikroorganismen unverdauliche Nährstoffe für den Wirt ab und produzieren Proteine, Aminosäuren und essenzielle Vitamine, die die Wiederkäuer dann verwerten können. An dieser Symbiose ist eine beeindruckende Anzahl von Bakterien, tierischen Einzellern und anderen Crewmitgliedern im Pansen beteiligt: In jedem Milliliter Pansensaft findest du mindestens zweihundert verschiedene Arten von Bakterien, insgesamt etwa eine Billion einzelner Mikroben – von denen wir übrigens nur einen Bruchteil kennen. Und auch Räuber-Beute-technisch geht es im Pansen ziemlich ab: Bakterien werden von größeren Mikroorganismen gejagt, welche wiederum von parasitären Pilzen befallen werden. Die Lebensgemeinschaft ist vielfältig, und alle tragen durch ihre »Abfallprodukte«, die für unsere Hirsche ein wahrer Segen sind, zum Gelingen der Verdauung bei.

Finger weg von der Schwester

So ein Leben als Hirsch ist kein Zuckerschlecken. Es gibt zwar kaum noch große Beutegreifer in unseren Wäldern, doch sind der Straßenverkehr, landwirtschaftliche Geräte und auch die Verringerung ihrer Lebensräume eine große Gefahr für das Rotwild. 2021 kam eine neue Studie über die Bestände in meinem Heimatbundesland Hessen heraus. Untersucht wurde die genetische Diversität, mit ernüchterndem Ergebnis: Die genetische Vielfalt wurde durch immer häufiger auftretende Inzucht massiv verringert, sodass es zu einem hohen Anteil genetischer Defekte beim Nachwuchs kommt.

Die Ursache ist das wachsende Netz aus Autobahnen, das den Lebensraum des Wilds immer mehr zerstückelt, sodass Populationen teilweise isoliert werden und dadurch keinen Zugang mehr zu »frischem« genetischen Material haben. Doch was ist eigentlich das Problem bei Inzucht?

Nun: Bei der Fortpflanzung passiert es eigentlich immer, dass das ein oder andere Gen defekt weitergegeben wird – Fehler passieren. Normalerweise ist das nicht schlimm. Wenn man von einem Elternteil ein defektes Gen bekommt, kann es in der Regel durch das gleiche, funktionierende Gen des anderen Elternteils ausgeglichen werden, weil sich solche Defekte meist »rezessiv« vererben. Das bedeutet, dass man zwei defekte Gene braucht, damit sich der Fehler dann auch im Lebewesen zeigt.

Wenn sich jetzt aber beispielsweise Hirschgeschwister paaren, kann es zu Problemen kommen. Angenommen, beide haben jeweils ein defektes Gen und ein funktionierendes Gen von ihren Eltern vererbt bekommen, können ihre Kinder nun folgende Kombinationen haben:

Es besteht also die Chance, dass Nachkommen mit Gendefekten auf die Welt kommen, und genau das passiert in den hessischen Populationen. Dort kommen immer wieder Hirschkälber mit verkürzten Unterkiefern zur Welt, ein typisches Symptom für eine unzureichende genetische Vielfalt in der Population. Wenn die genetische Diversität einer Art abnimmt, steigt die Häufigkeit von sichtbaren Missbildungen wie dieser. Für die Hirschkinder führt so ein Gebiss zu Unterernährung und Tod.

Doch es gibt Lösungsansätze: Wildtierbrücken und Wanderkorridore werden sehr erfolgreich genutzt, um isolierte Bestände zu verbinden – diese Strukturen sollten unbedingt ausgebaut werden, weil diese Vernetzung von Biotopen für den Erhalt der genetischen Vielfalt entscheidend ist. Rotwild einfach umzusiedeln ist nicht ideal, da man dann künstlich erschaffene Populationen erzeugt. Es ist wichtig, die Fähigkeit der Natur, sich selbst zu heilen, zu unterstützen und Stressoren zu reduzieren. Darum muss sich auch die Jagd anpassen, denn diese Wildkorridore funktionieren natürlich nur dann, wenn vor allem die männlichen Junghirsche nicht abgeknallt werden, bevor sie in ein anderes Gebiet abwandern und ihre Gene dort verteilen können. Jägerinnen und Jäger müssen deshalb unbedingt auf die Jagd außerhalb der ausgewiesenen Rotwildgebiete verzichten.

Bambi

Bevor ich das Kapitel über die Hirsche abschließe und wir weiterwandern, eine Sache noch: Auch wenn es bei *Bambi* so dargestellt wird, aber Hirsch und Reh sind keine Bezeichnung für männliches und weibliches Wild derselben Art, sondern zwei unterschiedliche Arten – ganz unabhängig vom Geschlecht.

Bei den Hirschen nennt man das Männchen *Hirsch* und das Weibchen *Hirschkuh*. Das Jungtier heißt *Kalb*.

Bei den Rehen nennt man das Männchen *Rehbock*, das Weibchen *Ricke* und das Jungtier *Kitz*.

Ich weiß, bei *Bambi* ist der Vater ein Hirsch und Bambi selbst ein Reh. Diese Verwirrung kam folgendermaßen zustande: Das berühmte Rehkitz Bambi aus Walt Disneys gleichnamigem Film ist in Wirklichkeit eine Adaption des

1923 erschienenen Buches des österreichischen Autors Felix Salten. Dort spielt sich die Geschichte um ein echtes Rehkitz ab, das in den Wäldern wohnt und viele Abenteuer erlebt. Als Disney jedoch die Verfilmungsrechte kaufte, standen sie vor dem Problem, dass es in den USA gar keine Rehe gibt. Die Filmemacher haben Bambi dann kurzerhand zu einem örtlich vorkommenden Weißwedelhirsch umgestaltet. Als der Film dann produziert war und ins Deutsche übertragen wurde, hatten die Übersetzer das jedoch nicht mehr auf dem Schirm – deshalb wird das Tierchen fälschlicherweise weiterhin als Reh bezeichnet.

Frierende Fische

Wir laufen weiter durch den Wald, lassen die Rehe hinter uns und kommen an einen Teich. Hast du dich schon einmal gefragt, wie Fische eigentlich mit der Kälte zurechtkommen?

Fische haben eine besondere Art, mit kalten Temperaturen umzugehen: Sie sind wechselwarm. Das bedeutet, dass ihre Körpertemperatur durch das sie umgebende Wasser bestimmt wird. Wenn es im Sommer schön warm im See ist, bei vielleicht zwanzig Grad Celsius, ist beispielsweise ein Karpfen sehr aktiv. Sein Herz schlägt rund hundertdreißig Mal pro Minute, sodass er ausreichend mit Sauerstoff versorgt wird, um zu fressen und sich fortzupflanzen. Wird die Luft im Winter jedoch nach und nach kälter, sinkt auch die Wassertemperatur. Bei null Grad Celsius gefriert das Wasser. Da Eis schwimmt, beginnt der See von oben nach unten zu gefrieren. Aber wenn der See tief genug ist, friert er nicht bis zum Ende durch: Das wärmere Wasser sinkt auf den Grund

und bleibt auch in sehr kalten Wintern bei etwa vier Grad Celsius, weil das Eis auf der Oberfläche das Wasser davor schützt, noch kälter zu werden. Und auch unsere Karpfen reagieren darauf: Um den Winter zu überleben, wandern sie in tieferes, wärmeres Wasser im See oder in nahe gelegene Flüsse oder Bäche ab. Außerdem reduziert sich ihr Herzschlag auf nur noch drei bis sechs Schläge pro Minute, und sie fallen in eine Winterstarre. In diesem Zustand verlangsamt sich ihr Stoffwechsel massiv, und sie ruhen, was ihnen hilft, Energie zu sparen und im kalten Wasser zu überleben.

Durch den verringerten Stoffwechsel brauchen sie auch kein Futter und zehren von ihren Fettreserven, die sie sich den Sommer über angefuttert haben.

Wichtig ist aber, dass sie Ruhe haben, sonst klappt das nicht. Das bedeutet, dass man jetzt vielleicht nicht unbedingt mit lauten Schlittschuhkufen über so einen natürlichen See poltern muss, genauso wenig, wie man mit Stöcken oder sonstigem Gerät »zum Spaß« aufs Eis hämmern sollte. All diese Störungen reißen die Fische aus ihrer Starre, sodass ihr Stoffwechsel plötzlich so viel Energie verbraucht, dass sie vielleicht nicht mehr bis zum Ende des Winters reicht. Also: Nimm bitte Rücksicht an Gewässern und erkläre auch deinen Kindern, solltest du welche haben, dass die Fische schlafen und man sie jetzt lieber nicht wecken sollte.

Wir erwecken Blüten zum Leben

Der Barbaratag am 4. Dezember ist bekannt für die Tradition, Zweige von Obstbäumen in der Wohnung aufzustellen, die bis zum Heiligen Abend blühen sollen. Hast du davon schon einmal gehört?

Typischerweise werden dafür Zweige von Süßkirschen verwendet, da sie zuverlässig zu Weihnachten blühen und es leichter ist, Steinobst zum Blühen zu bringen als Kernobst wie Apfelbäume. Je nach Region und Tradition werden auch Zweige von Birken, Rosskastanien, Haselnussbäumen, Forsythien, Pflaumenbäumen, Holunderbäumen oder Weiden verwendet. Es ist aber trotzdem möglich, Zweige von Apfelbäumen zum Blühen zu bringen, nur brauchen sie vorher ein bisschen Frost, damit das klappt. Wenn es im Dezember jedoch ungewöhnlich mild und kein Frost in Sicht ist, kann es helfen, die Zweige für einen bis zwei Tage ins Gefrierfach zu legen.

Beim Schnitt gelten die üblichen Regeln: Zweige nicht klauen, nur ein bisschen nehmen, nicht an einem Tag, an dem es friert, damit die Wunden am Baum gut heilen können, nicht in Schutzgebieten, du weißt schon.

Nach dem Schnitt oder nach ihrer Stippvisite im Gefrierfach sollten die Barbarazweige zunächst für einen Tag in lauwarmes Wasser gelegt werden. Du solltest das Wasser immer mal durch neues, lauwarmes Wasser austauschen, weil wir den Zweigen damit nämlich frühlingshafte Temperaturen vorgaukeln. Ist das erledigt, stellst du die Zweige in eine Vase mit frischem Wasser. Es ist überhaupt ratsam, das Vasenwasser alle drei bis vier Tage auszutauschen, damit da nichts gammelt. Achte auch darauf, dass die Zweige nicht in einem überheizten Raum oder direkt neben dem Heizkörper stehen, das mögen die nämlich gar nicht.

Stehen die Zweige im Wasser, heißt es warten. Wenn alles gut geht, sollten sie um Weihnachten herum aufblühen und schon einen Hauch von Frühling in deine Wohnung bringen.

Ja okay, aber wer ist eigentlich Barbara?

Der Brauch des Barbarazweiges geht auf eine Überlieferung über Barbara von Nikomedien zurück, eine beliebte christliche Heilige und Märtyrerin des dritten Jahrhunderts. Laut der Legende war sie eine schöne und kluge Frau, die sich zum Christentum bekehrte und als Eremitin lebte. Als ihr Vater davon erfuhr, versuchte er, sie in rasender Wut zu töten. Barbara konnte entkommen, doch auf der Flucht wurde sie verraten und gefangen genommen. Als sie auf dem Weg in den Kerker war, verfing sie sich mit ihrem Gewand an einem Zweig. Sie stellte den abgebrochenen Zweig in ein Gefäß mit Wasser, und er blühte genau am Tag auf, an dem sie ihr Martyrium erlitt: Sie wurde vor einen Richter gebracht, der das Todesurteil verkündete und sie auch noch foltern ließ. Schließlich wurde Barbara von ihrem eigenen Vater enthauptet, der kurz darauf jedoch vom Blitz erschlagen wurde.

So weit, so grausam. Nach dem regionalen Volksglauben bringt das Aufblühen der Barbarazweige Glück im kommenden Jahr. In manchen Regionen ist es Brauch, dass junge Mädchen jedem einzelnen Zweig den Namen eines Verehrers geben. Der Zweig, der als Erstes aufblüht, soll laut diesem Brauch auf den zukünftigen Ehemann hinweisen.

Ich sag, wie es ist: Mit Heiligenverehrung habe ich wenig am Hut, und einen Ehemann hab ich auch schon, für mehr Ehemänner hätte ich auch gar keinen Platz. Ich mache das deshalb einfach, weil ich die Zweige schön finde. Ich bin gespannt, ob es bei dir klappt!

WINTER-
SCHLAF

Das war es – ein ganzes Jahr, vier Jahreszeiten, zwölf Monate. Jetzt bin ich glücklich über alles, was wir gemeinsam gesehen, entdeckt, erlebt und gestaltet haben. All die Asseln und Spinnen, all die gefundenen Blätter und beobachteten Vögel. Der heimische Garten, der Park, der Gehweg, die Berge, das Meer – überall waren wir und haben selbst den kleinsten Lebewesen nachgespürt. Jetzt bin ich aber auch ein bisschen erschöpft. Du auch? Ich könnte jedenfalls einen kleinen Winterschlaf halten.

Ich habe dieses Buch geschrieben in der Hoffnung, dass es in dir die Liebe zur Natur entflammt – ja, auch für Schnecken oder Asseln, vielleicht sogar für Spinnen.

In Deutschland warten allein über 71.500 bekannte Arten darauf, von dir ins Herz geschlossen zu werden – und vermutlich noch viel mehr unbekannte. 48.000 Tierarten laufen, tippeln, krabbeln, kriechen und schwimmen hier herum, fast 10.000 Pflanzenarten recken ihre Blätter in Richtung Sonne, über 14.000 Pilzarten schleichen sich durch Böden und Gehölze, um alle Lebewesen miteinander in einem pulsierenden Netzwerk voller Leben zu verbinden. All das ist unsere Natur, all das ist liebens- und schützenswert – und wir sind ein Teil davon.

Als Menschen denken wir oft, dass wir von der Natur irgendwie entkoppelt sind, nicht dazugehören. Wir bauen Städte, fahren mit polternden Blechkisten durch die Gegend und nutzen die Technik, um miteinander in Kontakt zu treten. Dieser Fortschritt hat das unbestimmte Gefühl im Gepäck, nicht mehr zur Welt da draußen zu gehören, zu den Ameisen und Buchen und Schnecken und Krähen. Wir sind im Alltag fast nur noch gewohnt, künstliche, glatte Gegenstände aus Metall, Glas und Kunststoff zu berühren, die immergleichen Sachen zu schmecken, pausenlos das leise Summen der großen Straßen im Hintergrund zu hören.

Doch wir sind ein Teil der Natur. Wir sind Tiere, genau wie Mücken, Wölfe oder unsere Hunde. Wir bestehen aus den gleichen Molekülen, atmen die gleiche Luft, trinken das gleiche Wasser und brauchen Wärme und Licht der Sonne, um zu überleben. Unsere Körper sind eng mit der Umwelt verbunden und werden von den Veränderungen, die in ihr stattfinden, beeinflusst. Und ja, auch uns wird der Klimawandel schon bald hart treffen, obwohl es auf uns unvorstellbar wirkt, weil wir doch so unglaublich weit in unserer Evolution gekommen sind.

Doch Natur ist nicht nur Stofflichkeit. Wir haben auch eine tiefe emotionale und psychologische Verbindung zur natürlichen Welt, wenngleich wir diese immer mal wieder reaktivieren oder auch neu entdecken müssen, wobei dieses Naturarium dir hoffentlich hilft. Der Aufenthalt in der Natur kann uns Frieden und Entspannung bringen, unsere gestressten Hirne zur Ruhe kommen lassen. Sie versetzt uns ins Staunen, macht uns manchmal Angst, öfter jedoch sehr, sehr glücklich.

In vielerlei Hinsicht ist die Natur ein Teil dessen, was uns als Spezies ausmacht. Naturdarstellungen und Reflexionen über unsere Beziehung zur natürlichen Welt prägten schon immer unsere Kultur, unsere Kunst und unsere Art, zu leben. Seit den frühesten Momenten der Menschheitsgeschichte suchen wir in der Natur nach Inspiration und Orientierung. Wir haben die Sonne, den Mond und die Sterne angebetet, wir haben Tiere als Gottheiten verehrt und tun es in vielen Teilen der Welt noch heute.

Die Natur war schon immer eine Quelle der Nahrung für

uns, sowohl körperlich als auch geistig. Sie versorgt uns mit den Ressourcen, die wir zum Überleben brauchen, wie Essen, Wasser und Schutz. Natur verbindet und erinnert uns daran, dass wir ein Teil von etwas sind, das größer ist als wir selbst.

Mach dein Herz auf, und lass die Spinnen rein. Glaub mir, es lohnt sich.

Literaturverzeichnis

Ameisen – Vom Aussterben bedroht | deutschlandfunk.de (no date). https://www.deutschlandfunk.de/ameisen-vom-aussterben-bedroht-100.html (Zuletzt aufgerufen: 5 January 2023).

Bailleul, A. M. *et al.* (2020) »Evidence of proteins, chromosomes and chemical markers of DNA in exceptionally preserved dinosaur cartilage«, *National Science Review*, 7(4), pp. 815–822. https://doi.org/10.1093/NSR/NWZ206.

Brusatte, S. L. *et al.* (2014) »Gradual assembly of avian body plan culminated in rapid rates of evolution across the dinosaur-bird transition«, *Current Biology*, 24(20), pp. 2386–2392. https://doi.org/10.1016/j.cub.2014.08.034.

Buch, C. and Jagel, A. (2019) »Schmetterlingswiese, Bienenschmaus und Hummelmagnet – Insektenrettung aus der Samentüte«, *Veröff. Bochumer Botanischer Verein* [Preprint], (11).

Dikötter, F. (2014) *Maos großer Hunger: Massenmord und Menschenexperiment in China (1958–1962)*. Klett Cotta.

Dobson, A. *et al.* (2008) »Homage to Linnaeus: How many parasites? How many hosts?«, *Proceedings of the National Academy of Sciences of the United States of America*, 105(Suppl 1), p. 11482. https://doi.org/10.1073/PNAS.0803232105.

Doughty, C. E. *et al.* (2016) »Global nutrient transport in a world of giants«, *Proceedings of the National Academy of Sciences of the United States of America*, 113(4), pp. 868–873. https://doi.org/10.1073/PNAS.1502549112/SUPPL_FILE/PNAS.1502549112.SAPP.PDF.

Entsorgung: Pilz zersetzt schwer abbaubaren Kunststoff – Spektrum der Wissenschaft. https://www.spektrum.de/news/pilz-zersetzt-schwer-abbaubaren-kunststoff/1141054 (Accessed: 9 July 2022).

Erdreich: Es wimmelt im Boden [GEOLINO]. https://www.geo.de/geolino/natur-und-umwelt/4390-rtkl-erdreich-es-wimmelt-im-boden (Accessed: 23 January 2023).

Feldhaar, H. *et al.* (2007) »Nutritional upgrading for omnivorous carpenter ants by the endosymbiont *Blochmannia*«, BMC *Biology*, 5. https://doi.org/10.1186/1741-7007-5-48.

Goulson, D. (2002) »Effects of Introduced Bees on Native Ecosystems«, *Annual Review of Ecology Evolution and Systematics* , 34, pp. 1–26. https://www.researchgate.net/publication/228396672_Effects_of_Introduced_Bees_on_Native_Ecosystems (Accessed: 8 May 2022).

Hallo Partner: Wie Pilze und Bäume voneinander profitieren – NABU. https://www.nabu.de/tiere-und-pflanzen/sonstige-arten/pilze-flechten-moose/10155.html (Accessed: 9 July 2022).

Holter, P. (1979) »Effect of Dung-Beetles (Aphodius spp.) and Earthworms on the Disappearance of Cattle Dung«, *Oikos*, 32(3), p. 393. https://doi.org/10.2307/3544751.

Inzuchtfalle gefährdet Rotwild in Hessen | National Geographic (no date). https://www.nationalgeographic.de/tiere/2022/05/inzuchtfalle-gefaehrdet-rotwild-in-hessen (Accessed: 7 January 2023).

Meixner, M. D. *et al.* (2015) »Standard methods for characterising subspecies and ecotypes of *Apis mellifera*«, *https://doi.org/10.3896/*IBRA.*1.52.4.05*, 52(4), pp. 1–28. https://doi.org/10.3896/IBRA.1.52.4.05.

Parasiten: Zombie mit sechs Beinen – Spektrum der Wissenschaft (no date). https://www.spektrum.de/news/parasiten-zombie-mit-sechs-beinen/1967245 (Accessed: 22 May 2022).

Rafiqi, A. M., Rajakumar, A. and Abouheif, E. (2020) »Origin and elaboration of a major evolutionary transition in individuality«, *Nature 2020 585:7824*, 585(7824), pp. 239–244. https://doi.org/10.1038/s41586-020-2653-6.

Reiner, G. and Willems, H. (2019) *Sicherung der genetischen Vielfalt beim hessischen Rotwild als Beitrag zur Biodiversität.* Deutsche Wildtier Stiftung.

Reiner, G. and Willems, H. (2021) »Genetische Isolation, Inzuchtgrade und Inzuchtdepressionen in den hessischen Rotwildgebieten«, *Beiträge zur Jagd & Wildforschung*, (46), pp. 161–184.

Renner, S. S. *et al.* (123AD) »High honeybee abundances reduce wild bee abundances on flowers in the city of Munich«, *Oecologia*, 1, pp. 825–831. https://doi.org/10.1007/s00442-021-04862-6.

Rotwild in Deutschland: Genetische Vielfalt sehr gering – Spektrum der Wissenschaft (no date). https://www.spektrum.de/news/rotwild-in-deutschland-genetische-vielfalt-sehr-gering/1999972 (Accessed: 20 March 2022).

Russell, J. R. *et al.* (2011) »Biodegradation of polyester polyurethane by endophytic fungi«, *Applied and Environmental Microbiology*, *77*(17), pp. 6076–6084. https://doi.org/10.1128/AEM.00521-11/ASSET/1E80295E-A9A9-486F-8F9E-1C939B173F7E/ASSETS/GRAPHIC/ZAM9991024370007.JPEG.

Sandom, C. *et al.* (2014) »Global late Quaternary megafauna extinctions linked to humans, not climate change«, *Proceedings of the Royal Society B: Biological Sciences*, 281(1787). https://doi.org/10.1098/RSPB.2013.3254.

Sato, T. *et al.* (2011) »Nematomorph parasites drive energy flow through a riparian ecosystem«, *Ecology*, 92(1), pp. 201–207. https://doi.org/10.1890/09-1565.1.

Schmeil, O. 1860–1943 *et al.* (2019) *Die Flora Deutschlands und angrenzender Länder: Ein Buch zum Bestimmen aller wildwachsenden und häufig kultivierten Gefäßpflanzen*. Quelle & Meyer.

Schreiber, J. (2022) *Biodiversität. 100 Seiten*. Reclam.

Schreiber, J. (2021) *Abschied von Hermine: Über das Leben, das Sterben und den Tod – und was ein Hamster damit zu tun hat*. Goldmann.

Schreiber, J. (2021) *Der Mauersegler*. Eichborn Verlag.

Schwanenvater Olaf Nieß https://der-eppendorfer.de/schwanenpflege/ (Accessed: 8 January 2023).

Seals, life and facts | Ecomare Texel. https://www.ecomare.nl/en/in-depth/reading-material/animals/seals/ (Accessed: 7 January 2023).

Shohat-Ophir, G. *et al.* (2012) »Sexual experience affects ethanol intake in *Drosophila* through Neuropeptide F«, *Science (New York, N. Y.)*, 335(6074), p. 1351. https://doi.org/10.1126/SCIENCE.1215932.

Sorg, M. (2007) »Rosengallen: Eine Einführung in das Kleinökosystem der von Diplolepis rosae (L.) [Hymenoptera: Cynipidae] verursachten Gallen«, *Mitteilungen aus dem Entomologischen Verein Krefeld* [Preprint], (1). http://www.entomologica.de (Accessed: 22 May 2022).

Storch, V., Welsch, U. (2014) *Kükenthal, Zoologisches Praktikum*. Springer Spektrum.

Wasserpilze: Mächtige Unbekannte im Visier – wissenschaft.de (no date). https://www.wissenschaft.de/erde-umwelt/wasserpilze-maechtige-unbekannte-im-visier/ (Accessed: 9 July 2022).

Wedlich, S. (2021) *Parasiten: Warum wir die Bad Boys der Biodiversität schätzen und schützen sollten*, *Riffreporter*. https://www.riffreporter.de/de/umwelt/warum-artenvielfalt-oekosysteme-schmarotzer-parasiten-wichtig-sind (Accessed: 22 May 2022).

Wojcik, V. A. *et al.* (2018) »Floral Resource Competition Between Honey Bees and Wild Bees: Is There Clear Evidence and Can We Guide Management and Conservation?«, *Environmental entomology*, 47(4), pp. 822–833. https://doi.org/10.1093/EE/NVY077.

Ich bedanke mich bei Lorenz, der mir immer den Rücken freihält, auch, wenn ich mich in Abgabephasen in einen gestressten, ungeduschten und schlaflosen Zombie verwandle – in dieser Zeit bin ich keine Ehefrau, sondern einfach nur etwas, das in der Wohnung haust und ein bisschen gruselig ist. Und er liebt mich trotzdem, unfassbar.

Ich bedanke mich bei meinem Programmleiter Dominique, der immer an mich glaubt, egal, wie absurd meine Ideen sind oder wie holprig die Abgabe. Und ohne meine Lektorin Doreen wäre ich sowieso aufgeschmissen gewesen: Egal, wie sehr das Manuskript und ich im Chaos versinken, sie buddelt uns beide seelenruhig wieder aus.

Ich bedanke mich auch bei Massimo, Rainer und Elke, die aus meinem Manuskript, meinen Bildern und meinen SEHR kryptischen Mockups und verkrakelten Layoutvorschlägen so ein schönes Buch gemacht haben.

Außerdem bedanke ich mich bei Fleetwood Mac, deren Musik mich durch dieses Manuskript getragen hat.

Und zu guter Letzt bedanke ich mich bei mir, dass ich bis jetzt immer durchgehalten habe, trotz Depression und allem. Und in diesem Kontext bedanke ich mich auch bei allen Asseln dieser Welt, weil mich nichts so sehr erdet und mit der Welt verbindet, wie ihnen stundenlang beim Vertilgen eines Apfelschnitzes zuzuschauen.